新平法钢筋翻样

张继江　主编

中国建筑工业出版社

图书在版编目（CIP）数据

新平法钢筋翻样/张继江主编. —北京：中国建筑工业出版社，
2014.5

ISBN 978-7-112-16357-1

Ⅰ. ①新…　Ⅱ. ①张…　Ⅲ. ①建筑工程-钢筋-工程-施工
Ⅳ. ①TU755.3

中国版本图书馆 CIP 数据核字（2014）第 019171 号

本书由从事钢筋工作中近 20 载的技师编写而成。全书讲述了在新的平法要求下钢筋的翻样工作。

全书共包括：本书重点介绍钢筋翻样技巧，图文并茂公式齐全。内容包括第一章 钢筋翻样概述、第二章 钢筋翻样的通用概念、第三章 平法识图与钢筋基础、第四章 基础钢筋平法识图与翻样、第五章 梁钢筋平法识图与翻样、第六章 板钢筋平法识图与翻样、第七章 柱钢筋平法识图与翻样、第八章 剪力墙钢筋平法识图与翻样、第九章 楼梯钢筋平法识图与翻样、第十章 钢筋现场精细化管理和成本控制、第十一章 钢筋翻样问答、第十二章 模拟试卷练习。

本书适合广大施工现场的钢筋翻样人员、建筑施工人员及建筑管理人员、预算员、造价员、造价咨询单位、大（中）专院校相关专业的师生阅读使用。

责任编辑：张伯熙
责任设计：董建平
责任校对：李美娜　陈晶晶

新平法钢筋翻样

张继江　主编

*

中国建筑工业出版社出版、发行（北京西郊百万庄）
各地新华书店、建筑书店经销
北京红光制版公司制版
廊坊市海涛印刷有限公司印刷

*

开本：787×1092 毫米　1/16　印张：14½　字数：360 千字
2014 年 8 月第一版　2016 年 2 月第二次印刷
定价：**49.00** 元
ISBN 978-7-112-16357-1
（25077）

作　者　简　介

　　张继江，1995 年开始从事钢筋工程施工，主要是钢筋翻样和钢筋的预结算工作，擅长专业钢筋现场施工翻样，专业钢筋预算结算，专业钢筋对量审计等工作。至今已经有将近 20 年的施工经验，其中包括了 18 年民用超高层建筑项目钢筋翻样工作经验。在多项工程施工中担任主要钢筋翻样与管理人员，参与过施工与翻样的项目有：浙江中企公司嘉定曹王电子厂房、中铁二局上海分公司嘉定南翔东海别墅、中建七局三公司的江苏靖江市御水弯花园、上海同济建设公司施工的泰州同悦容园、上海娄唐建筑公司上海嘉定远香舫、上海宝冶集团施工的镇江体育馆工程、上海宝冶集团施工的中冶尚园、中建四局六公司上海分公司苏州合景领峰二期施工、中建四局六公司上海分公司无锡万科项目、中建四局六公司上海分公司昆山花桥万科项目。参与钢筋翻样、核算的项目面积达 300 多万平方米。

　　作者目前为施工现场钢筋翻样技术管理负责人。同时也为国内钢筋培训机构的资深授课老师、钢筋现场精细化管理专家，并且是全国多家钢筋培训机构的签约老师，还是诸多翻样软件公司钢筋翻样顾问。作者自己开办的钢筋平法翻样网络课堂已授课多次，广受学员的好评。

前　言

我从 1995 年开始进入建筑施工工地工作，首先做的工作就是钢筋加工。今年是 2014 年，屈指算来已经有 19 年的时间。在这 19 年中，我一直在施工现场与钢筋打交道。从最初的对钢筋加工、绑扎等具体操作工作开始，到几年前的对钢筋翻样的技术管理控制、钢筋施工方案编制等的技术管理工作，甚至到前年的对新人的钢筋翻样的培训工作展开。在这 19 年工作中，我通过不断学习和积累、通过不断与同行交流，提升了自己在钢筋方面的各项技能水平与认识。从最初的一名钢筋工，成长为一名钢筋翻样的培训专家。这个过程是缓慢的、是痛苦的，其中包含了我所付出的心血和经历。

尤其是现在，我在建筑施工现场成为师傅，也带领了从事钢筋工作的新人为徒弟。从新人蜕变成为老师傅的过程我记忆犹新，新人们对于钢筋工作中的困惑与疑问我也十分清楚。当看到我的徒弟们，对于钢筋翻样工作摸不到门道，不能顺利掌握相关知识从而提高工作效率的时候，我内心十分着急。从那时候起，我内心深处就有了想写一本书的冲动：想将我多年在钢筋工作中的经验总结，多年对于钢筋翻样的深刻认识，多年对于钢筋管理工作的革新经验通过文字、图表的形式展现给我的徒弟们，想通过这本书告诉他们我的经验教训，使得他们在钢筋工作中少走弯路，尽快提升自身技术水平。

11G101 系列平法图集的修订给了我编写这本书的契机，令我编写本书的愿望成为现实。目前平法的应用已经在建筑施工领域全面铺开，身为钢筋施工人员要想提升自身工作水平、提高工作效率，使得自身在工作中不断晋升，使自己的技能为自身带来更多收入，掌握钢筋翻样这个技艺是必须而为之的事情。

我多次在钢筋翻样的培训工作中强调"艺不压身"这句话，多掌握技艺对于从事钢筋工作的新人是非常有用的。在工作中、在业务培训中，新学徒有了问题可以随时问师傅，但是一旦离开了师傅，再遇到工作问题时怎么办？通过自己摸索解决问题固然是好，但是会花费大量的时间和精力。而阅读专业书籍学习前人总结的经验教训是解决此问题的好方法。我十分希望本书可以成为大家在钢筋翻样工作中的好帮手，好老师。

本书不仅讲述了建筑施工中梁、板、柱、墙、楼梯、基础等构件的钢筋平法识图与翻样，同时对钢筋翻样有详细地的计算公式和过程解析，这部分内容是本书精髓所在。也讲述了钢筋现场精细化管理和成本控制的内容以及钢筋翻样问答的内容。书后的钢筋翻样模拟试卷，可以加深读者对于钢筋翻样内容的理解与掌握，本书图文并茂，可加深读者对平法翻样的深刻理解。希望读者们通过阅读我的这本书，可以在工作中快速成长，通过我的工作经验和教训少走弯路，更希望读者阅读本书可以成为钢筋翻样的业务骨干。

钢筋翻样的未来是你们的，钢筋翻样的世界也是你们的。静下心来阅读此书，充实自己，为了明天美好的钢筋翻样事业而努力。

本书的编写过程中，稿件内容由我本人统稿和校对。但是也因为我本人目前的管理工作十分繁忙，书中很多图纸资料、表格资料等内容由他人帮忙搜集、整理和录入，对此工作我衷心表示感谢。本书虽然经过多次悉心校对，但百密一疏，书中难免仍会有纰漏和错误，恳请读者们批评指正。

目　　录

第一章　钢筋翻样概述

1. 概述

钢筋翻样在建筑施工人员中不是一个陌生的词汇。通俗讲它是对钢筋设计图的一种深化方法。是将建筑的钢筋设计图转化成为加工图的一种工作。

概括讲钢筋翻样就是：按照国家的建筑设计、建筑施工的规范要求，按照建筑设计施工图纸的要求，把建筑结构图纸中不同构件部位的钢筋规格、尺寸、数量以及形状，结合钢筋加工工艺参数，计算出每根钢筋下料的尺寸、重量，绘出钢筋加工形状图，同时列出加工清单，为加工制作和现场钢筋的具体定位、绑扎钢筋提供依据。

在平法制图出现以前，钢筋翻样同木工翻样一样，技术性不是太强，操作比较简单。平法制图出现后，从结构设计到建筑施工，已经形成了一套独立的专业体系。平法制图使得设计工作量减少，便于电脑出图，极大地减轻设计人员的脑力劳动，提高建筑图纸设计的工作效率，使钢筋工程走上更专业化、规范化的道路。由于目前平法制图的广泛推广与使用，钢筋翻样人员势必在结合平法识图之下熟练运用和掌握钢筋翻样这项工作。这对钢筋翻样人员提出了较高的要求。

2. 翻样人员水平的要求

1）具备一定的数学知识和 CAD 基础，精通图纸，领会设计意图，具有一定的空间想象能力。熟悉设计规范、施工规范、相关的国家标准和一些常用做法且对钢筋混凝土结构有了解。

2）需要熟悉施工现场环境和工作流程，对施工有丰富的感性认识和实战经验。

3）能发现建筑图纸上不合理的地方，并对其进行优化。编制的翻样单既能方便施工又能满足规范要求，而且要尽可能节约钢筋。

3. 钢筋翻样行业状况

在清单规范实施之前，钢筋的量是根据定额含量确定，所以招标、投标时不计算钢筋，预、结算时如果不少于或大于 5% 的量，钢筋也可不调整。钢筋翻样可有可无。

自从实行清单计价，业主在招投标时要提供工程量，且工程量的风险由业主承担，钢筋作为主材非精确计算不可。施工企业为了获得更多的利润，进行不平衡报价，也要计算钢筋工程量，特别在结算时更要进行钢筋翻样。人们寄希望于计算机软件工具代替翻样人员的手工计算，以提高工作效率，但目前国内没有一款成熟的钢筋翻样软件能完全计算钢筋，尤其是施工翻样。

4. 钢筋翻样的发展前景

钢筋翻样人员的成果是钢筋配料单，它直接用于生产和经营。所以对于它的要求更高。钢筋翻样必须按规范规定，有科学性、合理性、适用性和经济性。钢筋翻样人员也需要有自己的行业定位。要提高钢筋翻样人员应有的地位，发挥他们应有的作用。提升钢筋翻样人员的技术水平。

第二章　钢筋翻样的通用概念

第一节　钢筋识图基础知识

1. 钢筋施工图的图例及表示方法

（1）钢筋图例及其代表意义

在平面图中配置双层钢筋时，底层钢筋弯钩应向上或向左，顶层钢筋弯钩应向下或向右。

（2）钢筋的简化表示方法

1）简化表示对称构件配筋的方法：当构件对称时，它的配筋图可以只用 1/2 或 1/4 的钢筋来表示整个构件的全部配筋。

2）简化表示简单构件配筋的方法：如果钢筋混凝土构件的配筋比较简单，可以只画出配筋图的局部，即用局部来代表整体。

2. 钢筋施工图的阅读

钢筋混凝土构件配筋图的识读顺序

1）一套图纸，应先看目录，了解工程名称；设计单位；建设单位；图纸的张数等。如果有立体图，可大致了解建筑的外貌。

2）根据图纸目录，查看图纸是否齐全，采用了哪些标准图册，并备齐这些标准图册。

3）施工总说明，了解建筑概况、施工技术要求等，然后再从平面图了解建筑物所在的位置；标高；方向等并根据要求按总平面图画出施工布置图。

4）看建筑平面图；立面图；剖面图；从图中了解房屋长、宽、高及轴线尺寸等从而大体想象出建筑物的立体形状。

5）总体了解建筑物的情况后，根据施工先后顺序，仔细阅读，并将遇到的问题；差错；不合理处等记录下来，便于进一步阅读时解决。

6）全部阅读一遍后，根据不同工种，将有关施工部分的图纸再仔细研读，什么位置需要配料和加工，什么位置需要埋预埋件等，这样在施工时就能做到心中有数。

第二节　钢 筋 工 程 材 料

1. 钢筋工程中常用的钢筋种类及特点

1）钢筋混凝土用热轧光圆钢筋：是指用于钢筋混凝土中经热轧成型并自然冷却的成品光圆钢筋，其截面形状为圆形，且表面光滑，热轧光圆钢筋公称直径范围为 8～20mm。

2）钢筋混凝土用热轧带肋钢筋：是指适用于钢筋混凝土中经热轧成型并自然冷却的

成品钢筋。横截面通常为圆形，且表面通常带有两条纵肋和沿长度方向均匀分布的横肋。横肋的纵断面呈月牙形，横肋与纵肋不相交的钢筋称为月牙肋钢筋。

3）冷轧带肋钢筋：是指热轧圆盘条经冷轧或冷拔减径后在其表面冷轧成三面有肋的钢筋，冷轧带肋钢筋的公称直径为 4～12mm。

4）钢筋混凝土用余热处理钢筋：是指钢筋热轧后立即穿水，进行表面控制冷却，然后利用芯部余热自身完成回火处理所得的成品钢筋。余热处理钢筋表面通常带有两条纵肋和沿长度方向均匀分布的横肋。横肋的纵截面呈月牙形，且与纵肋不相交的钢筋称为月牙肋钢筋。

5）预应力混凝土用热处理钢筋：是用热轧的螺纹钢筋经淬火的调质热处理而成的。热处理钢筋按其螺纹外形分为有纵肋和无纵肋两种，热处理钢筋公称直径为 6mm；8.2mm；10mm。

6）冷轧扭钢筋：是以低碳钢热轧圆盘条，经专用钢筋冷轧扭机调直；冷轧并冷扭一次成型，具有规定截面形状和节距的连续螺旋状钢筋。

7）钢筋焊接网：钢筋焊接网技术是以冷轧带肋钢筋或冷拔光圆钢筋为母材，在工厂的专用焊接设备上生产和加工而成的网片或网卷，用于钢筋混凝土结构，以取代传统的人工绑扎。钢筋焊接网被认为是一种新型、高效、优质的混凝土结构用建筑钢材，是建筑钢筋三大分类（光圆钢筋；带肋钢筋和焊接网）之一。

钢筋焊接网按钢丝直径和用途分为以下三类：

① 细网：钢筋直径 0.5～1.5mm，用于墙面抹灰，防止表面裂缝；用于家禽和小动物的笼子、筛子及家用电器的保护栅栏等。

② 轻网：钢筋直径 1～6mm，用于农业、民用和商业娱乐设施的围栏、混凝土结构加固工程等。

③ 加强网：钢筋直径一般为 5～12mm（最大可达 25mm），网孔尺寸为 100mm×100mm 至 200mm×200mm，其中加强网即为建筑用钢筋焊接网，主要用于现浇混凝土楼板。

2. 钢丝及钢绞线

1）碳素钢丝是由优质高碳钢盘圆钢筋经淬火、酸洗、拉拔、回火等工艺制成，因其强度较高故又称高碳钢丝。碳素钢丝主要用于后张法的预应力钢筋混凝土结构，特别适用于大型结构。

为了保证高碳钢丝与混凝土之间有可靠的粘结力，需对钢丝表面进行刻痕处理，即制得刻痕钢丝。

2）钢绞线：预应力混凝土用钢绞线是用多根冷拉钢丝在绞线机上进行螺旋状绞合，再经低温回火处理而制得。

预应力钢绞线按捻制结构不同分为：1×2 钢绞线、1×3 钢绞线和 1×7 钢绞线等；1×7 钢绞线是以一根钢丝为中心，其余 6 根钢丝围绕着中心钢丝绞成。

3. 钢筋质量要求

1）对钢筋工程的一般质量要求：

① 钢筋应有出厂质量证明书或报告单，钢筋表面每盘钢筋均应有标志。进场时应按批号及直径分批检查。检验内容包括查对标志；外观检查以及按现行国家有关标准的规定抽取试样作力学性能试验，合格后方可使用。

② 钢筋在加工过程中，如发现脆断；焊接性能不良或力学性能显著不正常等现象，

尚应根据现行国家标准对该批钢筋进行化学成分检验或其他专项检验。

③ 对有抗震设防要求的结构，其纵向受力钢筋的强度应满足设计要求；当设计无具体要求时，对一、二、三级抗震等级设计的框架和斜撑构件（含梯级）中的纵向受力钢筋应采用 HRB335E、HRB400E、HRB500E、HRBF335E、HRBF400E 或 HRBF500E 钢筋，其强度和最大力下总伸长率的实测值应符合下列规定：

A. 钢筋的抗拉强度实测值与屈服强度实测值的比值不应小于 1.25；

B. 钢筋的屈服强度实测值与强度标准值的比值不应大于 1.30；

C. 钢筋的最大力下总伸长率不应小于 9%。

检查数量：按进场的批次和产品的抽样检验方案确定。

检验方法：检查进场复验报告。

④ 钢筋在运输和储存时，不得损坏标志，并应按批分别堆放整齐，避免锈蚀或油污。

2）机械性能要求

钢筋的机械性能指标有：屈服点；抗拉强度；伸长率和冷弯性能。屈服点和抗拉强度是钢筋的强度指标；伸长率和冷弯性能是钢筋的塑性指标。

第三节　钢筋翻样原理

1. 钢筋翻样长度

我们在翻样钢筋工程时，其最终原理就是计算钢筋的长度（图 2-3-1）

2. 钢筋的配料

钢筋下料长度的翻样

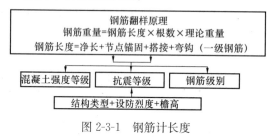

图 2-3-1　钢筋计长度

直钢筋下料长度＝构件长度－保护层厚度＋弯钩增加长度。

弯起钢筋下料长度＝直段长度＋斜段长度－弯曲调整值＋弯钩增加长度。

箍筋下料长度＝箍筋周长＋箍筋调整值。

上述钢筋如果需要搭接，还应增加钢筋的搭接长度。

1）弯曲调整值：

概念：所谓的钢筋弯钩增加值、弯曲调整值都是以量度尺寸（或外包尺寸）与中轴线长度的比较而得出的一个理论近似差值（为什么说是理论近似差值，原因一是首先由平面假设假定钢筋中轴线在钢筋弯曲后长度不变，实际上会有微小改变；二是影响弯钩增加值、弯曲调整值大小的钢筋弯曲半径取值取决于结构设计规范、标准图集、施工验收规范、加工工艺标准、构造要求、加工机械等多方面的因素）。

量度尺寸－下料尺寸＝弯曲调整值

钢筋弯曲后的特点：①在弯曲处内皮收缩；外皮延伸；轴线长度不变；②在弯曲处形成圆弧。钢筋的量度方法是沿直线量外包尺寸，因此，弯起钢筋的量度尺寸大于下料尺寸，两者之间的差值称为弯曲调整值（量度尺寸是指钢筋的外皮至外皮之间的尺寸；下料尺寸是指钢筋的轴线至轴线之间的尺寸）。钢筋的理论模型是按照中轴线计算的，而度量尺寸一般是按照外皮计算的，弯曲调整值正是外皮量长与中轴线量长的推算差值，因此在计算中给予扣除。

弯曲调整值见表2-3-1：

钢筋弯曲调整值　　　　　　　　　　　　　　　　表 2-3-1

钢筋弯曲角度	30	45	60	90	135
钢筋弯曲调整值	$0.35d$	$0.5d$	$0.85d$	$2d$	$2.5d$

2）弯钩增加长度：

钢筋的弯钩形式有三种：半圆弯钩、直弯钩和斜弯钩三种，半圆弯钩是最常用的一种弯钩。直弯钩只用在柱钢筋的下部、箍筋和附加钢筋中。斜弯钩只用在直径较小的钢筋中。

光圆钢筋的弯钩增加长度：对半圆弯钩为 $6.25d$，对直弯钩为 $3.5d$，对斜弯钩为 $4.9d$。

在生产实践中，由于实际弯心直径与理论弯心直径有时不一致，钢筋粗细和机具条件不同等而影响平直部分的长短（手工弯钩时平直部分可适当加长，机械弯钩时可适当缩短），因此在实际配料计算时，对弯钩增加长度根据具体条件，采用经验数据，见表2-3-2

半圆弯钩增加长度参考表（使用机械弯钩时）　　　　　表 2-3-2

钢筋直径（mm）	$\leqslant 6$	8～10	12～18	20～28	32～36
一个弯钩长度（mm）	40	$6d$	$5.5d$	$5d$	$4.5d$

3）弯起钢筋斜长（表2-3-3）

弯起钢筋斜长系数　　　　　　　　　　　　　　　表 2-3-3

弯起角度	30°	45°	60°
斜边长度 S	$2h$	$1.41h$	$1.15h$
底边长度 L	$1.732h$	h	$0.575h$
增加长度 $S\text{-}L$	$0.268h$	$0.41h$	$0.575h$

4）箍筋调整值：箍筋调整值（表2-3-4），即为弯钩增加长度和弯曲调整值两项之差或和，根据箍筋量外包尺寸确定。

箍筋调整值　　　　　　　　　　　　　　　　　　表 2-3-4

箍筋量度方法	箍筋直径/（mm）			
	4～5	6	8	10～12
量外包尺寸	80	100	120	150～170

3. 平法制图

11G101 系列平法制图应用

11G101-1 混凝土结构施工图平面整体表示方法制图规则和构造详图（现浇混凝土框架、剪力墙、梁、板）（替代 03G101-1 、04G101-4）。

11G101-2 混凝土结构施工图平面整体表示方法制图规则和构造详图（现浇混凝土板式楼梯）（替代 03G101-2）。

11G101-3 混凝土结构施工图平面整体表示方法制图规则和构造详图（独立基础、

条型基础、筏形基础及桩基承台)(替代 04G101-3、08G101-5、06G101-6)。

4. 钢筋配置与构造

混凝土环境类别及混凝土保护层见表 2-3-5 和表 2-3-6。

混凝土结构的环境类别 表 2-3-5

环境类别	条 件
一	室内干燥环境; 无侵蚀性静水浸没环境
二 a	室内潮湿环境; 非严寒和非寒冷地区的露天环境; 非严寒和非寒冷地区与无侵蚀性的水或土壤直接接触的环境; 严寒和寒冷地区的冰冻线以下与无侵蚀性的水或土壤直接接触的环境
二 b	干湿交替环境; 水位频繁变动环境; 严寒和寒冷地区的露天环境; 严寒和寒冷地区的冰冻线以上与无侵蚀性的水或土壤直接接触的环境
三 a	严寒和寒冷地区冬季水位变动区环境; 受除冰盐影响环境; 海风环境
三 b	盐渍土环境; 受除冰盐作用环境; 海岸环境
四	海水环境
五	受人为或自然的侵蚀性物质影响的环境

注:1. 室内潮湿环境是指构件表面经常处于结露或湿润状态的环境。
    2. 严寒和寒冷地区的划分应符合现行国家标准《民用建筑热工设计规范》GB 50176 的有关规定。
    3. 海岸环境和海风环境宜根据当地情况,考虑主导风向和结构所处迎风、背风部位等因素的影响,由调查研究和工程经验确定。
    4. 受除冰盐影响环境是指受到除冰盐盐雾影响的环境;受除冰盐作用环境是指被除冰盐溶液溅射的环境以及使用除冰盐的洗车房、停车楼等建筑。
    5. 暴露环境是指混凝土结构表面所处的环境。

混凝土保护层最小厚度 (mm) 表 2-3-6

环境类别	墙、板	梁、柱
一	15	20
二 a	20	25
二 b	25	35
三 a	30	40
三 b	40	50

注:1. 表中混凝土保护层厚度指外层钢筋外边缘至混凝土表面的距离,适用于设计年限为 50 年的混凝土结构。
    2. 构件中受力钢筋的保护层厚度不应小于钢筋的公称直径。
    3. 设计使用年限为 100 年的混凝土结构,一类环境中,最外层钢筋的保护层厚度不应小于表 2-3-5 中数值的 1.4 倍;二、三类环境中,应采取专门的有效措施。
    4. 混凝土强度等级不大于 C25 的,表 2-3-5 中保护层数值应增加 5。
    5. 基础底面钢筋的保护层厚度,有混凝土时应从垫层顶面算起,且不应小于 40mm。

5. 钢筋的类别与锚固长度

(1) 钢筋的类别 (表 2-3-7)

1) HPB300 热轧光圆钢筋,强度等级是 300MPa。

2) HRB335 热轧带肋钢筋,强度等级是 335MPa。

3）HRB400 热轧带肋钢筋，强度等级是 400MPa。

4）RRB400 级钢筋系指余热处理钢筋，强度等级是 400MPa。

5）HRB500 级钢筋为高强度钢筋，且是热轧带助钢筋强度等级 500MPa。

钢筋符号：

Φ—HPB 300 钢筋

Φ—HRB 335 钢筋

ΦF—HRBF 335 钢筋

Φ—HRB 400 钢筋

ΦF—HRBF 400 钢筋

Φ—HRB 500 钢筋

ΦF—HRBF 500 钢筋

ΦR—RRB 400 钢筋

ΦR—CRB550 钢筋

钢筋的类别 表 2-3-7

牌号	公称直径（mm）	屈服强度标准值	极限强度标准值
HPB300	6～22	300	420
HRB335		335	455
HRBF335			
HRB400	6～50	400	540
HRBF400			
RRB400			
HRB500		500	630
HRBF500			

注：H：热轧钢筋；P：光圆钢筋；B：钢筋；R：带肋钢筋；F：细晶粒热轧带肋钢筋。

（2）抗震等级与抗震设防烈度的关系

抗震等级是设计部门依据国家有关规定，按"建筑物重要性分类与设防标准"，根据烈度、结构类型和房屋高度等，而采用不同抗震等级进行的具体设计。以钢筋混凝土框架结构为例，抗震等级划分为四级，以表示其很严重、严重、较严重及一般的四个级别（表2-3-8）。

抗震等级与抗震设防烈度的关系 表 2-3-8

结构类型		地震烈度						
		6		7		8		9
框架结构	高度	<24	>24	<24	>24	<24	>24	<24
	框架	四	三	三	二	二	一	一
	剧场、体育馆等大跨度公共建筑	三		二		一		
框架-剪力墙结构	高度	<60	>60	<60	>60	<60	>60	<50
	框架	四	三	三	二	二	一	一
	剪力墙	三		二		一		
剪力墙结构	高度	<80	>80	<80	>80	<80	>80	<60
	剪力墙	四	三	三	二	二	一	一

结构类型		地震烈度						
		6		7		8		9
部分框支 剪力墙结构	框支层框架	二	二	二	一	一	不应 采用	不应采用
	剪力墙	三	二	二	二	一		
筒体结构	框架-核 心筒结构	框架	三		二		一	
		核心筒	二		二		一	
	筒中筒 结构	内筒	三		二		一	
		外筒	三		二		一	
单层厂房结构	板柱的柱	四		三		二		一

地震烈度是指某一地区地面和各类建筑物遭受一次地震影响破坏的强烈程度。同一地震发生后，不同地区受地震影响的破坏程度不同，烈度也不同，受地震影响破坏越大的地区，烈度越高。判断烈度的大小，是根据人的感觉、家具及物品振动的情况、房屋及建筑物受破坏的程度以及地面出现的破坏现象等。

设防烈度是按照国家规定的权限批准作为一个地区抗震设防依据的地震烈度。

确定了抗震设防烈度就确定了设计基本地震加速度和设计特征周期、设计地震动参数。

在确定地震作用标准值时，要用到设计基本地震加速度值，在《建筑抗震设计规范》GB 50011—2010 中指出了地震加速度值和设防烈度的对应关系。

通俗地讲就是建筑物需要抵抗地震波对建筑物的破坏程度，要区别于地震震级。

设防烈度取值的标准：基本烈度，就是一个地区在今后 50 年期限内，在一般场地条件下超越概率为 10% 的地震烈度。其具体的取值根据《建筑抗震设计规范》GB 50011—2010 中的抗震设防区划来取值。比如说北京地区的抗震设防烈度为 8 度。

（3）受拉钢筋基本锚固长度 l_{ab}、l_{abE} 见表 2-3-9。

受拉钢筋基本锚固长度 l_{ab}、l_{abE}　　　　　　　表 2-3-9

钢筋种类	抗震等级	混凝土强度等级								
		C20	C25	C30	C35	C40	C45	C50	C55	≥C60
HPB300	一、二级（l_{abE}）	45d	39d	35d	32d	29d	28d	26d	25d	24d
	三级（l_{abE}）	41d	36d	32d	29d	26d	25d	24d	23d	22d
	四级（l_{abE}） 非抗震（l_{ab}）	39d	34d	30d	28d	25d	24d	23d	22d	21d
HRB335 HRBF335	一、二级（l_{abE}）	44d	38d	33d	31d	29d	26d	25d	24d	24d
	三级（l_{abE}）	40d	35d	31d	28d	26d	24d	23d	22d	22d
	四级（l_{abE}） 非抗震（l_{ab}）	38d	33d	29d	27d	25d	23d	22d	21d	21d
HRB400 HRBF400 RRB400	一、二级（l_{abE}）	—	46d	40d	37d	33d	32d	31d	30d	29d
	三级（l_{abE}）	—	42d	37d	34d	30d	29d	28d	27d	26d
	四级（l_{abE}） 非抗震（l_{ab}）	—	40d	35d	32d	29d	28d	27d	26d	25d
HRB500 HRBF500	一、二级（l_{abE}）	—	55d	49d	45d	41d	39d	37d	36d	35d
	三级（l_{abE}）	—	50d	45d	41d	38d	36d	34d	33d	32d
	四级（l_{abE}） 非抗震（l_{ab}）	—	48d	43d	39d	36d	34d	32d	31d	30d

6. 新平法图集 11G101 中钢筋锚固长度

11G101 系列图集已全面使用。已经有很多新设计的建筑在使用此套图集。关于锚固长度现作如下解析：

（1）新旧规范的受拉钢筋的锚固长度，计算公式的右端没有变化，还是原来的说法。

1）旧规范把大量不需要调整的锚固长度和需要进行各种调整的少量锚固长度都叫做"锚固长度"。

2）新规范把大量不需要调整的"锚固长度"和需要进行各种调整的少量"锚固长度"都叫作"基本锚固长度"。

3）l_{ab}——基本锚固长度。

E 地震 Earthquake 的字头字母。

l_{abE}——基本抗震锚固长度。

4）11G101-1 第 53 页的表格，是供人们直接查阅用表（本书表 2-3-9），对 99.99% 的钢筋都可以直接查阅，它们的 l_a 就是 l_{ab}，它们的 l_{aE} 就是 l_{abE}。表 2-3-11 是表 2-3-9 的编制说明，只是告诉我们，表 2-3-9 中的一、二级抗震是用四级或者非抗震（两者完全一样）的数据乘以 1.15 得到，并不是说对表 2-3-9 的数据还要再乘以 1.15；表 2-3-9 中的三级抗震的锚固长度数据是用四级或者非抗震（两者完全一样）的数据乘以 1.05 得到，并不是表 2-3-9 的数据还要再乘以 1.05 。

表 2-3-10 说明表 2-3-9 数据是怎么来的，是表 2-3-9 的编制说明，不是表 2-3-9 的使用说明，他是告知性说明，不是执行性说明。

表 2-3-11 是表 2-3-9 的使用说明，说明表 2-3-9 数据遇到某些情况还需要调整。告诉我们，在什么情况下，需要乘以什么样系数，这些系数与旧规范也完全一致，没有变更，譬如：

受拉钢筋锚固长度 l_a、抗震锚固长度 l_{aE} 表 2-3-10

非抗震	抗震	1. l_a 不应小于 200。 2. 锚固长度修正系数 ζ_a 按右表取用，当多于一项时，可按连乘积算，但不应小于 0.6。 3. ζ_{aE} 为抗震锚固长度修正系数，对一、二级抗震等级取 1.15，对三级抗震等级取 1.05，对四级抗震等级取 1.00
$l_a = l_{ab}$	$l_{aE} = \zeta_{aE} l_a$	

注：1. HPB300 级钢筋末端应做 180°弯钩，弯后平直段长度不应小于 3d，但作为受压钢筋时可不做弯钩。

  2. 当锚固钢筋的保护层厚度不大于 5d 时，锚固钢筋长度范围内应设置横向构造钢筋，其直径不应小于 $d/4$（d 为锚固钢筋的最大直径）；对梁、柱等构件间距不应大于 5d，对板、墙等构件间距不应大于 10d，且均不应大于 100（d 为锚固钢筋的最小直径）。

5）如果碰到直径大于等于 25mm，先查得相应抗震等级和混凝土强度等级的 l_{ab} 或 l_{abE}，再乘以 1.1。

6）如果碰到环氧树脂涂膜钢筋，再扩大 25%，即乘以 1.25。

7）如果碰到施工时钢筋有可能被扰动，再乘以 1.1。

受拉钢筋锚固长度修正系数 ξ_a　　　　　表 2-3-11

锚固条件		ξ_a	
带肋钢筋的公称直径大于 25		1.10	
环氧树脂涂层带肋钢筋		1.25	—
施工过程中易受扰动的钢筋		1.10	
锚固区保护层厚度	$3d$	0.80	注：中间时按内插值。
	$5d$	0.70	d 为锚固钢筋直径

（2）锚固大量存在于梁、柱和板。新规范规定，HRB335MPa 钢筋不再用于梁、柱，梁、柱应采用 HRB400MPa 钢筋和 HRB500MPa 钢筋，而 HRB400MPa 钢筋的强度设计值比 HRB335MPa 钢筋高出 20%，因此大于直径 25mm 的钢筋其使用频率较之以前就减少了许多，在一般工程中极少出现，因此，新图集将大于 25mm 的钢筋锚固长度移出表外。环氧树脂涂膜钢筋也是绝大多数钢筋人终身不遇的钢筋，所以也将其清出图集。这是为了简单。

（3）一级抗震，一般不会采用 C20 混凝土作为梁板混凝土的强度等级。我们从 11G101-1 第 153 页可以看到用于梁板的 400 级和 500 级钢筋，相对应的 C20 混凝土全是"—"。

（4）综上所述，新图集对所有的钢筋锚固和连接都可以直接查表。与 03G101 系列图集相比，缺少的仅仅是工作中基本碰不到的 28mm 及以上钢筋和环氧树脂涂膜钢筋。并且将一、二级，三级，四级和非抗震放在一个表格，节省了篇幅，方便了查阅和使用。

（5）不少人对 11G101-1 图集当中的 l_a，l_{aE}，l_{ab}，l_{abE} 分别用在何种情况下，有什么区别，不是很理解。希望以上的解析或多或少能起点作用：图集已经标注得非常明白，凡是 1 个整数的，就是已经调整好（修正好）的 l_a（l_{aE}），这部分 l_a 就 = l_{ab}（l_{aE} 就 = l_{abE}）；凡是不是 1 个整数，而是小于或者大于 1 个的，就是需要采用 0.35、0.4、0.65、1.2、1.5、1.7 等不同的系数进行修正的 l_{ab}（l_{abE}）。此时，它们的 l_a 分别是 $0.4l_{ab}$、$0.65l_{ab}$、$1.2l_{ab}$、$1.5l_{ab}$、$1.7l_{ab}$；它们的 l_{aE} 分别是 $0.4l_{abE}$、$0.65l_{abE}$、$1.2l_{abE}$、$1.5l_{abE}$、$1.7l_{abE}$。

　　锚固的计算与选用（表 2-3-12～表 2-3-14）

锚 固 计 算 公 式　　　　　表 2-3-12

项　目	公式关系	锚　固
非抗震和 4 级抗震	$d \leqslant 25$	$l_a = l_{ab}$
	$d > 25$	$l_a = 1.1l_{ab}$
1、2 级抗震	$d \leqslant 25$	$l_{ae} = l_{abE}$
	$d > 25$	$l_{ae} = 1.1l_{abE}$
3 级抗震	$d \leqslant 25$	$l_{ae} = l_{abE}$
	$d > 25$	$l_{ae} = 1.1l_{abE}$

受拉钢筋锚固长度 l_a（mm）

表 2-3-13

钢筋种类	混凝土强度等级																	
	C20		C25		C30		C35		C40		C45		C50		C55		≥C60	
	$d{\leq}25$	$d{>}25$	$d{\leq}25$	$d{>}25$	$d{\leq}25$	$d{>}25$	$d{\leq}25$	$d{>}25$	$d{\leq}25$	$d{>}25$	$d{\leq}25$	$d{>}25$	$d{\leq}25$	$d{>}25$	$d{\leq}25$	$d{>}25$	$d{\leq}25$	$d{>}25$
HPB300	39d	—	34d	—	30d	—	28d	—	25d	—	24d	—	23d	—	22d	—	21d	—
HRB335，HRBF335	38d	42d	33d	36d	29d	32d	27d	30d	25d	28d	23d	25d	22d	24d	21d	23d	21d	23d
HRB400，HRBF400，RRB400	—	—	40d	44d	35d	39d	32d	35d	29d	32d	28d	31d	27d	30d	26d	29d	25d	28d
HRB500，HRBF500	—	—	48d	53d	43d	47d	39d	43d	36d	40d	34d	37d	32d	35d	31d	34d	30d	33d

受拉钢筋抗震锚固长度 l_{aE}（mm）

表 2-3-14

钢筋种类及抗震等级		混凝土强度等级																	
		C20		C25		C30		C35		C40		C45		C50		C55		≥C60	
		$d{\leq}25$	$d{>}25$	$d{\leq}25$	$d{>}25$	$d{\leq}25$	$d{>}25$	$d{\leq}25$	$d{>}25$	$d{\leq}25$	$d{>}25$	$d{\leq}25$	$d{>}25$	$d{\leq}25$	$d{>}25$	$d{\leq}25$	$d{>}25$	$d{\leq}25$	$d{>}25$
HPB300	一、二级	45d	—	39d	—	35d	—	32d	—	29d	—	28d	—	26d	—	25d	—	24d	—
	三级	41d	—	36d	—	32d	—	29d	—	26d	—	25d	—	24d	—	23d	—	22d	—
HRB335 HRBF335	一、二级	44d	48d	38d	41d	33d	37d	31d	35d	29d	32d	26d	29d	25d	28d	24d	26d	24d	26d
	三级	40d	44d	35d	38d	30d	34d	28d	32d	26d	29d	24d	26d	23d	25d	22d	24d	22d	24d
HRB400 HRBF400	一、二级	—	—	46d	51d	40d	45d	37d	40d	33d	37d	32d	36d	31d	35d	30d	33d	29d	32d
	三级	—	—	42d	46d	37d	41d	34d	37d	30d	34d	29d	33d	28d	32d	27d	30d	26d	29d
HRB500 HRBF500	一、二级	—	—	55d	61d	49d	54d	45d	49d	41d	46d	39d	43d	37d	40d	36d	39d	35d	38d
	三级	—	—	50d	56d	45d	49d	41d	45d	38d	42d	36d	39d	34d	37d	33d	36d	32d	35d

7. 纵向受拉钢筋绑扎搭接长度 l_l、l_{lE}（表 2-3-15）。

纵向受拉钢筋绑扎搭接长度 l_l、l_{lE}　　　　　　　表 2-3-15

抗震	非抗震		注：1. 当不同直径的钢筋搭接时，l_l、
$l_{lE}=\xi_l l_{aE}$	$l_l=\xi_l l_a$		l_{lE} 按直径较小的钢筋计算。
纵向受拉钢筋搭接长度修正系数 ξ_l			2. 在任何情况下 l_l 不得小于 300mm。
纵向钢筋搭接接头面积百分率（%）	≤25	50	100
ξ_l	1.2	1.4	1.6

（表头注续：3. 式中 ξ_l 为纵向受拉钢筋搭接长度修正系数，当纵向钢筋搭接接头百分率为表的中间值时，可按内插取值）

符号说明（表 2-3-16）。

纵向受拉钢筋绑扎搭接长度 l_l、l_{lE} 符号说明　　　　　　　表 2-3-16

代号	含 义	代号	含 义
L_{ab}	受拉非抗震钢筋的基本锚固长度	l_{abE}	受拉抗震钢筋的基本锚固长度
L_a	受拉非抗震钢筋锚固长度	l_{ae}	受拉抗震钢筋锚固长度
l_{lE}	纵向受拉抗震钢筋绑扎搭接长度	l_l	纵向受拉钢筋非抗震绑扎搭拉长度
C	混凝土保护层厚度	d	钢筋直径
h_b	为梁节点高度	l_w	钢筋弯折长度
H_n	为所在楼层的柱净高	l_n	梁跨净长
h_c	在计算柱钢筋时为柱截面长边尺寸（圆柱为截面直径），在计算梁钢筋时，h_c 为柱截面沿框架方向的高度		

第四节　钢　筋　连　接

钢筋接头类型

钢筋的接头可分为绑扎搭接、机械连接和焊接三大类（表 2-4-1）。

钢筋帮条长度见表 2-4-2。

钢筋接头类型　　　　　　　表 2-4-1

序号	接头种类		适用情况	接头长度（mm）
1	绑扎		6mm<d<40mm	按规范
2	电焊	单面焊	6～40mm	（8～10）d
3		双面焊		（4～5）d
4		单面绑条焊		（8～10）d
5		双面绑条焊		（4～5）d
6	闪光对焊（用于8～32直径）			Ⅰ级（0.75～1.25）d，Ⅱ、Ⅲ级（1.0～1.5）d
7	电渣压力焊（12～32mm）		竖向构件，不能用于平面构件	（1.0～1.5）d
8	气压焊			
9	套筒	直螺纹	16～40	
10		锥螺纹	16～40	
11		套筒挤压	16～40	
12	点焊		钢筋网片	

注：d 为钢筋直径。

钢筋帮条长度 表2-4-2

钢筋牌号	焊缝型式	帮条长度 l
HPB300	单面焊	≥8d
	双面焊	≥4d
HPB235/HRB335 HRBF335/HRB400	单面焊	≥10d
HRBF400/HRB500 HRBF500/RRB400	双面焊	≥5d

注：d 为主筋直径（mm）。

钢筋的连接：分为绑扎搭接，机械连接或焊接两类。同一构件中相邻纵向受拉钢筋的连接接头应相互错开，并满足表2-4-3要求；接头面积百分率示意见图2-4-1。

钢筋连接区长度及同一连接区段内受拉钢筋接头面积百分率 表2-4-3

连接类型	绑扎搭接	机械连接	焊 接	备 注
连接区段长度	$1.3l_{lE}$	35d	35d，且≥500	d 为纵筋
同一连接区段内受拉 钢筋接头面积百分率	梁、板、墙≤25% 柱≤50%	宜≤50%	应≤50%	最大直径

注：1. 在纵筋搭接长度范围内应配置箍筋或拉结筋，箍筋或拉结筋的直径不应小于搭接钢筋较大直径的 0.25 倍；箍筋或拉结筋间距及肢距不应大于搭接钢筋较小直径的 5 倍，且≤100mm；

2. 当纵筋直径 d≥25 时，应在搭接接头二个端面外 100mm 范围内各设置二个箍筋或拉结筋；

3. 轴心受拉及小偏心受拉构件（如拉杆、吊柱、吊板等）不得采用绑扎搭接；

4. 除施工图中有特别处理的构造详图外，当纵筋直径 d≥16 时，宜采用机械连接或焊接；当钢筋直径 d≥22 时，应采用机械连接或焊接；

5. 按本条钢筋接头面积百分率的上限连接时，钢筋连接区段应避开受力较大处，在受力较小处设置接头；

6. l_{lE} 相当于抗震时的 l_{ae}。$l_{le}=1.2l_{ae}25\%$ $50\%l_{lE}=1.4l_{lE}100\%l_{lE}=1.6l_{aE}$。

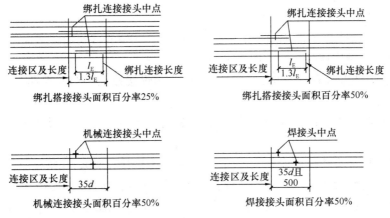

图 2-4-1 同一连接区段内纵筋连接接头面积百分率示意图

注：1. 接头面积百分率指的是，该区段内有接头的纵筋截面面积与全部纵筋截面面面的比值；

2. 凡接头中点位于该连接区段长度内的接头均属于同一连接区域。

钢筋的机械连接：基础梁、板、桩承台及上部梁、柱类结构构件中的纵筋，当采用非绑扎搭接时，宜优先采用机械连接，机械连接的接头等级应采用Ⅱ级（施工图中有特殊要求处例外），其他要求应符合现行行业标准《钢筋机械连接通用技术规程》JGJ 107 中的有关规定。

钢筋的焊接：柱类结构构件中的纵筋可采用电渣压力焊，基础梁、桩承台及上部梁、当采用焊接时，宜优先采用等强闪光对接焊；其他结构构件中的纵筋可采用对心搭接焊，且尽量采用双面焊，搭接焊的焊缝长度双面焊应≥5d，单面焊应≥10d，焊缝厚度应≥0.3d，宽度应≥0.8d，焊缝及焊接的其他要求应符合现行行业标准《钢筋焊接及验收规程》JGJ 18 及《建筑钢结构焊接技术规程》JGJ 81 中有关规定。

锚筋与预埋件的连接应优先采用穿孔塞焊。

纵向受力钢筋的连接方式应符合设计要求。

（1）在施工现场应按国家现行标准《钢筋机械连接通用技术规程》JGJ 107、《钢筋焊接及验收规程》JGJ 18 的要求进行钢筋连接。

（2）钢筋的接头宜设置在受力较小处。同一纵向受力钢筋不宜设置两个或两个以上接头。接头末端至钢筋弯起点的距离不应小于钢筋直径的 10 倍。

（3）在施工现场应按国家现行标准《钢筋机械连接通用技术规程》JGJ 107、《钢筋焊接及验收规程》JGJ 18 的规定，对钢筋机械连接接头、焊接接头的外观进行检查，其质量应符合有关规程的规定。

（4）当受力钢筋采用机械连接接头或焊接接头时，设置在同一构件内的接头宜相互错开。

相纵向受力钢筋机械连接接头及焊接接头连接区段的长度为 35d（d 为纵向受力钢筋的较大直径）且不小于 500mm，凡接头中点位于该连接区段长度内的接头，均属于同一连接区段。同一连接区段内，纵向受力钢筋机械连接及焊接的接头面积百分率为该区段内有接头的纵向受力钢筋截面面积与全部纵向受力钢筋截面面积的比值。

同一连接区段内，纵向受力钢筋的接头面积百分率应符合设计要求；当设计无具体要求时，应符合下列规定：

1）在受压区不宜大于 50%；

2）接头不宜设置在有抗震设防要求的框架梁端、柱端的箍筋加密区；当无法避开时，对等强度高质量机械连接接头，不应大于 50%；

3）直接承受动力荷载的结构构件中，不宜采用焊接接头；当采用机械连接接头时，不应大于 50%。

（5）同一构件中相邻纵向受力钢筋的绑扎搭接接头宜相互错开。绑扎搭接接头中钢筋的横向净距不应小于钢筋直径，且不应小于 25mm。

钢筋绑扎搭接接头连接区段的长度为 $1.3l_1$（l_1 为搭接长度），凡搭接接头中点位于该连接区段长度内的搭接接头均属于同一连接区段。同一连接区段内，纵向钢筋搭接接头面积百分率为该区段内有搭接接头的纵向受钢筋截面面积与全部纵向受力钢筋截面面积的比值（图 2-4-2）。

同一连接区段内，纵向受拉钢筋搭接接头面积百分率应符合设计要求；当设计无具体要求时，应符合下列规定：

1）对梁类、板类及墙类构件不宜大于 25%；

2）对柱类构件不宜大于 50%；

3）当工程中确有必要增大接头面积百分率时，对梁类构件不应大于50%，对其他构件可根据实际情况放宽。

纵向受力钢筋绑扎搭接接头的最小搭接长度应符合本书图2-4-2，纵向受力钢筋的最小搭接长度的规定。

（6）在梁、柱类构件的纵向受力钢筋搭接长度范围内，应按设计要求配置箍筋。当设计无具体要求时，应符合：

1）箍筋直径不应小于搭接钢筋较大直径的0.25倍；

2）受拉搭接区段的箍筋间距不应大于搭接钢筋较小直径的5倍，且不应大于100mm；

3）受压搭接区段的箍筋间距不应大于搭接钢筋较小直径的10倍，且不应大于200mm；

4）当柱中纵向受力钢筋直径大于25mm时，应在搭接接头两个端面外100mm范围内各设置两个箍筋，其间距宜为50mm。

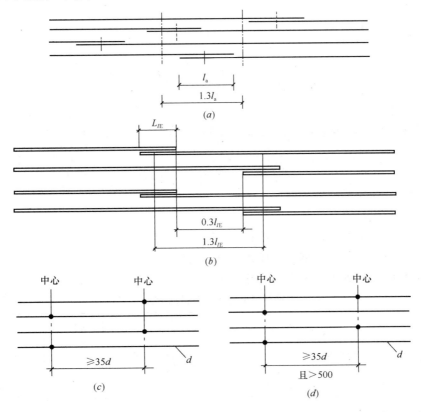

图 2-4-2 施工现场采用的机械接头和焊接接头形式

（a）钢筋绑扎搭接接头连接区段及接头面积百分率；

（b）施工现场采用的绑扎搭接形式；（c）机械连接接头面积百分率50%；

（d）焊接接头面积百分率50%

注：图中所示搭接接头同一连接区段内的搭接钢筋为两根，当各钢筋直径相同时，接头面积百分率为50%。

第五节　钢　筋　代　换

1. 等强度代换方法

计算法

$$n_2 \geqslant \frac{n_1 d_1^2 f_{y1}}{d_2^2 f_{y2}} \tag{2-5-1}$$

式中　n_2——代换钢筋根数；

$\quad\quad d_2$——代换钢筋直径；

$\quad\quad d_1$——原设计钢筋直径；

$\quad\quad n_1$——原设计钢筋根数；

$\quad\quad f_{y2}$——代换钢筋抗拉强度设计值；

$\quad\quad f_{y1}$——原设计钢筋抗拉强度设计值。

上式有两种特例：

1）设计强度相同、直径不同的钢筋代换：

$$n_2 \geqslant n_1 \frac{d_1^2}{d_2^2} \tag{2-5-2}$$

2）直径相同、强度设计值不同的钢筋代换。

2. 等面积代换

对于按构造配置的钢筋，应满足最小配筋率，可按面积相等的原则代换。用公式表达为

$$A_{s2} \geqslant A_{s1} \text{ 或 } n_1 d_1^2 = n_2 d_2^2 \tag{2-5-3}$$

式中　A_{s2}——代换钢筋的计算面积；

$\quad\quad A_{s1}$——原设计钢筋的计算面积。

$\quad n_1$、n_2——分别为原设计钢筋根数和代换后钢筋根数；

$\quad d_1$、d_2——分别为原设计钢筋直径和代换后钢筋直径。

3. 钢筋强度标准值及极限应变见表 2-5-1。

钢筋强度标准值及极限应变　　　　　　　　　　　　表 2-5-1

种类	符号	公称直径 d（mm）	屈服强度 f_{yk}（N/mm²）	抗拉强度 f_{stk}（N/mm²）
HPB300	Φ	6~22	300	420
HRB335、HRBF335	Φ、ΦF	6~50	335	455
HRB400、HRBF400、RRB400	Φ ΦF ΦR	6~50	400	540
HRB500、HRBF500	Φ、ΦF	6~50	500	630

4. 构件截面的有效高度影响

钢筋代换后，有时由于受力钢筋直径加大或根数增多而需要增加排数，则构件截面的有效高度 h_0 减小，截面强度降低。通常对这种影响可凭经验适当增加钢筋面积，然后再作截面强度复核。

对矩形截面的受弯构件，可根据弯矩相等，按下式复核截面强度。

$$N_2\left(h_{02} - \frac{N_2}{2f_c b}\right) \geqslant N_1\left(h_{01} - \frac{N_1}{2f_c b}\right) \tag{2-5-4}$$

式中　N_1——原设计的钢筋拉力，等于 $A_{s1} f_{y1}$（A_{s1}——原设计钢筋的截面面积，f_{y1}——原设计钢筋的抗拉强度设计值）；

　　　N_2——代换钢筋拉力，同上。

$$N_2\left(h_{02} - \frac{N_2}{2f_c b}\right) \geqslant N_1\left(h_{01} - \frac{N_1}{2f_c b}\right) \tag{2-5-5}$$

式中　N_1——原设计的钢筋拉力，等于 $A_{s1} f_{y1}$（A_{s1}——原设计钢筋总截面面积，f_{y1}——原设计钢筋的抗拉强度设计值）；

　　　N_2——代换钢筋拉力，同上；

　　　h_{01}——原设计钢筋的合力点至构件截面受压边缘的距离；

　　　h_{02}——代换钢筋的合力点至构件截面受压边缘的距离；

　　　f_c——混凝土的抗压强度设计值，对 C20 混凝土为 9.6N/mm^2。

5. 钢筋代换注意事项

（1）必须了解设计意图和代换材料性能，并严格遵守现行的钢筋混凝土规范的各项规定。

（2）钢筋代换后，应满足构造要求，如最小直径、配筋率、间距、根数等要求。

（3）预制构件的吊环必须采用 I 级热轧钢筋制作或代替，不得使用冷拉加工的钢筋。

（4）梁的纵向受力筋与弯起钢筋应分别代换，以保证正截面与斜截面强度。

【例】　今有一块 4m 净宽的现浇钢筋混凝土楼板，原设计的底部纵向受力钢筋采用 HPB235 级Φ 10@100mm，共计 40 根。现拟改用 HRB335 级Φ 10 钢筋，求所需Φ 10 钢筋根数及其间距。

【解】　本题属于直径相同、强度等级不同的钢筋代换。

$n_2 = 40 \times 210/300 = 28$ 根，间距 $= 100 \times 40/28 = 142.85$mm，取 140mm。

【例】　今有一根 350mm 宽的现浇混凝土梁，原设计的底部纵向受力钢筋采用 HRB400 级Φ 22 钢筋，共计 6 根，分两排布置，底排为 4 根，上排为 2 根。现拟改用 HRB335 级Φ 25 钢筋，求所需Φ 25 钢筋根数。

【解】　本题属于直径不同、强度等级不同的钢筋代换。

$$n_2 = 6 \times \frac{22^2 \times 360}{25^2 \times 300} = 5.57 \text{ 根，取 6 根。}$$

第六节　钢筋机械锚固

弯钩及机械锚固主要利用受力钢筋端部锚头（弯钩、贴焊锚筋、焊接锚板或螺栓锚头）对混凝土局部挤压作用加大锚固承载力，可以有效减小锚固长度，采用弯钩或机械锚固后，包括弯钩或锚固端头在内的锚固长度（投影长度）可取为 $\geqslant 0.6 l_{\text{abE}}$（$0.6 l_{\text{ab}}$）。弯钩及机械锚固的主要形式见图 2-6-1。

（1）末端带 90°弯钩形式：当上部存在压力（如中间框架节点）时，包括弯钩或锚固端头在内的锚固长度（投影长度）可取为≥$0.4l_{abE}$（$0.4l_{ab}$）当用于侧面侧边，角部偏置锚固时，端头弯钩应向侧面内侧偏斜，见图 2-6-1（a）。

（2）末端带 135°弯钩形式：建议用于非框架梁板支座节点处的锚固，当用于截面侧边，角部偏置锚固时，端头弯钩应向截面内测偏斜，见图 2-6-1（b）。

（3）末端贴焊锚筋形式：建议用于非框架梁，板支座节点处的锚固。其中一侧贴焊的锚筋形式当用于侧面侧边，角部偏置锚固时，贴焊锚筋应向侧面内测偏斜，见图 2-6-1（c）、（d）。

（4）末端与钢板传孔塞焊及末端带螺栓锚头形式：可用于任何情况，但需注意螺栓锚头和焊接钢板的承压面积不应小于锚固截面钢筋面积的 4 倍，且应满足间距要求，钢筋净距小于 $4d$ 时应考虑群锚效应的不利影响，见图 2-6-1（e）、（f）。

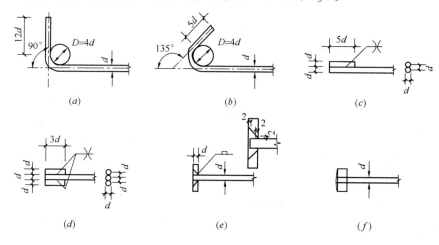

图 2-6-1　弯钩及机械锚固的主要形式

（a）末端带 90°弯钩；（b）末端带 135°弯钩；（c）末端一侧贴焊锚筋；
（d）末端两侧贴焊锚筋；（e）末端与钢板穿孔塞焊；（f）末端带螺栓锚头

第七节　箍筋及拉筋弯钩构造

梁、柱、剪力墙的箍筋和拉筋的主要内容有：弯钩角度为 135°；水平段长度抗震设计时取 max（$10d$，75），非抗震设计时不应小于 $5d$（d 为箍筋直径）。通常，箍筋应做成封闭式，拉筋要求应紧靠纵向钢筋并同时钩住外封闭箍筋。梁、柱、剪力墙封闭箍筋及拉筋弯钩构造见图 2-7-1。

螺旋箍筋构造（图 2-7-2）

螺旋箍筋端部构造：开始与结束位置应有水平段，长度不小于一圈半；

弯钩角度 135°；弯后长度为非抗震 $5d$；抗震（$10d$，75）中较大值。

螺旋箍筋搭接构造：

搭接不小于 l_a 或 l_{ae}，且不小于 300mm，两头弯钩要勾住纵筋。

内环定位筋：焊接圆环，间距 1.5m，直径不小于 12。

圆柱环状箍筋搭接构造同螺旋箍筋。

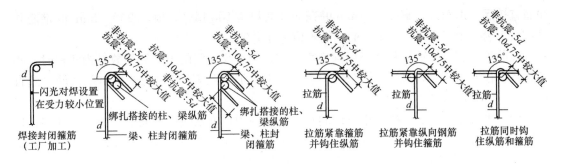

图 2-7-1　封闭箍筋及拉筋弯钩构造

注：非抗震设计时，当构件受扭或柱中全部纵向受力钢筋的配筋率大于3%，
箍筋及拉筋弯钩平直段长度应为10d。

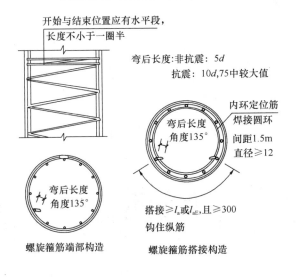

图 2-7-2　螺旋箍筋构造

（圆柱环状箍筋搭接构造同螺旋箍筋）

第八节　并　筋　的　构　造

混凝土构件可以采用并筋。直径大于 28 不超过 3 根，大于 32 不超过 2 根，大于 36 不采用并筋。因为设计越来越复杂，大跨梁、大荷载很多，限制层高，荷载多跨度大，配筋梁钢筋超过 2.0～2.5%，钢筋摆放不下就采用并筋。并筋的等效直径：2 根是 1.4d，3 根是 1.7d。等效钢筋直径用等截面积计算与钢筋间距、钢筋保护层及裂缝宽度、锚固长度都与钢筋直径有关。用 1.4d 的直径计算混凝土保护层。锚固长度，并筋采用绑扎搭接时，按单根去考虑；现在规范中并筋是 3 种，2 根一并、3 根一并、无 4 根一并，新图集只给出 2 根一并。

并筋的主要形式及等效直径的计算方法；采用并筋时如何计算保护层厚度，钢筋间距及锚固长度；并筋如何搭接都值得我们注意。

（1）由两根单独钢筋组成的并筋可按竖向或横向的方式布置，由三根单独钢筋组成的并筋宜按品字形布置，直径≤28mm 的钢筋并筋数量不应超过 3 根；直径 32mm 的钢筋并筋数量宜为 2 根；直径≥36mm 的钢筋不应采用并筋。

并筋等效直径按截面积相等原则换算确定，当直径相同的单根钢筋数量为两根时，并筋等效直径取 1.41 倍单根钢筋直径；当直径相同的单根钢筋数量为三根时，并筋等效直径取 1.73 倍单根钢筋直径。

（2）当采用并筋时，构件中钢筋间距、钢筋锚固长度都应按并筋的等效直径计算，且并筋的锚固宜采用直线锚固。并筋保护层厚度除应满足本书表 2-3-6 要求外，其实际外轮廓边缘至混凝土外边缘距离尚不应小于并筋的等效直径。

（3）并筋采用绑扎搭接连接时，应按每根单筋错开搭接的方式连接。接头百分率应按同一连接区段内所有的单根钢筋计算，并筋中钢筋的搭接长度应按单筋分别计算。

梁并筋等效直径、最小净距（表 2-8-1）

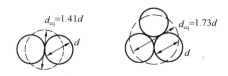

图 2-8-1　并筋形式示意图

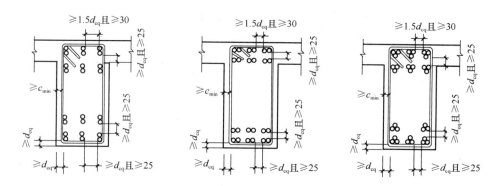

图 2-8-2　梁混凝土保护层厚度、钢筋间距要求示意图

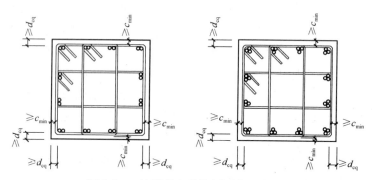

图 2-8-3　柱混凝土保护层厚度示意图

梁并筋等效直径、最小净距

表 2-8-1

单筋直径 d (mm)	25	28	32
并筋根数	2	2	2
等效直径 d_{eq} (mm)	35	39	45
层净距 S_1 (mm)	35	39	45
上部钢筋净距 S_2 (mm)	53	59	68
下部钢筋净距 S_1 (mm)	35	39	45

当梁柱配筋率较大时（一般接近规范规定的最大配筋率时），较难满足规范规定的钢筋间距要求，浇捣混凝土很困难时，可以考虑采用并筋。

第九节 最新钢筋含量明细

钢筋含量：框架别墅的一般在 $40\sim50kg/m^2$，根据设计院不同，含量也大不相同。

一般框架住宅（6 层）$45kg/m^2$ 左右。

框架住宅（12 层左右）带地下车库（人防）一般为 $80\sim90kg/m^2$。

一般砌体住宅（6 层）在 $27kg/m^2$ 左右。

某拆迁恢复楼，混凝土条形基础，埋深 2m，砖混结构，现浇板，平屋顶，阳台全封闭，计算全面积，无层顶装饰构架和飘窗（这些有钢筋却算不来面积），很常见的两室一厅房型，节省造价型。钢筋含量 $27kg/m^2$。

某商住小区，混凝土条基，埋深 3m，底层楼板大多为现浇架空层（底层每套房内有一个房为预制板，在架空层模板拆除后封起来），构造柱较多、带观景阳台（面积折半）、客厅较大，开间 4.5m（板厚 12cm），其他楼层板 10cm，屋面坡层面（42% 可计算面积）双层双向配筋板 12cm，卧室和客顶窗带飘窗和空调板（算不了面积），三室两厅两卫套型为主，钢筋含量 $36kg/m^2$。

短肢剪力墙结构的小高层（12F），带地下室，$68kg/m^2$ ［不含桩］。

平战结合的地下室，地下一层，底板 40cm 筏板有梁式，顶板 30cm，四周围护墙 35cm，抗渗 P8，面积 $4000m^2$，有车道、有防爆室和消毒室（混凝土结构）钢筋含量 $185kg/m^2$。

框架 4 层的宿舍楼（桩基础），跨度在 $4m\times9m$，层高 3.6m，配筋一般在 $38\sim45kg/m^2$。

框架 4 层的厂房（桩基础），跨度在 $9\sim12m\times12\sim15m$，层高 3.6m，配筋在 $42\sim48kg/m^2$。

但这只是一般的情况下，但时很多时候这个数字都只能是作为一个参考。每一幢楼还是要认真的翻样才行。我算过最多的是 $65kg/m^2$。也是一个四层框架厂房。

这段时间我从施工单位调查了一下含钢量：如果是三十层，带梁式转换层，转换层板厚 200mm 梁最大 $2m\times1.6m$，转换层高度 6.5m，标准层高度 3m，其他两层商业高度均为 5.7m，地下室两层，地上三十层（其中三层商业，二十七层住宅），住宅为短肢剪力墙，商业为框架，柱网最大跨度 $11.7m\times9m$，筏板为 2.1m，C60 混凝土，含钢量 110kg/

m²；二十五层，梁式转换层，转换层板厚 200 梁最大 1.8m×1.2m，转换层高度 5.7m，标准层高度 3m，其他两层商业高度均为 5.2m，地下室一层，地上二十五层（其中商业三层，住宅二十二层），住宅为短肢剪力墙，商业为框架，柱网最大跨度 7m×9m，筏板为 1.8m，含钢量 85kg/m²；还有很多，含钢量在 85～100kg/m²；因此根据具体情况而定。

住宅建筑的混凝土用量和用钢量 表 2-9-1

序号	类 别		钢 筋
1	多层	砌体住宅	30kg/m²
2	小高层	11～12 层住宅	48～55kg/m²
3	高层	17～18 层住宅	58～62kg/m²
4	高层	30 层住宅 H＝94m	65～75kg/m²
5	别墅	多层和小高层之间	

降低成本节约钢筋的方法。比如：①采用三级钢；②采用冷扎扭钢筋；③楼板配筋回到采用分离式配筋。

第三章　平法识图与钢筋基础

第一节　平法识图基本知识

1. 平法概念

平法是指混凝土结构施工 图平面整体表示方法，即将构件的结构尺寸、标高、构造、配筋等信息，按照平面整体表示方法的制图规则，直接标示在各类构件的结构平面布置图上，再与标准构造图相配合，构成一套完整、简明、明了的结构施工图。混凝土结构施工图平面整体表示方法是我国结构施工图设计方法的重大创新。

11G101 系列平法应用见图 3-1-1。

11G101-1　混凝土结构施工图平面整体表示方法制图规则和构造详图
（现浇混凝土框架、剪力墙、梁、板）
（替代 03G101-1、04G101-4）

11G101-2　混凝土结构施工图平面整体表示方法制图规则和构造详图
（现浇混凝土板式楼梯）
（替代表 03G101-2）

11G101-3　混凝土结构施工图平面整体表示方法制图规则和构造详图
（独立基础、条型基础、筏型基础及桩基承台）
（替代 04G101-3、08G101-5、06G101-6）

图 3-1-1　11G101 系列平法应用

2. 当今平法现状

（1）全国普及平法；

（2）平法已经成为造价和施工过程钢筋翻样、钢筋预算、钢筋结算、钢筋对量审计、钢筋施工、钢筋排布置、验收的重要依据；

（3）平法图集涵盖的范围越来越广；

（4）平法的基础知识广大的造价人员已经掌握；

（5）在平法应用过程中出现了很多的疑问和争议内容；

（6）平法在使用过程中已经被无限放大

新平法是目前建筑行业最关注的话题，国家标准混凝土结构设计规范，已于 2011 年 7 月 1 日开始颁布执行，高层结构设计规程、抗震规范、相继实施，2011 年无疑是建筑变革的 1 年，新规范在钢筋行业、保护层计算、锚固计算，构件节点等方面都发生了巨大变化，给整个建筑业带来了巨大的影响，11G 系列图集应运而生并已经执行，全面取代 03G 系列 6 套平法图集，这一系列变化标志着整个建筑行业已经进入新平法时代，面对新平法，我们已经做好准备，让你轻松面对，顺利度过，走进新平法，了解新平法。今年是走进新平法时代的第 2 年，你已经掌握了吗，下面详细讲解：

2011 年 9 月由中国建筑标准设计研究院编制的《混凝土结构施工图平面整体表示方法制图规则和构造详图》11G101-1、11G101-2、11G101-3 系列图集代替了原来 03G101 系列图集。2011 年 9 月全面执行的 11G101 图集包含：11G101-1《混凝土结构施工图平面整体表示方法制图规则和构造详图》（现浇混凝土框架，剪力墙，梁，板）；11G101-2《混凝土结构施工图平面整体表示方法制图规则和构造详图》（现浇混凝土板式楼梯）；11G101-3《混凝土结构施工图平面整体表示方法制图规则和构造详图》（独立基础、条形基础，伐形基础及桩基承台）。

3. 平法的特点

（1）平法采用标准化的设计制图规则，表达数字化、符号化，单张图纸的信息量大且集中。

（2）构件分类明确、层次清晰、表达明确、设计速度快、效率成倍提高。

（3）平法使设计者易掌握全局，易进行平衡调整；易修改、易校核，改图可不牵连其他构件，以控制设计质量。

（4）平法大幅度降低设计成本，与传统方法相比图纸量减少 70％ 左右，综合设计工日减少 2/3 以上。

（5）平法施工图更便于施工管理，传统施工图在施工中逐层验收梁等构件的钢筋时需反复查阅大宗图纸，现在只要一张图纸就包括了一层梁等构件的全部数据。

平法施工图的表示方法主要有平面注写方式、列表注写方式和截面注写方式三种、平法的各种表达方式，基本遵循同一注写的顺序：

1）构件的编写及整体特征；

2）构件的截面尺寸；

3）构件的配筋信息；

4）构件标高等其他必要说明。

4. 学好平法的关键

平法是建筑工程施工技术、工程监理、工程造价等相关行业必须学习的重点专业知识之一。平法已经在社会上得到全面应用，不掌握平法就不能完整的看懂结构施工图，不能根据结构施工图进行钢筋翻样等。所以学好平法知识很重要。主要包括"制图规则"和"构造详图"两部分；制图规则是设计人员绘制平法施工图的制图依据，也是施工、造价人员翻样人员阅读平法施工图的语言；构造详图是构件标准的构造做法，也是钢筋翻样的规则。

第二节 钢筋符号及标注

1）钢筋符号

《混凝土结构工程施工质量验收规范》及 11G101 图集中将钢筋种类分为 HPB300、HRB335、HRB400、HRB500 四种级别。在结构施工图中，为了区别每一种钢筋的级别，每一个等级用一个符号来表示，如 HPB300 用φ表示（旧称"一级钢"），HRB335 用Φ表示（旧称二级钢），HRB400 用Φ表示（三级钢），HRB500 用Φ表示（四级钢）。

2）钢筋标注

在结构施工图中，构件的钢筋标注要遵循一定的规范：

① 标注钢筋的根数、直径和等级。如 4 Φ 25，4 表示钢筋的根数，25 表示钢筋的直径，Φ表示钢筋等级为 HRB400 的钢筋。

② 标注钢筋的等级、直径和相邻钢筋中心距。如φ 10@100，10 表示钢筋的直径，@相邻中心距符号，100 表示相邻钢筋的中心距离。φ表示钢筋等级为 HPB300 钢筋。

第四章　基础钢筋平法识图与翻样

第一节　独立基础平法识图

独立基础平面布置图是将独立基础平面与基础所支承的柱一起绘制。当设置基础连系梁时，根据图面的疏密情况将基础连系梁与基础平面布置图一起绘制或将基础连系梁布置图单独绘制。在独立基础平面布置图上有基础定位尺寸，当独立基础的柱中心线或杯口中心线与建筑轴线不重合时，会标注其定位尺寸。编号相同且定位尺寸相同的基础，仅选择一个进行标注。

独立基础平法施工图，有平面标注与截面标注两种表达方式：

1. 独立基础平面标注

独立基础平面标注方式分集中标注和原位标注两部分内容。

（1）独立基础集中标注

1）标注独立基础编号（表 4-1-1）

独立基础编号

表 4-1-1

类型	基础底板截面形状	代号	序号
普通独立基础	阶形	DJj	××
	坡形	DJp	××
杯口独立基础	阶形	BJj	××
	坡形	BJp	××

独立基础底板的截面形状通常有两种：

① 阶形截面编号加下标"J"，如 DJj××、BJj×××。

② 坡形截面编号加下标"P"，如 DJp××、BJp××。

2）标注独立基础截面竖向尺寸

下面按普通独立基础和杯口独立基础分别进行说明。

① 当阶形截面普通独立基础 DJj ×× 的竖向尺寸标注为 400/300/300 时，表示 $h_1=400\text{mm}$、$h_2=300\text{mm}$、$h_3=300\text{mm}$，基础底板总厚度 1000mm。当为更多阶时，各阶尺寸自下而上用"/"分隔顺写。当基础为单阶时其竖向尺寸仅为一个，且为基础总厚度。基础为坡形截面时，标注为 h_1/h_2；当坡形截面普通独立基础 DJp×× 的竖向尺寸标注为 350/300 时，表示 $h_1=350\text{mm}$、$h_2=300\text{mm}$、基础底板总厚度 650mm（图 4-1-1）。

② 当杯口独立基础为阶形截面时，其竖向尺寸分两组。一组表达杯口内，另一组表达杯口外，两组尺寸以","分隔，标注为：a_0/a_1，$h_1/h_2/\cdots\cdots$。其含义示意图见图 4-1-2，其中杯口深度 a_0，为柱插入杯口的尺寸加 50mm。

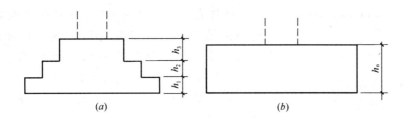

图 4-1-1 普通独立基础

（a）阶梯形截面普通独立基础多阶竖向尺寸；

（b）矩形截面普通独立基础单阶竖向尺寸

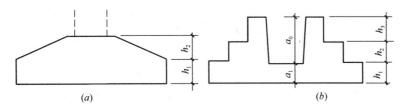

图 4-1-2 杯口独立基础

（a）坡形截面普通独立基础竖向尺寸；

（b）凹形截面杯口独立基础竖向尺寸

3）标注独立基础配筋

① 普通独立基础和杯口独立基础的底部双向配筋标注规定如下：

A. 以 B 代表各种独立基础底板的底部配筋。

B. X 向配筋以 X 打头标注；Y 向配筋以 Y 打头标注。当两向配筋相同时，则以 X&Y 打头标注。

② 标注高杯口独立基础的杯壁外侧和短柱配筋。具体标注规定如下：

A. 以 O 代表杯壁外侧和短柱配筋。

B. 先标注杯壁外侧和短柱纵筋，再标注箍筋。注写为：角筋/长边中部筋，箍筋（两种间距）；当杯壁水平截面为正方形时，标注为：角筋/长边中部筋/短边中部筋，箍筋（两种间距）；当杯壁水平截面为正方形时，标注为：角筋/x 边中部筋/y 边中部筋，箍筋（两种间距，杯口范围内箍筋间距/短柱范围内箍筋间距）。

C. 对于双高杯扣独立基础独立基础的杯壁外侧配筋，注写方式与单高杯口相同，施工区别在于杯壁外侧配筋为同时环住两个杯口的外壁配筋。

D. 注写普通独立深基础短柱竖向尺寸及钢筋。当独立基础埋深较大，设置短柱时，短柱配筋应注写在独立基础中。

③ 当独立基础埋深较大，设置短柱时，短柱配筋应标注在独立基础中（图 4-1-3）。具体标注规定如下：

A. 以 DZ 代表普通独立深基础短柱。

B. 先标注短柱纵筋，再标注箍筋，最后标注短柱标高范围。标注为：角筋/长边中部筋/短边中部筋，箍筋，短柱标高范围；当短柱水平截面为正方形时，标注为：角筋/x 边中部筋/y 边中部筋，箍筋，短柱标高范围。

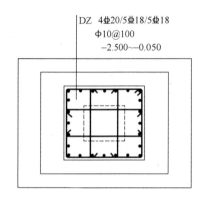

DZ 4$\underline{\Phi}$20/5$\underline{\Phi}$18/5$\underline{\Phi}$18
Φ10@100
−2.500~−0.050

图 4-1-3 独立基础短柱配筋示意图

标注表示：角筋为 4ϕ20，x 边中部筋为 5ϕ18；y 边中部筋为 5ϕ18；其箍筋直径为 ϕ10 间距为 100，"−2.500～−0.050" 表示独立基础的短柱设置在 −2.500～−0.050 高度范围内。

当为多柱独立基础时，多柱独立基础的编号、几何尺寸和配筋的标注方法与单柱独立基础相同。当为双柱独立基础且柱距较小时，通常仅配置基础底部钢筋；当柱距较大时，除基础底部配筋外，尚需在两柱间配置基础顶部钢筋或设置基础梁，当为四柱独立基础时，通常可设置两道平行的基础梁，需要时可在两道基础梁之间配置基础顶部钢筋。

④ 多柱独立基础顶部配筋和基础梁的标注方法如下：

A. 标注双柱独立基础底板顶部配筋。双柱独立基础的顶部配筋，通常对称分布在双柱中心线 2 侧，标注为：双柱间纵向受力钢筋/分布钢筋，当纵向受力钢筋在基础底板顶面非满布时，应注明其总根数。

B. 标注双柱独立基础的基础梁配筋。当双柱独立基础为基础底板与基础梁相结合时，标注基础梁的编号、几何尺寸和配筋。如 JL×× （1）表示该基础梁为 1 跨，两端无外伸；JL×× （1A）表示该基础梁为 1 跨，一端有外伸；JL×× （1B）表示该基础梁为 1 跨，两端均有外伸。

（2）独立基础原位标注

1）普通独立基础的原位标注形式为：

$$x,\ y,\ x_c,\ y_c\ (或圆柱直径\ d_c),\ x_i,\ y_i,\ i=1,\ 2,\ 3\cdots\cdots$$

式中：x、y——普通独立基础两向边长；

x_c、y_c——柱截面尺寸；

x_i、y_i——阶宽或坡形平面尺寸（当设置短柱时，尚应标注短柱的截面尺寸）。

① 对称阶形截面普通独立基础的原位标注，见图 4-1-4。

② 非对称阶形截面普通独立基础的原位标注，见图 4-1-5。

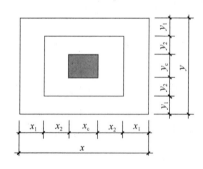

图 4-1-4 对称阶形截面普通独立
基础原位标注

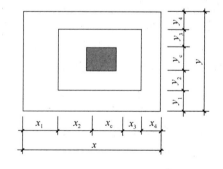

图 4-1-5 非对称阶形截面普通独立
基础原位标注

③设置短柱独立基础的原位标注。

④普通独立基础采用平面标注方式的集中标注和原位标注综合设计表达示意。

2）杯口独立基础原位标注为：

$$x、y、x_\mathrm{u}、y_\mathrm{u}、t_i、x_i、y_i，i=1,2,3\cdots\cdots$$

式中：x、y——杯口独立基础两向边长；

　　　x_u、y_u——杯口上口尺寸；

　　　　　t_i——杯壁厚度；

　　　x_i、y_i——阶宽或坡形截面尺寸。

杯口上口尺寸 x_u、y_u 按柱截面边长两双向各加 75mm，杯口下口尺寸按标准构造详图（为插入杯口的相应柱截面边长尺寸，每边各加 500m），设计不标注。

阶形截面杯口独立基础的原位标注，高杯口独立基础原位标注与杯口独立基础完全相同。

杯口独立基础原位标注示意图见图 4-1-6。

杯口独立基础采用集中标注和原位标注的综合标准，在标注的第三、四行内容，系表达高杯口独立基础杯壁外侧的竖向纵筋和横向箍筋；当为非高杯口独立基础时，集中标注通常为第一、二、五行的内容。

2. 独立基础的截面标注方式

独立基础的截面标注方式可分为截面标注和列表标注两种。采用截面标注方式，应在基础平面布置图上对所有基础进行编号。

（1）普通独立基础

普通独立基础列表集中标注栏目为：

1）编号：阶形截面编号为 DJj ××，坡形截面编号为 DJp××。

2）几何尺寸：水平尺寸 x、y、x_c、y_c（或圆柱直径 d_c），x_i、y_i，$i=1$，2，3……竖向尺寸 $h_1/h_2/\cdots\cdots$

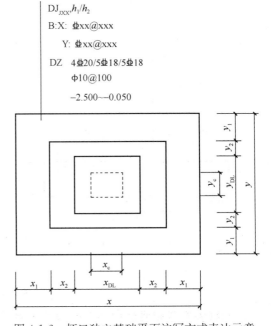

图 4-1-6　杯口独立基础平面注写方式表达示意

3）配筋：B：X C××@ ×××，YC××@×××。

普通独立基础几何尺寸和配筋表见表 4-1-2。

普通独立基础几何尺寸和配筋表

表 4-1-2

基础编号/	截面几何尺寸				底部配筋（B）	
截面号	x、y	x_c、y_c	x_i、y_i	$h_1/h_2/\cdots\cdots$	X 向	Y 向

（2）杯口独立基础

杯口独立基础列表集中标注栏目为：

1) 编号：阶形截面编号为 BJjXX，坡形截面编号为 BJpXX。

2) 几何尺寸：水平尺寸 x、y、x_u、y_u、t_i、x_i、y_i，$i=1$，2，3……竖向尺寸 a_0/a_1，$h_1/h_2/h_3$……。

3) 配筋。

B：XC××@ ×××，YC××@ ×××

Sn ×C××

O：×C××/C××@ ×××/C××@ ×××

A××@ ×××/×××杯口独立基础列表格式表

第二节　独立基础钢筋翻样

1. 独立基础的底筋构造与翻样

独立基础的底筋配筋一般是网状的。双向交叉钢筋，长向设置在下短向设置在上。见图 4-2-1。

独立基础底筋长度＝基础长度－2×保护层厚度

根数＝[边长－min(75，$s/2$)×2]/间距＋1

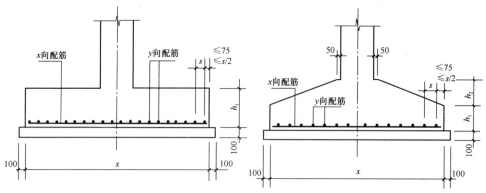

图 4-2-1　独立基础底筋配筋

2. 双柱独立基础底板顶部钢筋构造与翻样（见图 4-2-2）

上层钢筋长度＝柱内侧间距＋2l_a；

下层钢筋长度＝底边长－2×保护层厚度。

第一根钢筋到基础边的距离为 min（75，$s/2$），s 为钢筋间距

3. 独立基础底板配筋长度减短 10%构造

（1）当独立基础底板长度≥2500mm 时除外侧钢筋外，底板钢筋配筋长度可取相应方向底板长度的 0.9 倍；

（2）当非对称独立基础底板长度≥2500mm 时，但该基础某侧从柱中心线至基础底板边缘的距离＜1250mm 时，钢筋在该侧不应减短；

（3）四周 4 根钢筋长度＝基础长度－2×保护层厚度。

其余钢筋长度＝基础长度×0.9

根数＝[边长－min(75，$s/2$)×2]/间距＋1

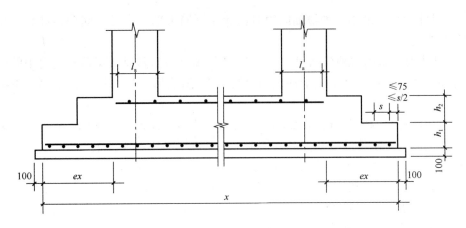

图 4-2-2　双柱独立基础底板顶部钢筋

第三节　条形基础平法识图

1. 条形基础分类

条形基础整体上可分为梁板式条形基础和板式条形基础两类。

（1）梁板式条形基础适用于钢筋混凝土框架结构、框架—剪力墙结构、部分框支剪力墙结构和钢结构，平法识图将梁板式条形基础分解为基础梁和条形基础底板分别进行表达。

（2）板式条形基础适用于钢筋混凝土剪力墙结构和砌体结构，平法施工图仅表达条形基础底板。条形基础平法施工图可分为平面标注和截面标注两种方式。

（3）条形基础编号分为基础梁和条形基础底板编号（表 4-3-1）。

条形基础编号 表 4-3-1

类　型		代　号	序　号	跨数及有无外伸
基础梁		JL	××	（××）端部无外伸
条形基 础底板	坡形	TJB_P	××	（××A）一端有外伸
	阶形	TJB_J	××	（××B）两端有外伸

注：条形基础通常采用坡形截面或单阶形截面。

2. 条形基础的平面标注方式

（1）基础梁的平面标注方式

基础梁的平面标注方式分集中标注和原位标注两部分内容。

1）条形基础梁的集中标注

标注内容为：基础梁编号、截面尺寸和配筋三项必注内容，以及基础梁底面标高（与基础底面标高不同时）和必要的文字注解两项选注内容。具体规定如下：

① 标注基础梁编号：如：JL××。

② 标注基础梁截面尺寸：标注 $b \times h$，表示梁截面宽度与高度。当为加腋梁时，用 $b \times h$，$Yc_1 \times c_2$，表示，其中 c_1 为腋长，c_2 为腋高。

③ 标注基础梁配筋并注写基础梁箍筋。

A. 当具体设计仅采用一种箍筋间距时，标注钢筋级别、直径、间距与肢数（箍筋肢数写在括号内）。

B. 当具体设计采用两种箍筋时，用/分隔不同箍筋按照从基础梁两端向跨中的顺序标注。先标注第 1 段箍筋（在前面加注箍筋道数），在斜线后再标注第 2 段箍筋（不再加注箍筋道数）。

施工时应注意：两向基础梁相交的柱下区域，应有一向截面较高的基础梁按梁端箍筋贯通设置；当两向基础梁高度相同时，任选一向基础梁箍筋贯通设置。

④标往基础梁底部、顶部及侧面纵向钢筋：

A. 以 B 打头，标注梁底部贯通纵筋（不应少于梁底部受力钢筋总截面面积的 1/3）。当跨中所注根数少于箍筋肢数时，需要在跨中增设梁底部架立筋以固定箍筋采用"＋"将贯通纵筋与架立筋相联，架立筋标注在加号后面的括号内。

B. 以 T 打头标注梁顶部贯通纵筋，标注时用分号；将底部与顶部贯通纵筋分隔开，如有个别跨与其不同者按本规则原位标注的规定处理。

C. 当梁底部或顶部贯通纵筋多于一排时，用"/"将各排纵筋自上而下分开。

D. 以大写字母 G 打头标注梁两侧面对称设置的纵向构造钢筋的总配筋值（当梁腹板净高 h_w 不小于 450mm 时，根据需要配置）。

E. 必要的文字注解（选注内容）。当条形基础的底面标高与基础底面基准标高不同时，将条形基础底面标高标注在"（　）"内。

2）条形基础梁的原位标注

基础梁的原位标注规定如下：

①当梁端或梁在柱下区域的底部纵筋多于一排时，用"/"将各排纵筋自上而下分开；

②当同排纵筋有两种直径时，用"加号"将两种直径的纵筋相联；

③当梁中间支座或梁在柱下区域两边的底部纵筋配置不同时，需在支座两边分别标注；当梁中间支座两边的底部纵筋相同时，可仅在支座的一边标注；

④当梁端（柱下）区域的底部全部纵筋与集中标注过的底部贯通纵筋相同时可不再重复做原位标注；

⑤当底部贯通纵筋经原位注写修正，出现两种不同配置的底部贯通纵筋，应在两相邻跨中配置较小一跨的跨中连接区域进行连接（即配置较大一跨的底部贯通纵筋需要伸出至相邻跨的跨中连接区域）；

⑥附加箍筋或（反扣）吊筋几何尺寸应按照标准构造详图，结合其所在位置的主梁和次梁的截面尺寸确定。

3）基础梁底部非贯通纵筋的长度规定

①为方便施工，凡基础梁柱下区域底部非贯通纵筋的伸出长度 a_0，当配置多余两排时，在标准构造详图中统一取值为自柱边向跨内伸出至 $l_n/3$ 位置；当非贯通筋多余两排时，从第三排起向跨内的伸出长度值应由设计者注明。l_n 的取值规定为，边跨边支座的底部非贯通纵筋，l_n 取本边跨的净跨长度值，对于中间支座的底部非贯通纵筋，l_n 取本支座两边较大一跨的净跨长度值。

②基础梁外伸部位底部纵筋的伸出长度 a_0 值，在标准构造图中统一取值为：第一排伸出至梁端后，全部上弯 $12d$；其他排钢筋伸至梁端头后截断。

（2）条形基础底板的平面标注方式

条形基础底板 TJBp、TJBj 平面标注方式分集中标注和原位标注两部分内容。

1）条形基础底板的集中标注

条形基础底板的集中标注内容为：条形基础底板编号、截面竖向尺寸、配筋（这三项是必注内容）、标高和必要的文字注解两项选注内容。

素混凝土条形基础底板的集中标注，除无底板配筋内容外与钢筋混凝土条形基础底板相同。具体规定如下：

①条形基础底板编号：

A. 阶形截面编号加下标 j，如 TJBj××（××）；

B. 坡形截面编号加下标 p，如 TJBp××（××）。

②条形基础底板截面竖向尺寸标注为：$h_1/h_2/\cdots\cdots$，其中，h_1/h_2 为不同截面高。

当条形基础底板为坡形截面 TJBp××，其截面竖向尺寸注写为 300/250 时，表示 $h_1=300$mm，$h_2=250$mm，基础底板根部总厚度为 550mm，如图 4-3-1 所示。

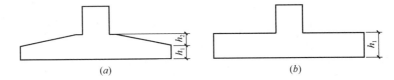

图 4-3-1　条形基础坡形和阶形截面

（a）条形基础坡形截面；（b）条形基础阶形截面

③当条形基础底板为阶形截面 TJBj×× 其截面竖向注写为 300 时，表示 $h_1=300$，且为基础底板总厚度。上图为单阶，当问多阶时各阶尺寸自下而上以"/"注写。

④标注条形基础底板底部及顶部配筋：以 B 打头，标注条形基础底板底部的横向受力钢筋；以 T 打头，标注条形基础底板顶部的横向受力钢筋；标注时，用"/"分隔条形基础底板的横向受力钢筋与构造配筋。

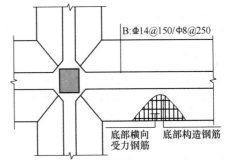

B:Φ14@150/Φ8@250

底部横向　底部构造钢筋
受力钢筋

图 4-3-2　单梁条形基础底板底部配筋示意图

条形基础底板底部配筋示意：B，C14@150/A8@250 表示条形基础底板底部配置 HRB400 级横向受力钢筋，直径为 $\phi14$，分布间距 150mm；配置 HPB300 级构造钢筋，直径 A8，分布间距 250mm。见图 4-3-2。

当为双梁（或双墙）条形基础底板时，除在底板底部配置钢筋外，一般尚需在两道墙或两根梁之间的底板顶部配置钢筋，其中横向受力钢筋的锚固从梁的内边缘（或墙边缘）起算，见图 4-3-3。

2）条形基础底板的原位标注规定如下：

①原位标注条形基础底板的平面尺寸

$$b、b_i，i=1，2\cdots\cdots$$

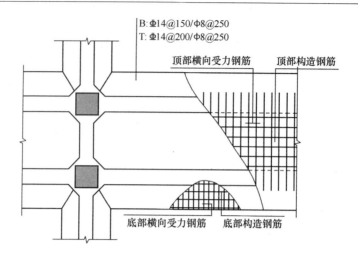

图 4-3-3　双梁条形基础底板顶部配筋示意图

式中　b——基础底板总宽度；

b_i——基础底板台阶的宽度，当基础底板采用对称于基础梁的坡形截面或单阶形截面时，b_i 可不注明。

素混凝土条形基础底板的原位标注与钢筋混凝土条形基础底板相同。对于相同编号的条形基础底板，可仅选择一个进行标注。

②梁板式条形基础存在双梁共用同一基础底板、墙下条形基础也存在双墙共用同一基础底板的情况。当为双梁或为双墙且梁或墙荷载差别较大时，条形基础两侧可取不同的宽度，实际宽度以原位标注的基础底板两侧非对称的不同台阶宽度 b_i 进行表达。

③原位注写修正内容。当在条形基础底板上集中标注的某项内容，如底板截面竖向尺寸、底板配筋、底板底面标高等，不适用于条形基础底板的某跨或某外伸部分时，可将其修正内容原位标注在该跨或该外伸部位，施工时原位标注取值优先。

3）条形基础的截面标注方式

条形基础的截面标注方式，又可分为截面标注和列表注写（结合截面示意图）两种表达方式采用截面标注方式，应在基础平面布置图上对所有条形基础进行编号。

对条形基础进行截面标注的内容和形式，与传统"单构件正投影表示方法"基本相同。对于已在基础平面布置图上原位标注清楚的该条形基础梁和条形基础底板的水平尺寸可不在截面图上重复表达。对多个条形基础可采用列表注写的方式进行集中表达。表 4-3-2 中内容为条形基础截面的几何尺寸和配筋，截面示意图上应标注与表中栏目相对应的代号。列表 4-3-2 的具体内容规定如下：

①基础梁。基础梁列表集中注写栏目为：

A. 编号。注写 JL×× (××)，JL×× (××A) 或 JL×× (××B)。

B. 几何尺寸。梁截面宽度与高度 $b×h$。当为加腋梁时，标注 $b×hYc_1×c_2$。

C. 配筋。标注基础梁底部贯通纵筋、非贯通纵筋，顶部贯通纵筋，箍筋。当设计为两种箍筋时，箍筋注写为"第一种箍筋/第二种箍筋"，第一种箍筋为梁端部箍筋，注写内容包括箍筋的箍数、钢筋级别、直径、间距与肢数。

②条形基础底板，条形基础底板列表集中注写栏目为：

A. 编号。坡形截面编号为 TJBp×× （××），TJBj×× （××），TJB$_{j××}$ （××A）或 TJB$_{j××}$ （××B），阶形截面编号为 TJBj×× （××）、TJB×× （××A）或 TJBj×× （××B）。

B. 几何尺寸。水平尺寸 b，b_i，$i=1$，2，……竖向尺寸 h_1/h_2。

C. 配筋。B：C××@×××/C××@×××。

条形基础底板几何尺寸和配筋表（表 4-3-2）

条形基础底板几何尺寸和配筋表   **表 4-3-2**

基础底板编号/截面号	截面几何尺寸			底部配筋（B）	
	b	bi	h_1/h_2	横向受力钢筋	纵向构造钢筋

注：表 4-3-2 中可根据实际情况增加栏目，如增加上部配筋、基础底板底面标高（与基础底板底面基准标高不一致时）等。

第四节　条形基础钢筋翻样

有梁式条形基础除了计算基础底板横向受力筋与分布筋外，还要计算梁的纵筋以及箍筋，条形基础的钢筋在底部形成钢筋网。

1. 基础梁钢筋翻样（图 4-4-1）

条形基础梁有外伸时。

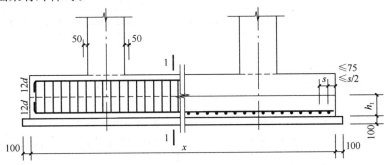

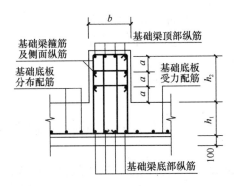

图 4-4-1　条形基础钢筋分布

侧面构造筋长度＝梁跨净长＋（$15d×2$，$l_{aE}×2$），设计指定

底部贯通筋长度＝梁长－保护层厚度×2＋$12d×2－4d$

顶部贯通筋长度＝梁长－保护层厚度×2＋$12d×2－4d$

底部非贯通筋长度＝$l_n/3$＋支座宽度＋$l_n/3$

侧面构造筋根数见具体设计图。

加腋钢筋附加吊筋和箍筋长度及根数的算法参考梁的算法。

2. 条形基础底板钢筋翻样

受力筋长度＝条形基础宽－$2×C$（保护层厚度）

受力筋根数＝（条形基础长－$\min$（75，$S/2$））/间距＋1

分布筋长度＝条形基础长－$2×C$＋指数（分一字形、其他 L 形、T 字形、十字形的分布筋在交叉处搭接 150mm）

分布筋根数＝（条形基础宽－$\min$（75，$s/2$）－$2×C$）/间距＋1（有梁时扣除分布筋根数，梁下部不放分布筋），C 为保护层厚度

条形基础宽≥2500 时，底板受力筋缩减 10％交错布置，计算规则同独立基础。

S 是起步距离。

条形基础见图 4-4-2。

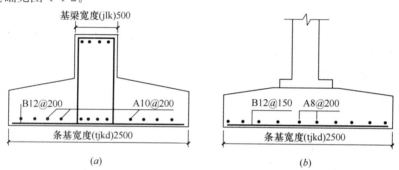

图 4-4-2　条形基础（有梁式与无梁式）

（a）有梁式条形基础；（b）无梁式条形基础

· 有梁式条形基础除了计算基础底板横向受力筋与分布筋外，还要计算梁的纵筋以及箍筋

需要注意的：条形基础的相交形式对分布筋长度计算以及对根数计算的影响：

条形基础的钢筋布置原则：

横向筋通常为受力钢筋，纵向筋通常为分布筋。

条形基础的宽度 $B≥2500$mm 时，横向受力筋长度可减至 $0.9B$。可以交错布置如图 4-4-3 所示：

一字形、L 形、十字形、T 字形条形基础构造，当条形基础设有基础梁时，基础底板的分布钢筋在梁宽范围内不设置。

在两向受力钢筋交接处的网状部位，分布钢筋与同向受力钢筋的构造搭接长度为 150mm 如图 4-4-4 所示：

（1）双梁或双墙条基顶板尚需配置钢筋，锚固从梁内边缘起。

（2）当独基底板 X 向或 Y 向宽度不小于 2.5m 时，钢筋长度可减短 10％（图 4-4-5），但对偏心基础某边自中至基础边缘不大于 1.25m 时，沿该方向钢筋长度＝l－2×保护

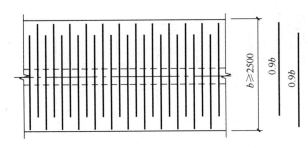

图 4-4-3　条形基础底板配筋长度减短 10％构造
（底板交接区的受力钢筋和无交
接底板时端部第一根钢筋不应减短）

和无交接底板时，端部第一根钢筋不减短。

层厚度。条形基础边长小于 2500mm 时，不缩减。

（3）T 形和十字形条形基础布进 1/4，L 形条形基础满布。

（4）条形基础分布筋扣梁宽，离基础梁边 50mm 开始布置。

（5）条形基础分布筋长度伸入与它垂直相交条形基础内 150mm。

（6）进入底板交接处的受力钢筋

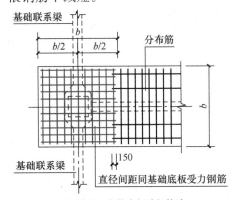

（条形基础无交接底板端部构造）

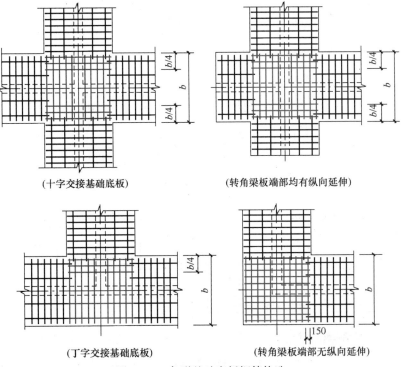

（十字交接基础底板）　　　　　　（转角梁板端部均有纵向延伸）

（丁字交接基础底板）　　　　　　（转角梁板端部无纵向延伸）

图 4-4-4　条形基础底板钢筋构造

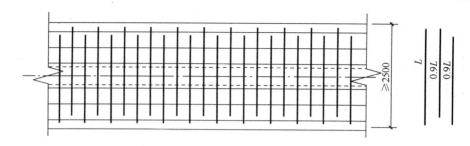

图 4-4-5　条形基础底板钢筋构造

条形基础端部钢筋长度＝边长－2×保护层厚度；

条形基础缩减钢筋长度＝0.9×（边长－2×保护层厚度）。

3. 条形基础变截面构造见图 4-4-6、图 4-4-7。

低端变截面条形基础钢筋长度＝受力筋长度－一端保护层＋高差值/$\sin45°$（60°）＋l_a；

高端变截面条形基础钢筋长度＝受力筋长度－一端保护层＋l_a；

低端变截面条形基础钢筋长度＝受力筋长度－两端保护层＋变截面高度＋l_a；

中端变截面条形基础钢筋长度＝受力筋长度－两端保护层＋变截面高度＋l_a＋水平锚固 l_a；

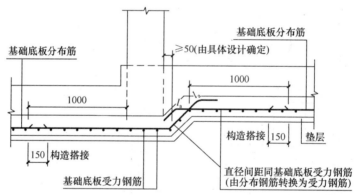

图 4-4-6　条形基础底板板底不平构造（一）

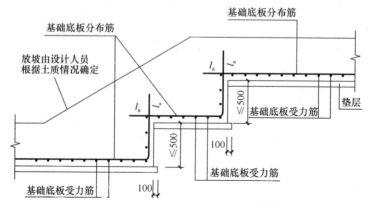

图 4-4-7　条形基础底板板底不平构造（二）

（板式条形基础）

38

高端变截面条形基础钢筋长度＝受力筋长度－一端保护层＋l_a。

4. 承台钢筋算法（图 4-4-8）

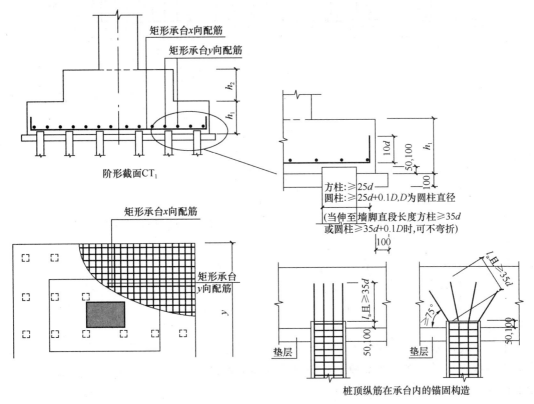

图 4-4-8　承台钢筋布置图

（1）承台钢筋弯折为 $10d$。当承台上下纵筋从桩内侧伸至端部直段长度大于 $35d$ 时不设弯折。桩内侧至承台梁边缘水平段长度方桩必须满足 $25d$，圆桩满足 $25d+0.1d$（d 为圆桩直径）。

（2）承台钢筋不缩短，承台钢筋水平长度＝$l-2\times$保护层厚度 $c+$弯折（$10d$，0）$-(4d,0)$。其中弯折为直锚取 0，为弯锚时取 $10d$。

（3）桩顶钢筋在承台内锚固长度为 $\max(l_a,35d)$

5. 承台梁 CTL 筋算法（图 4-4-9、图 4-4-10）

（1）承台梁上下纵筋钢筋弯折为 $10d$。方桩桩内侧至承台梁边缘水平段长度必须满足 $25d$，圆桩满足 $25d+0.1d$（d 为圆桩直径）。承台钢筋不缩减。

（2）承台梁纵筋钢筋长度翻样：

承台梁纵筋钢筋长度＝$l-2\times$保护层厚度$+2\times10d$
$-4d$（另一个方向）

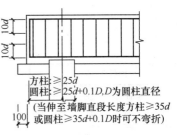

图 4-4-9　承台梁端部钢筋构造

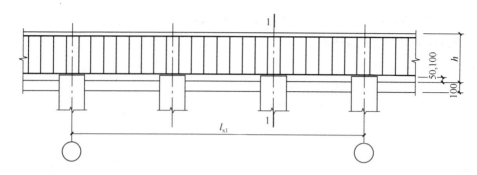

图 4-4-10　墙下双排桩承台梁 CTL 钢筋构造

第五节　筏形基础平法识图

筏形基础也叫满堂基础。该基础面积大，基底压力小，同时整体性能很好，对提高地基土的承载力，调整不均匀沉降有很好的效果。筏形基础分为梁板式筏形基础和平板式筏形基础。其选型一般根据地基土质上部结构体系、柱距、荷载大小及施工条件确定。

梁板式筏形基如倒置的肋形楼盖。若是基础梁顶和基础板顶相平，称为上梁式（平法中成为"高板位"）；若是基础梁底和基础板底相平，称为下梁式（平法中称为"低板式"）；若是基础平板位于基础梁的中部，称为"中板位"。

平板式筏形基础是在地基上做一块整体钢筋混凝土底板。底板是一块厚度相等的钢筋混凝土平板，柱子直接立在底板上，平板式筏形基础适用于柱荷载不大，柱距较小且等柱距的情况。

1. 梁板式筏形基础的平法识图

梁板式筏形基础组合形式主要由三部分构件构成：基础主梁、基础次梁和基础平板。

（1）梁板式筏形基础主梁与次梁的平法识图

梁板式筏形基础主梁 JL、基础次梁 JCL 平面标注表示方式分集中标注与原位标注两部分内容。

1）基础主梁与基础次梁的集中标注

①概述

基础主梁与基础次梁的集中标注内容为：基础梁编号、截面尺寸、配筋以及基础梁底面标高高差（相对于筏形基础平板底面标高）。其中基础梁编号、截面尺寸、配筋三项为必注内容，高差一项为选注内容（表 4-5-1）。

如 9C16@100/200 (6)，表示箍筋为 HRB400 钢筋，直径 16 的，从梁端向跨内，间距 100，设置 9 道，其余间距为 200，均为 6 肢箍。

基础主梁与基础次梁的集中标注

表 4-5-1

构件类型	代号	序号	跨数及有无外伸
基础主梁（柱下）	JL	××	(××) 或 (××A) 或 (××B)
基础次梁	JCL	××	(××) 或 (××A) 或 (××B)
梁板筏基础平板	LPB	××	

施工时应注意：两向基础主梁相交的柱下区域，应有一向截面较高的基础主梁按梁端箍筋贯通设置；当两向基础主梁高度相同时，任选一向基础主梁箍筋贯通设置。

施工时应注意：两向基础梁相交的柱下区域，应有一向截面较高的基础主梁按梁端箍筋贯通设置；当两向基础主梁高度相同时，任选一向基础主梁箍筋贯通设置。

②注写基础梁底部、顶部及侧面纵向钢筋

以 B 打头注写梁底部贯通纵筋（不少于底部受力钢筋总截面面积的 1/3）时，当跨中所注根数少于箍筋肢数时，需要在跨中加设架立筋以固定箍筋；注写时，用加号将贯通纵筋与架立筋相连架立筋注写在加号后面的括号内。

以 T 打头注写梁顶部贯通纵筋值时，注写时用分号将底部与顶部纵筋分隔开。当梁底部或顶部贯通纵筋多于一排时，用斜线将各排纵筋自上而下分开。

例：B4C32；T7C32，表示底部配置 4 根 HRB400 贯通纵筋，梁的顶部配置 7 根 HRB400 贯通纵筋。

③当梁底部或顶部贯通纵筋多于一排时，用斜线将各排纵筋自上而下分开。如：梁底部贯通纵筋注写为 B8C283/5，则表示上一排纵筋为 3C28，下一排纵筋为 5C28。

注：基础主梁与基础次梁的底部贯通纵筋，可在跨中 1/3 净跨长度范围内采用搭接连接、机械连接或焊接；基础主梁和基础次梁的顶部贯通纵筋，可在距支座 1/4 净跨范围内采用搭接连接，或在支座附近采用机械连接或焊接连接（均应严格控制接头百分率）。

④以大写字母 G 打头注写基础梁两侧面对称设置的纵向构造钢筋的总配筋值（当梁腹板高度 h_w 不小于 450mm 时，根据需要配置）。当需要配置抗扭纵向钢筋时，梁两个侧面设置的抗扭纵向钢筋以 N 打头。N 表示抗扭筋，属于腰筋的一种，是用以承受扭矩的钢筋。

如：G4C16，表示梁的两侧共配置 4 根 HRB400 纵向构造钢筋，每侧各配置 2 根 HRB400 钢筋；N4C16，表示梁两个侧面共配置 4 根 HRB400 纵向抗扭纵向钢筋，沿侧面周边均匀对称布置。

注：当为梁侧面构造钢筋时，其搭接与锚固长度可取为 15d；当为梁侧面受扭钢筋时，其锚固长度为 L_a，搭接长度为 L_l，其锚固方式同基础梁上部钢筋。

⑤标注基础梁底面标高高差。指相对于筏形基础平板底面标高的高差值，有高差时需将高差写入括号内，无高差时不注写。如：（−4.200）表示梁的底面标高，比基准标高低 4.200m。

2）基础主梁与基础次梁的原位标注

基础主梁与基础次梁的原位标注有以下规定：

①标注梁端（支座）区域的底部全部纵筋，包括已经集中注写过的贯通纵筋在内的所有纵筋。

A. 当梁端区域的底部纵筋多于一排时，用斜线将各排纵筋自上而下分开。如：梁端区域底板纵筋注写为：10C254/6，则表示上一排纵筋为 4 根 25HRB400 钢筋，下一排为 6 根 25HRB400 钢筋。

B. 当同排纵筋有两种直径时，用加号将两种直径的纵筋相连。

C. 当梁中间支座两边的底部纵筋配置不同时，需在支座两边分别标注；当梁中间支座两边的底部纵筋相同时，可仅在支座的一边标注配筋值。

D. 当梁端区域的底部全部纵筋与集中注写过的贯通纵筋相同时，可不再重复作原位标注。

E. 加腋梁加腋部位钢筋，需在设置加腋的支座处以 Y 打头注写在括号内。如加腋梁端（支座）处注写为：Y4C25 表示加腋部位斜纵筋为 4C25。

当底部贯通纵筋经原位修正注写后，两种不同配置的底部贯通纵筋应在两毗邻跨中配置较小一跨的跨中连接区域连接（即配置较大的一跨底部贯通纵筋需越过其跨数终点或起点伸至毗邻的跨中连接区域，具体见标准构造详图）。

②标注基础梁的附加箍筋或吊筋。将其直接画在平面图中的主梁上，用线引注总配筋值，当多数附加箍筋或吊筋相同时，可在基础梁平法施工图上统一注明，少数与统一注明值不同时，再原位引注。

③当基础梁外伸部位截面高度变化时在该部位原位注写 $b \times h_1/h_2$，h_1 为根部截面高度，h_2 为尽端截面高度。

④注写修正内容。当在基础梁上集中标注的某项内容（如梁截面尺寸、箍筋、底部与顶部贯通纵筋或架立筋、梁侧面纵向构造钢筋、梁底面标高高差等）不适用于某跨或某外伸部分时，则将其修正内容原位标注在该跨或该外伸部位，施工时优先原位标注取值。

当在多跨基础梁的集中标注中已注明加腋，而该梁某跨根部不需要加腋时，则应在该跨原位标注等截面的 $b \times h$，以修正集中标注中的加腋信息。

3）基础梁底部非贯通纵筋的长度规定

为方便施工，凡基础主梁柱下区域和基础次梁支座区域底部非贯通纵筋的伸出长度 a_0 值，当配置不多于两排时，在标准构造详图中统一取值为自支座边向跨内伸出至 ln/3 位置；当非贯通纵筋多于两排时，从第三排起向跨内的伸出长度值应由设计者注明。ln 的取值规定为：边跨边支座的底部非贯通纵筋，Ln 取本边跨的净跨长度值，中间支座的底部非贯通纵筋，ln 取支座两边较大一跨的净跨长度值。

基础主梁与基础次梁外伸部位底部纵筋的伸出长度 a_0 值，在标准构造详图中统一取值为：第一排伸出至梁端头后全部上弯 12d，其他排伸至梁端头后截断。

4）梁板式筏形基础构件编号：

标注基础梁编号及截面尺寸。比如：JL8（4）600×900 和 JL8（4A）600×900 后面多了一个 A 字母，A 字母表示基础梁有单侧悬臂，如果括号中字母为 B，B 字母表示基础梁双侧均有悬臂，截面尺寸以 $b \times h$ 表示梁截面宽度与高度，当为加腋梁时，用 $b \times h Y c_1 \times c_2$ 表示，其中 c_1 为腋长，c_2 为腋高。

5）集中标注：标注基础梁箍筋，当采用一种箍筋间距时，注写钢筋级别、直径、间距与肢数，当采用两种箍筋时，用"/"分隔不同箍筋，按照从基础梁两端向跨中的顺序注写。先注写第 1 段箍筋（在前面加注箍数），在斜线后再注写第 2 段箍筋（不再加注箍数）。如 11C14@100/200，有"11"字样。它指的是箍筋加密区的箍筋道数是 11 道。请注意，箍筋加密区有两个，都是靠近柱子的区域。

集中标注第三行：标注基础梁底部、顶部及侧面纵向钢筋。以 B 打头，先注写梁底部贯通纵筋，当跨中所注根数少于箍筋肢数时，需要在跨中加设架立筋以固定箍筋，注写时，用加号将贯通纵筋与架立筋相连架立筋注写在加号后面的括号内。以 T 打头注写梁顶部贯通纵筋值，注写时用分号将底部与顶部纵筋分隔开。当梁底部或顶部贯通纵筋多于一排时，用斜线将各排纵筋自上而下分开。

集中标注基础梁两侧的纵向构造钢筋。以大写字母 G 打头注写基础梁两侧面对称设置的纵向构造钢筋的总配筋值（当梁腹板高度 h_w 不小于 450mm 时，根据需要配置）。当需要配置抗扭纵向钢筋时，梁两个侧面设置的抗扭纵向钢筋以 N 打头。N 表示抗扭筋，属于腰筋的一种，是用以承受扭矩的钢筋。

集中标注基础梁底面标高高差。指相对于筏形基础平板底面标高的高差值，有高差时需将高差写入括号内，无高差时不注。

（2）梁板式筏形基础平板的平法识图

梁板式筏形基础平板的平法标注，分板底部与顶部贯通纵筋的集中标注与板底部附加非贯通纵筋的原位标注两部分内容当仅设置贯通纵筋而未设置附加非贯通纵筋时，则仅作集中标注。

1）梁板式筏形基础平板贯通纵筋的集中标注

梁板式筏形基础平板贯通纵筋的集中标注，应在所表达的板区双向均为第一跨（X 与 Y 双向首跨）的板上引出（图面从左至右为 X 向，从下至上为 Y 向）集中标注的内容规定如下：

①标注基础平板的编号。

②标注基础平板的截面尺寸。标注 $h=\times\times\times$ 表示板厚。

③标注基础平板的底部与顶部贯通纵筋及其总长度。先标注 X 向底部（B 打头）贯通。

纵筋与顶部（T 打头）贯通纵筋及纵向长度范围；再标注 Y 向底部（B 打头）贯通纵筋与顶部（T 打头）贯通纵筋及纵向长度范围（图面从左至右为 X 向，从下至上为 Y 向）。贯通纵筋的总长度标注在括号中，标注方式为"跨数及有无外伸"，其表达形式为：（$\times\times$）（无外伸），（$\times\times$A）（一端有外伸）或（$\times\times$B）（两端有外伸）。

注：基础平板的跨数以构成柱网的主轴线为准，两主轴线之间无论有几道辅助轴线（例如框筒结构中混凝土内筒中的多道墙体），均可按一跨考虑。

如：X：BC22@150；TC20@150（5B）

　　Y：BC22@150；TC20@150（7A）

表示基础平板 X 向底部配置 HRB400 22 的钢筋间距 150 的贯通纵筋，顶部配置 HRB400 20 的钢筋间距 150 的贯通纵筋，纵向总长度为 5 跨两端有外伸；Y 向底部配置 C20 间距 150 的贯通纵筋，顶部配置 C20 间距 150 的贯通纵筋，纵向总长度为 7 跨一端有外伸。

当贯通筋采用两种规格钢筋"隔一布一"方式时，表达为 Axx/yy@$\times\times\times$，表示直径 xx 的钢筋和直径 yy 的钢筋之间的间距为 $\times\times\times$，直径为 xx 的钢筋，直径为 yy 的钢筋间距分别为 $\times\times\times$ 的 2 倍。

如：C10/12@10 表示贯通纵筋为 C10、C12 隔一布一，彼此之间间距为 100。

2）梁板式筏形基础平板的原位标注（图 4-5-1、表 4-5-2），主要表达板底部附加非贯通纵筋：

①原位注写位置及内容。板底部原位标注的附加非贯通，应在配置相同跨的第一跨表

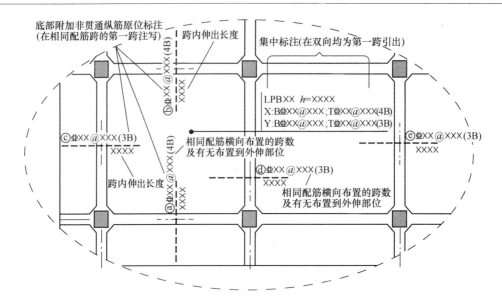

图 4-5-1　梁板式筏形基础平板 LPB 标注说明

达（当在基础梁悬挑部位单独配置时则在原位表达）。在配置相同跨的第一跨（或基础梁外伸部位）垂直于基础梁绘制一段中粗虚线（当该筋通长设置在外伸部位或短跨板下部时，应画至对边或贯通短跨），在虚线上注写编号（如①、②等）、配筋值、横向布置的跨数及是否布置到外伸部位。

注：（××）为横向布置的跨数，（××A）为横向布置的跨数及一端基础梁的外伸部位，（××B）为横向布置跨数及两端基础梁外伸部位。

横向连续布置的跨数及是否到外伸部位，不受集中标注贯通纵筋的板区限制。

如：在基础平板第一跨原位注写底部附加非贯通纵筋 C18@300（4A），表示在第一跨至第四跨板且包括基础梁外伸部位横向布置 C18@300 底部附加非贯通纵筋。伸出长度值略。

原位注写的底部附加非贯通纵筋与集中标注的底部贯通钢筋，宜采用"隔一布一"的方式布置，即基础平板（X 向或 Y 向）底部附加非贯通纵筋与贯通纵筋间隔布置，其标注间距与底部贯通纵筋相同（两者实际组合后的间距为各自标注间距的 1/2）。

②注写修正内容。当集中标注的某些内容不适用于梁板式筏形基础平板某板区的某一板跨时，应由设计者在该板跨内注明，施工应按注明内容取用。

③当若干基础梁下基础平板的底部附加非贯通纵筋配置相同时（其底部、顶部的贯通纵筋可以不同），可仅在一根基础梁下做原位注写，并在其他梁上注明"该梁下基础平板底部附加非贯通纵筋××基础梁"。

标注说明　　　　　　　　　　　　　　　表 4-5-2

集中标注说明：集中标注应在双向均为第一跨引出		
注写形式	表达内容	附加说明
LPB××	基础平板编号，包括代号和序号	为梁板式基础的基础平板

h＝××××	基础平板厚度	
X：B⊈××@××××； 　T⊈××@××××；（×、×A、 　×B）	X向底部与顶部贯通纵筋强度 等级、直径、间距（总长度：跨 数及有无外伸）	底部纵筋应有不少于1/3贯通全跨， 注意与非贯通纵筋组合设置的具体要 求，详见制图规则，顶部纵筋应全跨连 通。用B引导底部贯通纵筋，用T引 导顶部贯通纵筋。（×A）：一端有外 伸；（×B）：两端均有外伸；无外伸则 仅注跨数（×）。图面从左至右为X 向，从下至上为Y向
Y：B⊈××@××××； 　T⊈××@××××；（×、×A、 　×B）	Y向底部与顶部贯通纵筋强度 等级、直径、间距（总长度：跨 数及有无外伸）	

板底部附加非贯通筋的原位标注说明：原位标注应在基础梁下相同配筋跨的第一跨下注写		
注写形式	表达内容	附加说明
	底部附加非贯通纵筋编号、强 度等级、直径、间距（相同配筋 横向布置的跨数及有无布置到外 伸部位）；自梁中心线分别向两 边跨内的伸出长度值	当向两侧对称伸出时，可只在一侧注 伸出长度值，外伸部位一侧的伸出长度 与方式按标准构造，设计不注。相同非 贯通纵筋可只注写一处，其他仅在中粗 虚线上注写编号，与贯通纵筋组合设置 时的具体要求详见相应制图规则
修正内容原位注写	某部位与集中标注不同的内容	原位标注的修正内容取值优先

2. 平板式筏形基础平法识图

（1）平板式筏形基础平法施工图的表示方法

平板式筏形基础平法施工图，系在基础平面布置图上采用平面注写方式表达。

（2）平板式筏形基础构件的类型与编号

平板式筏形基础可划分为柱下板带、跨中板带；也可不分板带，按基础平板进行表达。

柱下板带与跨中板带的平面标注，分板带底部与顶部贯通纵筋的集中标注与板带底部附加非贯通纵筋的原位标注两部分内容。

1）柱下板带与跨中板带的集中标注

①柱下板带与跨中板带的集中标注：应在第一跨（X向：为左端跨，Y向为下端跨）引出，具体规定如表4-5-3所示。

标　注　编　号　　　　　　　　　　表4-5-3

构件类型	代号	序号	跨数及有无外伸
柱下板带	ZXB	××	（××）或（××A）或（××B）
跨中板带	KZB	××	（××）或（××A）或（××B）
平板筏基础平板	BPB	××	

注：（××A）为一端有外伸，（××B）为两端有外伸，外伸不计入跨数。

【例】ZXB7（5B）表示第7号柱下板带，5跨，两端有外伸。

②标注截面尺寸，标注 b＝×××表示板带宽度。当柱下板带宽度确定后，跨中板带宽度亦随之确定（即相邻两平行柱下板带之间的距离）。当柱下板带中心线偏离柱中心线时，应在平面图上标注其定位尺寸。

③标注底部与顶部贯通纵筋，标注底部贯通纵筋（B 打头）与顶部贯通纵筋（T 打头）的规格与间距，用分号将其分隔开。柱下板带的柱下区域，通常在其底部贯通纵筋的间隔内插空设有（原位标注的）底部附加非贯通纵筋。

BC18@300；TC25@150 表示板带底部配置 C22 间距 300 的贯通纵筋，板带配置顶部 C25 间距 150 的贯通纵筋。

柱下板带与跨中板带的底部贯通纵筋，可在跨中 1/3 净跨长度范围内采用搭接连接、机械连接或焊接；

柱下板带及跨中板带的顶部贯通纵筋，可在柱网轴线附近 1/4 净跨长度范围内采用搭接连接、机械连接或焊接。

2）柱下板带与跨中板带的原位标注的内容

柱下板带与跨中板带的原位标注：主要为底部附加非贯通纵筋。具体规定如下：

①标注内容，以一段与板带同向的中粗虚线代表附加非贯通纵筋；柱下板带：贯穿其柱下区域绘制；跨中板带：横贯柱中线绘制。在虚线上标注底部附加非贯通纵筋的编号如 1、2 等钢筋级别，直径，间距以及自柱中线分别向两侧跨内的伸出长度值。当向两侧对称伸出时，长度值可仅在一侧标注，另一侧不注。外伸部位的伸出长度与方式按标准构造，设计不注。对同一板带中底部附加非贯通筋相同者，可仅在一根钢筋上标注，其他可仅在中粗线虚线上标注编号。原位标注的底部附加非贯通筋与集中标注的底部贯通纵筋，宜采用"隔一布一"的方式布置，即柱下板带或跨中板带底部附加非贯通筋与贯通纵筋交错插空布置，其标注间距与底部贯通纵筋相同。

②注写修正内容，当在柱下板带、跨中板带上集中标注的某些内容（如截面尺寸、底部与顶部贯通纵筋等）不适用于某跨或某外伸部分时，则将修正的数值原位标注在该跨或该外伸部位，施工时优先原位标注取值。

（3）平板式筏形基础平板的平法识图

平板式筏形基础平板的平面标注分板底部与顶部贯通纵筋的集中标注与板底部附加非贯通纵筋的原位标注两部分内容。当仅设置底部与顶部贯通纵筋而未设置底部附加非贯通筋时，则仅进行集中标注。

1）平板式筏形基础平板的集中标注

①标注基础平板的编号；

②标注基础平板的截面尺寸，标注 h＝×××表示板厚；

③标注基础平板的底部与顶部贯通纵筋及其总长度。先标注 X 向底部（B 打头）贯通纵筋与顶部（T 打头）贯通纵筋及纵向长度范围；再标注 Y 向底部（B 打头）贯通纵筋与顶部（T 打头）贯通纵筋及纵向长度范围（图面从左至右为 X 向，从下至上为 Y 向）。

2）平板式筏形基础平板的原位标注

平板式筏形基础平板的原位标注，主要是表示横跨柱中心线下的板底部附加非贯通纵筋。规定如下：

①原位标注位置及内容。板底部原位标注的附加非贯通纵筋，应在配置相同跨的第一跨表达。在配置相同跨的第一跨，垂直于柱中线绘制一段中粗虚线，在虚线上标注编号（如①、②等）、配筋值、横向布置的跨数及是否布置到外伸部位。

当柱中心线下的底部附加非贯通纵筋沿柱中心线连续若干跨配置相同时，则在该连续跨的第一跨下原位标注，并将同规格配筋连续布置的跨数写在括号内。当有些跨配置不同时，则应分别原位标注，外伸部分的底部附加非贯通纵筋应单独标注。

当底部附加非贯通纵筋横向布置在跨内有两种不同间距的底部贯通纵筋区域时，其间距分别对应两种，其标注形式应与贯通纵筋保持一致：即先标注跨内两端的第一种间距，并在前面标注纵筋根数，再标注跨中部的第二种间距，两者用"/"隔开。

②当某些柱中心线下的基础平板底部附加非贯通纵筋横向配置相同时，可仅在一条中心线下进行原位标注，并在其他柱的中心线上进行说明。

第六节　筏形基础钢筋翻样

筏形基础需要计算的主要钢筋根据其位置和功能不同，主要有梁板式筏形基础主梁、基础次梁、基础平板钢筋和平板式筏形钢筋。

（1）梁板式筏形基础构造

梁板式筏形基础按有无外伸分：

1）基础主梁端部等截面外伸构造（图4-6-1）

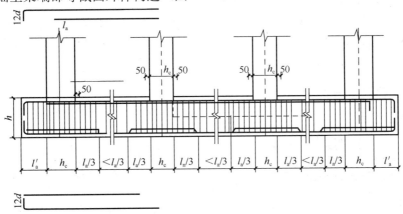

图 4-6-1　基础主梁端面等截面外伸构造

①梁上部第一排纵筋伸至梁端弯折，其弯折长度为 $12d$；上部第二排纵筋伸入支座内，长度为 l_a。

②梁下部第一排纵筋伸至梁端弯折 $12d$，第二排伸至梁端。

上部第一排贯通筋长度＝梁长－保护层厚度×2＋左弯折 $12d$＋右弯折 $12d$－$4d$

上部第二排贯通筋长度＝起始跨跨长＋中间跨跨长＋终止跨跨长－起始跨支座宽度－终止跨支座宽度＋$2l_a$

下部贯通筋长度＝梁长－保护层厚度×2＋左弯折 $12d$＋右弯折 $12d$－$4d$

下部非贯通筋长度（边跨）＝l'_n－保护层－第一排和第二排钢筋的净距 25mm＋h_c＋

$l_n/3$（且 $l_n/3 \geqslant l'_n$）

下部非贯通筋（中间跨）＝$l_n/3+h_c+l_n/3$

l_n 取两跨中的较大值，且 $l_n/3$ 大于等于 l'_n

2）基础主梁端部等截面无外伸构造（图 4-6-2）

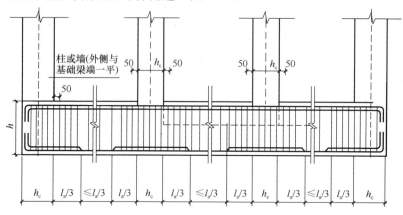

图 4-6-2　基础主梁端部等截面无外伸构造

①上部纵筋伸至尽端钢筋内侧弯折 $15d$，当伸入支座直段长度大于等于 l_a 时可不弯折。

②下部纵筋伸至钢筋内侧弯折 $15d$，伸入支座水平段长度大于等于 $0.4l_{ab}$。

上下贯通筋长度＝梁长－保护层厚度×2＋$15d$×2－$4d$

下部非贯通筋长度（端跨）＝$l_n/3+h_c$－保护层厚度＋$15d-2d$－第一排钢筋和第二排钢筋之间的净距 25mm

下部非贯通筋长度（中间跨）＝$l_n/3+h_c+l_n/3$

l_n 取相邻两跨中的较大值。

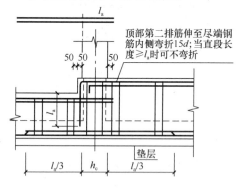

图 4-6-3　梁顶有高差钢筋构造

3）基础主梁顶标高不同时钢筋构造（图 4-6-3）

①下部纵筋连续通过支座。

②低跨上部纵筋伸入支座内，伸入长度为 l_a。

③高跨上部第一排纵筋伸至边缘向下弯折，弯折长度伸入低跨内 l_a。

④高跨上部第二排伸至尽端钢筋内侧弯折 $15d$，当直段长度大于等于 l_a 时可不弯折。

下部纵筋长度＝梁长－2×保护层厚度＋左端锚固＋右端锚固

低跨上部纵筋长度＝低跨梁净长－2×保护层厚度＋左端变截面处 l_a＋另右端锚固长度－（$4d$，0，$2d$）

高跨上部第一排纵筋长度＝高跨梁净长－2×保护层厚度＋高差 c＋l_a＋另一端锚固长度－（$4d$，$2d$，0）

高跨上部第二排纵筋长度＝高跨梁净长－2×保护层厚度＋左端变截面处 $15d$ ＋右端锚固长度－（$4d$，$2d$，0）

4）基础主梁梁底和梁顶均有高差钢筋构造（图4-6-4）

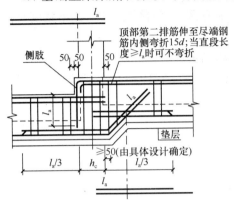

①上部第一排钢筋的锚固长度为：h_c-bh_c+c（高差）$+l_a$，其弯折长度为：c（高差）$+l_a$

②上部第二排纵筋伸至对边弯折 $15d$，当直段长度 l_a 时，可不设弯折

③低跨第一排纵筋斜弯折长度＝高差值/$\sin45°$（$60°$）$+l_a$

④低跨第二排纵筋斜弯折长度＝$L_n/3$＋支座宽度 h_c＋高差值/$\sin45°$（$60°$）$+l_a$

上部高跨第一排钢筋长度＝高跨梁长－2保护层厚度＋梁高差＋l_a＋另一端锚固长度

上部高跨第二排纵筋长度＝高跨梁长－2保护层厚度＋左端变截面处 $15d$ ＋右端锚固长度

图4-6-4　梁底、梁顶均有高差钢筋构造

5）梁底标高不同时钢筋构造

梁底标高不同时参照梁底和梁顶均有高差钢筋构造中下部钢筋的翻样。

6）梁宽不同钢筋构造（图4-6-5、图4-6-6）

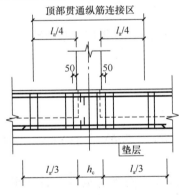

图4-6-5　柱两边梁宽不同钢筋构造

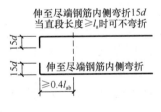

图4-6-6

当支座两边基础梁宽不同或者梁不对齐时，将不能拉通的纵筋伸入支座对边后弯折 $15d$；当支座两边纵筋根数不同时，可以将多出的纵筋伸入支座对边后弯折 $15d$。

①宽出部位顶部纵筋伸至尽端钢筋内侧弯折 $15d$，当直段长度大于等于 l_a 时可不弯。

②宽出部位底部纵筋伸至尽端钢筋内侧弯折 $15d$，伸入支座内平直段长度大于等于 $0.4l_{ab}$。

宽出部位上部、下部纵筋长度＝本跨梁长－2×保护层厚度＋$15d$＋另一端锚固长度－（$4d$，$2d$，0）

7）基础拉筋翻样

梁侧面拉筋根数＝（梁跨长－50）2/非加密区间距×2＋1×侧面钢筋道数

梁侧面拉筋长度＝梁宽－2×保护层＋2倍拉筋直径＋$15d$（按现场实际机器确定）

8）基础梁箍筋根数

根数＝首跨（中间跨，尾跨）两端加密区根数＋首跨（中间跨，尾跨）非加密区根数

箍筋加密区长度＝max（1.5hb，500）或者 max（2hb，500）

箍筋根数＝2×（加密区长度/间距＋1）＋非加密区长度/间距－1＋支座宽度－2×50/加密区间距－1

箍筋下料长度＝（b＋h）×2－8c＋15d（按现场确定）

内箍下料长度＝2×（b－2C－D－2gd）$_{n-1}$×j＋D＋2gd＋2×（h－2C）＋15d（按现场确定）

注：b——梁宽度；

h——梁高度；

C——梁侧保护层厚度；

D——梁纵筋直径；

n——梁箍筋肢数；

j——梁内箍筋包含的箍筋孔数；

d——梁箍筋直径；

gd——钢筋直径。

9）基础梁附加箍筋

附加箍筋间距为8d（d是箍筋直径）且不大于梁正常箍筋间距。

附加箍筋根数＝2×（次梁宽度/附加箍筋间距＋1）

10）基础梁附加吊筋

附加吊筋长度＝次梁宽＋2×50＋2×［主梁高－保护层厚度/sin45°（60°梁上配纵筋直径－梁下配纵筋直径）］＋2×20d

11）基础次梁钢筋翻样（图 4-6-7）

①基础次梁纵筋

基础次梁无外伸时：

上部贯通筋长度＝梁净跨长＋左 max（12d，0.5hb）＋右 max（12d，0.5hb）（hb：基础主梁宽度）－（4d，0）

下部贯通筋长度＝梁跨净长－2×保护层厚度＋左支座宽度＋右支座宽度＋2×15d－（4d，0）－主梁或次梁箍筋直径×2－次梁纵筋直径×2－梁纵筋之间的净距×2

基础次梁外伸时：

上部贯通筋长度＝梁长－2×保护层厚度＋左弯折12d＋右弯折12d－4d

下部贯通筋长度＝梁长－2×保护层厚度＋左弯折12d＋右弯折12d－4d

②基础次梁非贯通纵筋

基础次梁无外伸时

下部端支座非贯通钢筋长度＝l_n/3＋支座宽度－保护层＋15d－2d

下部中间支座非贯通筋长度＝l_n/3×2＋支座宽度

基础次梁外伸时

下部端支座非贯通筋长度＝外伸长度l＋l_n/3＋12d＋支座宽度－2d－第一排钢筋和第二排钢筋的净距

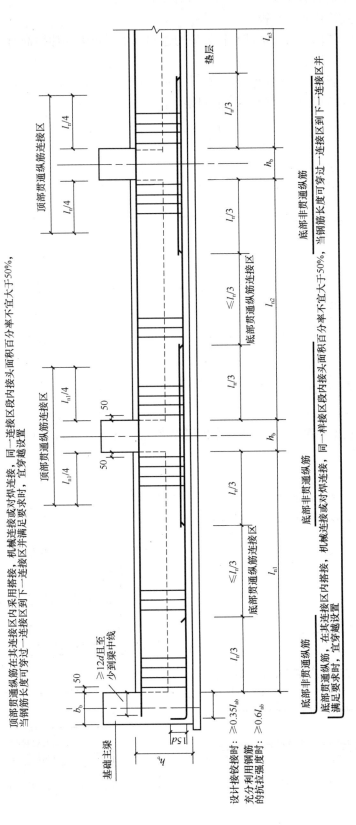

图 4-6-7　基础次梁 JGL 纵向钢筋与箍筋构造

中间支座非贯通筋长度＝l_n/3×2＋支座宽度

12) 梁板式筏形基础平板

梁板式筏形基础平板分基础平板外伸构造和基础平板无外伸构造两种形式。

基础平板外伸构造

下部贯通纵筋长度＝筏板长度－2×保护层厚度＋弯折长度－（4d，0）

根数＝［板净宽－min（1/2板筋间距，75）×2］/间距＋1

弯折长度计算

① 交错封边构造，如图 4-6-8 所示。

弯折长度＝筏板高度/2－保护层厚度×2＋75mm

② U 形封边构造（图 4-6-9）

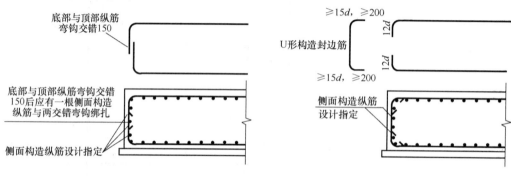

图 4-6-8　纵筋弯钩交错封边方式　　　　图 4-6-9　U 形筋构造封边方式

弯折长度＝12d

U 形封边长度＝筏板高度－2×保护层厚度＋2×max（15d，200）－4d

无封边构造（图 4-6-10）

弯折长度＝12d

中间层钢筋网片长度＝筏板长度－2×保护层厚度＋2×12d－4d

③ 梁板式筏形基础平板无外伸构造（图 4-6-11）

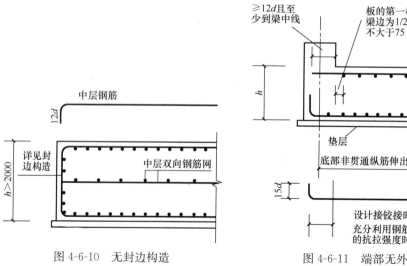

图 4-6-10　无封边构造　　　　　图 4-6-11　端部无外伸构造

A. 上部纵筋锚入基础梁内为：$\max(12d，梁宽/2)$。

B. 下部纵筋伸至基础梁边缘弯折，弯折长度为 $15d$。

上部纵筋长度＝筏板净长＋$2×\max(12d，梁宽/2)-(4d，0)$

下部纵筋长度＝筏板长－$2×$保护层厚度＋$15d×2-4d$

根数＝[板净宽－$\min(1/2$板筋间距，$75)×2$]/间距＋1

④梁板式筏形基础平板标高变化构造（图4-6-12～图4-6-14）

低跨筏板上部纵筋伸入基础梁内长度＝锚固长度 l_a

高跨筏板上部纵筋伸入基础梁内长度＝c（高差）＋l_a

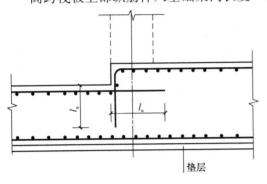

图4-6-12　板顶有高差

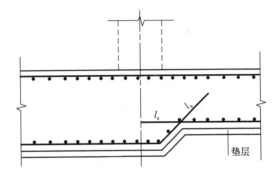

图4-6-13　板底有高差

高跨筏板的下部纵筋伸入高跨内长度＝l_a

低跨基础下部纵筋斜弯折长度＝高差值/$\sin45°(60°)+l_a$

低跨基础筏板上部纵筋伸入基础主梁内 l_a

高跨上部纵筋伸入基础主梁内 $\max$（高差 $c+l_a$，支座宽度－保护层厚度＋$15d$）

高跨基础下部纵筋伸入高跨内长度 ＝l_a

低跨的基础筏板下部纵筋斜弯折长度 ＝高差值/$\sin45°(60°)+l_a$

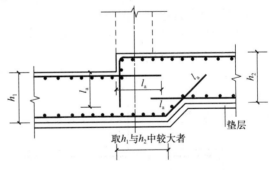

图4-6-14　板顶、板底均有高差

上、下部钢筋根数＝[筏板净长－$\min(s/2，75)$]$×2$/间距＋1

（2）平板式筏形基础钢筋构造

1）平板式筏形基础无外伸构造（图4-6-15）

①上部纵筋伸至外墙内大于等于 $12d$，且至少到墙中线。

②下部纵筋伸至基础边缘弯折 $15d$。

上部通长筋长度＝$\max(12d，墙宽1/2)×2+$净长－$(4d，0)$

下部通长筋长度＝板长－保护层厚度$×2+15d×2-4d$

上、下筋根数＝[筏板净宽－$\min(s/2，75)×2$]/间距＋1

2）端部外伸时（图4-6-16）

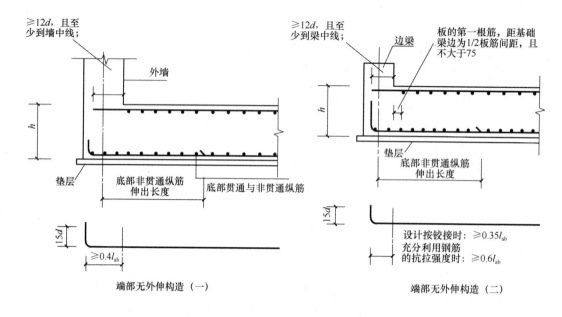

图 4-6-15　平板式筏形基础无外伸构造

下部贯通纵筋长度＝筏板长度－2×保护层厚度 C＋弯折长度－$4d$

上部贯通纵筋长度＝筏板长度－2×保护层厚度 C＋弯折长度－$4d$

弯折长度

①弯钩交错封边时（图 4-6-17）

弯折长度＝筏板高度/2－2×保护层厚度 C＋75mm

U 形封边构造（图 4-6-18）

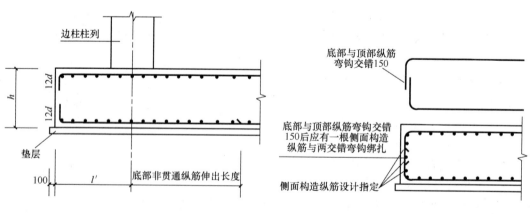

图 4-6-16　端部等截面外伸构造
（板外边缘应封边，构造见本页）

图 4-6-17　纵筋弯钩交错封边方式

弯折长度 $12d$（图 4-6-19）

U 形封边长度＝筏板高度－2×保护层厚度 C＋2×max（$15d$，200）

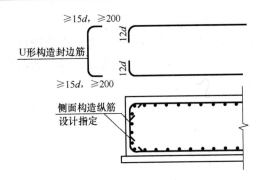

图 4-6-18　U 形筋构造封边方式

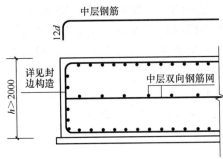

图 4-6-19　中层筋端头构造

中间层钢筋网片长度＝筏板长度－2×保护层厚度 C＋2×12d

②平板式筏形基标高变化构造（图 4-6-20～图 4-6-22）

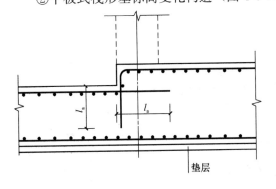

图 4-6-20　板顶有高差

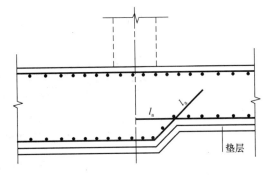

图 4-6-21　板底有高差

低跨筏板上部纵筋伸入高跨内一个长度＝l_a

高跨筏板上部第一排纵筋弯折长度＝高差值＋l_a－保护层厚度

高跨的筏板下部纵筋伸入高跨内长度＝l_a

低跨的筏板下部第一排纵筋斜弯折长度＝高差值/sin45°（60°）＋l_a

低跨的筏板上部纵筋伸入高跨内长度＝l_a

筏形基础拉筋计算

拉筋长度＝筏板高度－上下保护层厚度＋2d＋15d（具体根据现场机器调整）

拉筋根数（矩形布置）＝筏板净面积/拉筋 x 方向间距×拉筋 y 方向间距＋1

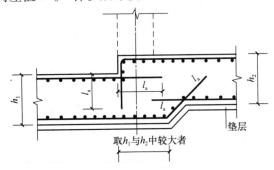

图 4-6-22　板顶、板底均有高差

筏形基础马镫计算

马镫长度＝上平直段长度＋2×下平直段长度＋筏板高度－上下保护层厚度－筏板上部纵筋直径×2－筏板下部最下层纵筋直径

马镫根数＝筏板净面积/间距×间距＋1（矩形布置）

马镫的间距一般为 $800\sim1000mm$

在实际翻样过程中，考虑基础梁纵筋是否弯锚、直锚，有弯锚还要考虑弯曲调整值和先绑的基础梁按上述公式翻样，后绑的端部相交的地方，还要减钢筋直径、钢筋和钢筋之间的净距。

实例：

1. 基坑钢筋翻样：如图 4-6-23 所示

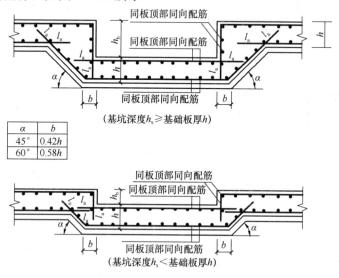

α	b
45°	0.42h
60°	0.58h

图 4-6-23　基坑钢筋翻样实例图

翻样实例（基坑钢筋算法见图 4-6-24）

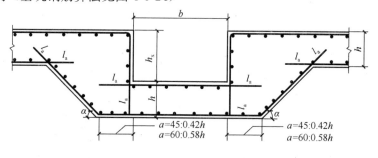

图 4-6-24　基坑钢筋翻样

当基坑斜坡为 45°时

X 方向基坑坑底钢筋长度＝洞口宽度 $B+2\times0.42h+2\times h_k/\sin45°$－斜段下部保护层$-2\times$水平段保护层$+2l_a$

X 方向基坑斜坡分布钢筋平均长度＝（洞口宽度 $a+2\times0.42h+2\times h_1/\sin45°+2\times l_a$＋洞口宽度 $a+2\times0.42h+2\times h_k\times ctg45°+2\times l_a$－斜段下部保护层$-2\times$水平段保护层）$/2$

X 方向基坑坑底钢筋根数＝（洞口宽度 $b+2\times0.42h-2\times$保护层）/间距$+1$

X 方向基坑斜坡钢筋根数＝（$h_k/\sin45°$－保护层/间距-1）$\times2$

Y 方向基坑坑底钢筋长度＝洞口宽度 $b+2\times0.42h+2\times h_k/\sin45°+2\times l_a$－斜段下部

保护层－2×水平段保护层

Y 方向基坑斜坡分布钢筋平均长度＝（洞口宽度 b＋2×0.42h＋2×h_k/sin45°＋2×l_a＋洞口宽度 b＋2×0.42h＋2×h_k×ctg45°＋2×l_a）/2

基坑斜坡度为 60°时同 45°类似。

2. 筏板无外伸构造（图 4-6-25）：求横向钢筋长度及根数

混凝土等级 C30，保护层 40、抗震等级 40、连接方式：绑扎。

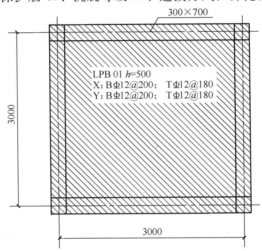

图 4-6-25　基础平板平面钢筋图（尺寸单位：mm）

上部通长筋长度＝板净长＋max（12d，梁宽/2×2）＝3000－300＋max（12d，300/2）＝2700＋150×2＝3000mm

根数＝（板净长－min（S/2，75）×2）/间距＋1＝2700－min（180/2，75）×2/180＋1＝（2700－150）/180＋1＝16 根

下部通长筋长度＝筏板长－保护层×2＋15d＝3000＋300－40×2＋15d×2＝3300－80＋15×12×2＝3580－4d＝3530

根数＝（筏板净长－min（S/2，75）×2）/间距＋1＝2700－min（200/2，75）×2/200＋1＝（2700－150）/200＋1＝14 根

钢筋下料表

工程名称：

构件部位及名称	编号	等级	直径	间距	朝向	成型草图	单构件根数	总构件数	总根数	每根长度（m）	总重（kg）	备注
基础筏板	1	HRB335	12		上部	3000	16	1	16	3.00	42.65	—
	6	HRB335	12		下部	180 ⌐3220⌐ 180	2	1	2	3.53	6.28	—

第五章　梁钢筋平法识图与翻样

第一节　梁构件平法识图

梁的标注方式分为平面标注方式和截面标注方式。

平面标注方式是在梁平面布置图上，分别在不同编号的梁中各选一根梁，用在其上标注。

截面尺寸和配筋具体数值的方式来表达梁平法施工图。施工图平面标注方式示例如图5-1-1所示：

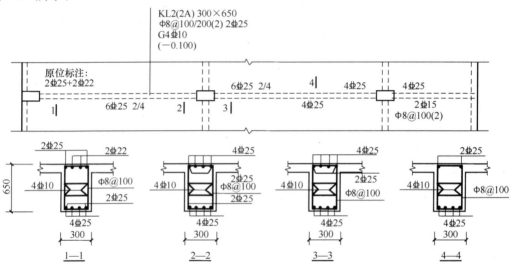

图 5-1-1　梁施工图平面标注

平面标注包括集中标注和原位标注（图5-1-2），集中标注表达梁的通用数值，原位标注表达梁的特殊数值。当集中标注中的某项数值不适用于梁的某部位时，则将该项具体数值原位标注。施工时，原位标注取值优先。

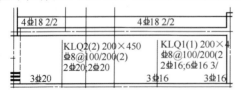

图 5-1-2　原位标注

1. 集中标注

集中标注表达的梁通用数值包括梁编号、梁截面尺寸、梁箍筋、上部通长筋、梁侧面构造筋（或受扭钢筋）和标高六项，梁集中标注的内容前五项为必注值，后一项为选注值，规定如下：

（1）梁编号

一般梁会有各种类型的代号，例如：L、KL、WKL。同时给出了各种梁的特征，特别需要掌握关于是否带有悬挑的标注规则（表 5-1-1）。

表 5-1-1

梁各种类型代号

梁类型	代号	序号	跨数及是否带有悬挑
楼层框架梁	KL	××	(××)、(××A) 或 (××B)
屋面框架梁	WKL	××	(××)、(××A) 或 (××B)
框支梁	KZL	××	(××)、(××A) 或 (××B)
非框架梁	L	××	(××)、(××A) 或 (××B)
悬挑梁	XL	××	
井字梁	JZL	××	(××)、(××A) 或 (××B)

注：(××A) 为一端有悬挑，(××B) 为两端有悬挑，悬挑不计入跨数。

【例】KL7（5A）表示第 7 号框架梁，5 跨，一端有悬挑；

L9（7B）表示第 9 号非框架梁，7 跨，两端有悬挑。

（2）梁截面尺寸

当为等截面梁时，截面尺寸用 $b \times h$ 表示，b 为梁宽，h 为梁高。

当为竖向加腋梁时，截面尺寸用 $b \times h$ GY$c_1 \times c_2$ 表示，其中 c 为腋长，c_2 为腋高。

当为水平加腋梁时，一侧加腋时截面尺寸用 $b \times h$ PY$c_1 \times c_2$ 表示。其中 c_1 为腋长，c_2 为腋宽。

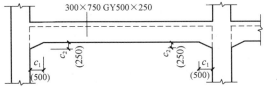

<table>
<tr><td>图 5-1-3　竖向加腋梁</td><td>图 5-1-4　水平加腋梁</td></tr>
</table>

当有悬挑梁且根部和端部的高度不同时，用斜线分隔根部与端部的高度值，为 $b \times h_1/h_2$。

（3）梁箍筋

梁箍筋构造，标注时包括钢筋级别、直径、加密区与非加密区间距及肢数。箍筋加密区与非加密区的不同间距及肢数用斜线"/"分隔；当梁箍筋为同一间距及肢数时，则不需用斜线；当加密区与非加

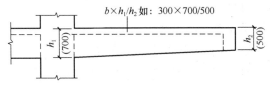

图 5-1-5　悬挑梁

密区的箍筋肢数相同时，则将肢数标注一次；箍筋肢数写在括号内。

普通的标注形式：Φ6@100/200（2）表示箍筋直径为 6mm 的 HPB300 钢筋，加密区间距为 100mm，非加密区间距为 200mm，双肢箍。

当加密区和非加密区箍筋肢数不一样时，需要分别在括号里面标注，如Φ8@100（4）/200（2）表示箍筋为直径 8mm 的 HPB300 钢筋，加密区间距为 100mm，为四肢箍；非加密区间距为 200mm，为双肢箍。

非抗震结构中的各类梁或杭震结构中的非框架梁、悬挑梁、井字梁采用不同的箍筋间距及肢数时的表达方式如 16Φ8@150(4)/200(2)表示箍筋为直径 8mm 的 HPB300 钢筋，梁两端各有 16 根间距为 150mm 的四肢箍，梁中间部分为间距 200mm 的双肢箍。

（4）梁上部通长筋或架立筋配置

通长筋指直径不一定相同但必须采用搭接、焊接或机械连接接长且两端不一定在端支座锚固的钢筋。架立筋是指梁内起架立作用的钢筋，用来固定箍筋和形成钢筋骨架。当同排纵筋中既有顶长筋又有架立筋时，用"＋"将通长筋和架立筋相连标注时将角部纵筋写在加号的前面，架立筋写在加号后面的括号内，以示不同直径及与通长筋的区别。当全部采用架立筋时，则将其写入括号内。

当梁的上部纵筋和下部纵筋为全跨相同，且多数跨配筋相同时，此项可加注下部纵筋的配筋值，用"；"将上部与下部纵筋的配筋值分隔开来。

4Φ22；3Φ20 表示梁的上部配置 4Φ22 的通长筋，梁的下部配置 3Φ20 的通长筋。

（5）梁侧面纵向构造钢筋或受扭钢筋配置

当梁腹板高度≥450mm 时，需配置纵向构造钢筋，此项标注值以大写字母 G 打头，标注值是梁两个侧面的总配筋值，是对称配置的。

1）当梁为侧面构造钢筋时，其搭接和锚固长度可取为 15d。

2）当为梁侧面受扭纵向钢筋时，其搭接长度为 l_l 或 L_{lE}（抗震）锚固长度为 l_a 或 l_{aE}（抗震）；其锚固方式同框架梁下部钢筋。

（6）梁顶面标高高差

梁顶面标高高差指梁顶面相对于结构层楼面标高的高差值，有高差时，将其入括号内。当某梁的顶面高于所在结构层的楼面标高时，其标高高差为正值，反之为负值。

某结构标准层的楼面标高为 44.950m 和 48.250m，当某梁的梁顶面标高高差标注为（—0.700）时，即表明该梁顶面标高分别相对于 44.950m 和 48.250m 低 0.700m。

2. 原位标注

原位标注用来表达梁的特殊数值，当集中标注中的某项数值不适用于梁的某部位时则将该项数值原位标注。如梁支座上部纵筋、梁下部纵筋，施工时原位标注取值优先。梁原位标注的内容规定如下：

（1）梁支座上部纵筋

梁支座上部纵筋包含上部通长筋在内的所有通过支座的纵筋。

1）当上部纵筋多于一排时，用斜线"／"将各排纵筋自上而下分开。

例：梁支座上部纵筋标注为 6Φ25 4/2，则表示上一排纵筋为 4Φ25，下一排纵筋为 2Φ25。

2）当同排纵筋有两种直径时，用"＋"将两种直径的纵筋相连，标注时将角部纵筋写在前面。

3）当梁中间支座两边的上部纵筋不同时，须在支座两边分别标注；当梁中间支座两边上部纵筋相同时，只用在支座的一边标注配筋值，另一边省去不标注（图 5-1-5）。

（2）梁下部纵筋

1）当下部纵筋多于一排时用斜线"／"将各排纵筋自上而下分开。

例：梁下部纵筋标注为 6Φ25 2/4，则表示上一排纵筋为 2Φ25，下一排纵筋为 4Φ25，全部伸入支座。

2）当同排纵筋有两种直径时，用"＋"将两种直径的纵筋相连，标注时角筋写在前面。

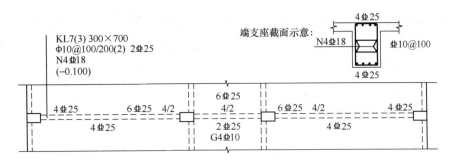

图 5-1-6 梁支座上部纵筋

3）当梁下部纵筋不全部伸入支座时，将梁支座下部纵筋减少的数量写在括号内。梁下部纵筋标注为 6Φ20 2（－2）/4，表示上排纵筋为 2Φ20，且不伸入支座；下一排纵筋为 4Φ20，全部深入支座。梁下部纵筋标注为 2Φ20＋3Φ20（－3）/5Φ20，表示上排纵筋为 5Φ20，其中 3Φ20 不伸入支座；下一排纵筋为 5Φ20，全部深入支座。

4）当梁的集中标注中已分别标注了梁上部和下部均为通长的纵筋值时，则不用再在梁下部重复做原位标注。

5）当梁设置竖向加腋时，加腋部位下部斜纵筋应在支座下部以 Y 打头标注在括号内。当梁设置水平加腋时，水平加腋内，上、下部斜纵筋应在加腋支座上部以 Y 打头标注在括号内，上、下部用"/"分隔（图 5-1-7）

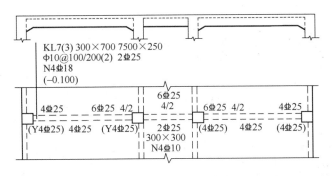

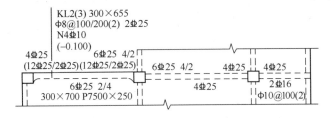

图 5-1-7 梁下部纵筋

（3）集中标注中的注意事项

1）当在梁上集中标注的内容（即梁截面尺寸、箍筋、上部通长筋或架立筋，梁侧面纵向构造钢筋或受扭纵向钢筋，以及梁顶面标高高差中的某一项或几项数值）不适用于某跨或某悬挑部分时，则将其不同数值原位标注在该跨或该悬挑部位，施工时应按原位标注数值取用。

2）附加箍筋或吊筋，将其直接画在平面图中的主梁上，用线引注总配筋值（图 5-1-8）。

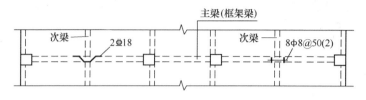

图 5-1-8　附加箍筋或吊筋

3）井字梁的标注规则除了应遵循梁平面标注方式外，还要注意纵横两个方向梁相交处同一层面钢筋的上下交错关系，以及在该相交处两方向梁箍筋的布置要求。贯通两片网格区域的某井字梁采用平面标注方式，见图 5-1-9。

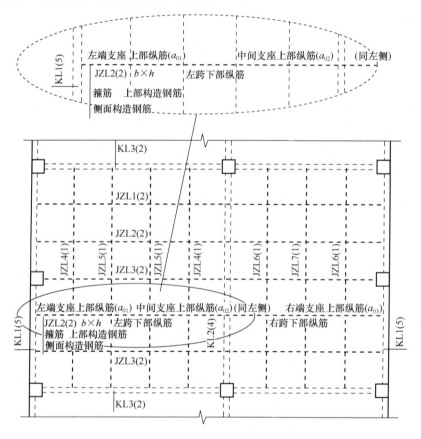

图 5-1-9　采用平面标注方式

井字梁的端支座和中间支座上部纵筋的伸出长度 a_0 值，设计在原位标注数字予以说明，见图 5-1-10。

比如，中间支座上部纵筋标注为 6 Φ 20 4/2(3200/2400)，表示该位置上部纵筋设置两排，上一排纵筋为 4 Φ 20，自支座边缘向跨内伸出长度 3200mm，下一排纵筋为 2 Φ 20，自支座边缘向跨内伸出长度为 2400mm。

1）截面标注方式是指在分标准层绘制的梁平面布置图上，分别在不同编号的梁中各选一根梁用剖面号引出配筋图，并在配筋图上用标注截面尺寸和配筋具体数值的方式来表达梁平法施工图。

2）梁进行截面标注时，先将"单边截面号"画在该梁上，再将截面配筋详图画在本图或其他图上。如果某一梁的顶面标高与结构层的楼面标高不同，就应该继在其梁编号后标注梁顶面标高高差（标注规定与平面标注方式相同）。

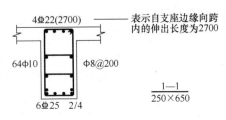

图 5-1-10　井字梁的端支座

3）在截面配筋详图上标注截面尺寸 $b \times h$、上部筋、下部筋、侧面构造筋或受扭筋以及箍筋的具体数值时，其表达形式与平面标注方式相同。

4）截面标注方式既可以单独使用，也可与平面标注方式结合使用。在梁平法施工图中一般采用平面标注方式，当平面图中局部区域的梁布置过密时，可以采用截面标注方式，或者将过密区用虚线框出，适当放大比例后再对局部用平面标注方式，但是对异形截面梁的尺寸和配筋，用截面标注相对要方便。

5）梁支座上部纵筋的长度规定：

凡框架梁的所有支座和非框架梁（不包括井字梁）的中间支座上部纵筋的伸出长度 a_0 值在标准构造详图中统一取值为：第一排非通长筋及与跨中直径不同的通长筋从柱（梁）边起伸出至 $l_n/3$ 位置；第二排非通长筋伸出至 $l_n/4$ 位置。l_n 的取值规定为：对于端支座，l_n 为本跨的净跨值；对于中间支座，l_n 为支座两边较大一跨的净跨值；

悬挑梁（包括其他类型梁的悬挑部分）上部第一排纵筋伸出至梁端头并下弯，第 2 排伸出至 $3l/4$ 位置，l 为自柱（梁）边算起的悬挑净长。当具体工程需要将悬挑梁的部分上部钢筋从悬挑梁根部开始斜向弯下时，应由设计注明。

不伸入支座梁下部纵筋长度规定：

当梁（不包括框支梁）下部纵筋不全部伸入支座时，不伸入支座的梁下部纵筋截断点距支座边的距离，在标准构造详图中统一取为 $0.1l_{ni}$（l_{ni} 为本跨的净跨值）。

第二节　梁构件钢筋翻样

1. 梁钢筋翻样规则

框架梁钢筋翻样规则

（1）施工下料计算时，当集中标注上部通长筋与支座负筋相同时，上部纵筋在跨中 1/3 区域连接，接头交叉。当有架立筋时，架立筋与支座负筋搭接 150mm。

（2）梁下部纵筋在支座内锚固，能通则通，为减少支座内钢筋拥挤现象也可在支座外连接，但需避开梁箍筋加密区。

（3）施工下料时楼层框架梁纵筋端部不能全用保护层形式。能直锚就直锚，当弯锚时离柱外侧不得小于 50mm。

（4）当梁上下纵筋是弯锚形式且有两排以上时，每排减少 100mm，以保证钢筋之间的净距不少于 25mm 和钢筋直径的要求。

（5）当梁集中标注上部通长筋与支座负筋不同时，上部通长筋与支座负筋 100%连接，绑扎搭接长度 l_{lE}（$1.6l_{aE}$）。

（6）当梁采用绑扎搭接连接时，接头部分箍筋加密。

（7）当箍筋为复合箍时，应采用大箍套小箍的形式，箍筋重叠部分不要超过 2 层。

（8）梁集中荷载处附加箍筋与梁正常箍筋重合时不重复布置。

（9）通常情况第一排支座负筋延伸到 $l_n/3$ 处；第二排延伸到 $l_n/4$ 处；第三排延伸到设计确定。当第一排全跨通长时（即第一排无支座负筋），第二排延伸到 $l_n/3$ 处；第三排设计确定。

非框架梁钢筋翻样规则

（1）当两相邻跨为等跨时，l_n 取本跨净跨值。

（2）当小跨净跨值小于大跨净跨值的 1/2 时，上部非通长筋贯通小跨。

（3）连续梁仍取两相邻跨的大值，因为连续梁中间没有柱隔开它，它们内力相同。

（4）框架梁纵向受力钢筋有多排时，每排每个弯折缩减 50mm，以确保钢筋之间净距 25mm 的要求，且满足梁纵筋在支座内水平投影长度不小于 $0.4l_{abE}$ 的要求，同时要方便施工。

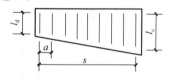

图 5-2-1　变截面构件箍筋

悬臂梁钢筋翻样规则

悬臂梁为变截面，箍筋应缩尺（图 5-2-1）。钢筋缩尺计算公式如下：

根据比例原理，每根箍筋的长短差数 Δ：

$$\Delta = \frac{l_c - l_d}{n - 1}$$

式中　l_c——箍筋的最大高度；

　　　　l_d——箍筋的最小高度；

　　　　n——箍筋个数，等于 $s/a+1$；

　　　　s——最长箍筋和最短箍筋之间的总距离；

　　　　a——箍筋间距。

梁需要翻样的钢筋见图 5-2-2，抗震楼层框架梁 KL 纵向钢筋构造见图 5-2-3。

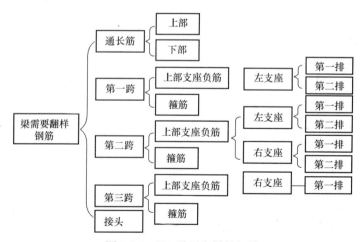

图 5-2-2　KL 需要翻样的钢筋

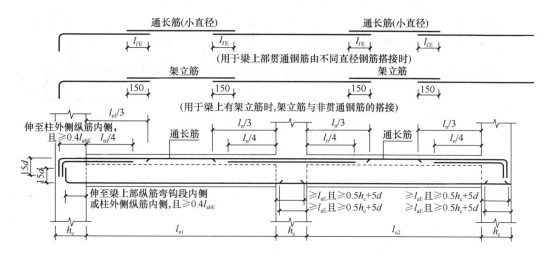

图 5-2-3　抗震楼层框架梁 KL 纵向钢筋构造

通长筋指直径不一定相同，但必须采用搭接、焊接或机械连接接长且两端不一定在端支座锚固的钢筋。通长筋源于抗震构造要求，通长筋能保证梁各个部位的这部分钢筋都能发挥其受拉承载力的作用，以抵抗框架梁在地震作用过程中反弯点位置发生变化的可能。

上部通长筋长度翻样

梁钢筋翻样：X 方向框架梁→Y 方向框架梁→X 方向非框架梁→Y 方向非框架梁

单根梁翻样顺序：①上部通长筋 →一排支座负筋→二（三）排支座负筋→架立筋；②底筋；③腰筋或抗扭筋（N）；④箍筋；⑤拉筋。

两端支座均为直锚（图 5-2-4）

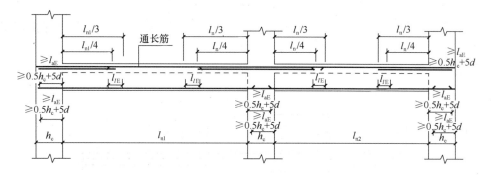

图 5-2-4　两端支座均为直锚

上、下部通长筋长度＝通跨净长 l_n＋左 $\max(l_{aE}, 0.5h_c+5d)$＋右 $\max(l_{aE}, 0.5h_c+5d)$

中间跨下部非通长筋长度＝净长 l_{n2}＋左 $\max(l_{aE}, 0.5h_c+5d)$＋右 $\max(l_{aE}, 0.5h_c+5d)$

两端支座均为弯锚（图 5-2-5）

上、下部通长筋长度＝梁长－2×保护层厚度－2×（柱箍筋直径＋柱纵筋直径＋柱纵筋和梁筋之间的净距）＋15d 左＋15d 右－4d

边跨下部非通长筋长度＝净长－左 h_c－保护层厚度－柱箍筋直径－柱纵筋直径－柱纵筋和梁筋之间的净距＋15d 左＋右 $\max(l_{aE}, 0.5h_c+5d)$－2d

中间跨下部非通长筋长度＝净长 l_{n2}＋左 $\max(l_{aE}, 0.5h_c+5d)$＋右 $\max(l_{aE}, 0.5h_c+5d)$

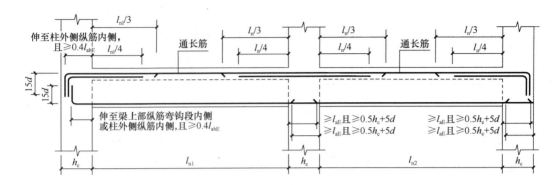

图 5-2-5　两端支座均为弯锚

支座一端直锚、一端弯锚（图 5-2-6）

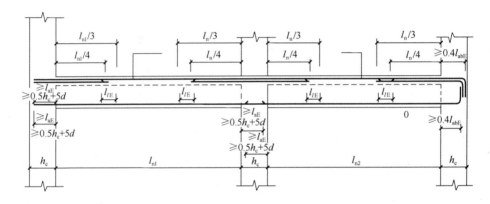

图 5-2-6　支座一端直锚一端弯锚

上、下部通长筋长度＝通跨净长 l_n ＋左 max（l_{aE}，$0.5h_c+5d$）＋右 h_c －保护层厚度－柱箍筋直径－柱纵筋直径－柱纵筋和梁筋之间的净距＋15d－2d。

架立筋的计算（图 5-2-7）

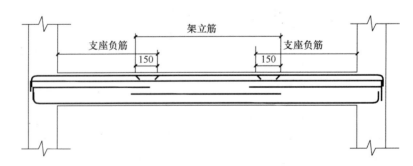

图 5-2-7　架立筋

注：当梁的上部既有通长筋又有架立筋时，其中架立筋的搭接长度为 150。

架立筋长度＝净跨长－净跨长/3×2＋150×2

架立筋长度＝净跨长－左支座负筋伸入跨内净长－右左支座

负筋伸入跨内净长＋150×2

直径小于 25 的钢筋采用搭接，搭接长度 l_{lE}＝（1.4、1.6）×l_{aE}，大于等于 25 的钢筋采用直螺纹连接，连接区在跨中 1/3 处。

端支座负筋长度：第一排为 $l_n/3$＋端支座锚固值；第二排为 $l_n/4$＋端支座锚固值

中间支座第一排负筋长度＝$2\times\max(l_{n1}/3, l_{n2}/3)+h_c$；

中间支座第二排负筋长度＝$2\times\max(l_{n1}/4, l_{n2}/4)+h_c$。

框架梁中间梁跨负筋

注意：当中间跨两端的支座负筋延伸长度之和≥该跨的净跨长时，其钢筋长度：

第一排为：该跨净跨长＋($l_n/3$＋前中间支座值)＋($l_n/3$＋后中间支座值)；

第二排为：该跨净跨长＋($l_n/4$＋前中间支座值)＋($l_n/4$＋后中间支座值)。

其他钢筋翻样同首跨钢筋翻样。l_n 为支座两边跨较大值。

下部钢筋长度＝净跨长＋左右支座锚固值；各跨在支座处断开锚固连接或钢筋贯通。

以上三类钢筋的支座锚固判断问题：

支座宽≥l_{aE}且≥$0.5H_c+5d$，为直锚，取 $\max\{l_{aE}, 0.5H_c+5d\}$

钢筋的端支座锚固值＝支座宽≤l_{aE}或≤$0.5H_c+5d$，为弯锚，取 $\max\{(0.5H_c+5d)+15d, 0.4l_{aE}+15d\}$

钢筋的中间支座锚固值＝$\max\{l_{aE}, 0.5H_c+5d\}$

框架梁下部钢筋不伸入支座（图 5-2-8）

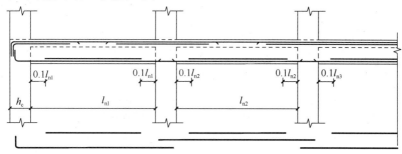

图 5-2-8 框架梁下部钢筋不伸入支座

框架梁下部钢筋不伸入支座长度＝净跨长 $l_n-0.1\times2\times$净跨长 $l_n＝0.8\times$净跨长 l_n

梁侧面钢筋（腰筋）

见图 5-2-9。

梁侧面纵筋根数＝$2\times$(梁高－上下保护层厚度－$2\times$箍筋直径－梁下部纵筋直径－板厚)/梁腰筋间距－1。

构造钢筋：构造钢筋长度＝净跨长＋$2\times15d$。

梁侧面钢筋为构造钢筋时其搭接和锚固均为 $15d$。

抗扭钢筋：算法同贯通钢筋，其锚固长度和方式同 KL 下部钢筋。

拉筋

拉筋长度＝(梁宽－$2\times$保护层厚度)＋100($\phi6.5$)，本调整值根据现场机器进行调整 120($\phi8$) 本调整值根据现场机器进行调整。

梁宽 $b\leq350$ 时拉筋取 $\phi6$，梁宽 $b\geq350$ 时拉筋取 $\phi8$。

拉筋的根数＝(净跨长/箍筋最大间距的两倍)$\times$(构造筋排数)。

吊筋（图 5-2-10）

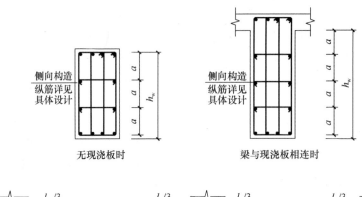

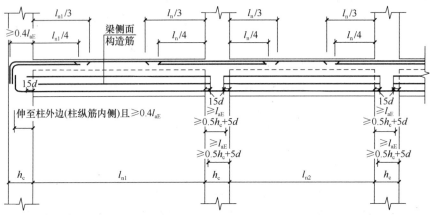

图 5-2-9　腰筋

图 5-2-10　吊筋

当梁高≤800mm 时，夹角为 45°；

当梁高＞800mm 时，夹角为 60°。

吊筋上端水平筋锚固为 $20d$

吊筋下料长度＝次梁宽＋2×50＋2×（梁高－2×保护层厚度－上部纵筋直径－下部纵筋直径－纵筋最小净距）sin45°（sin60°）＋2×20d

箍筋

箍筋长度＝［（梁宽－2×保护层＋梁高－2×保护层厚度）］×2＋ 120(ϕ8)

150(ϕ10)

170(ϕ12)

200 (ϕ14)本调整值根据现场机器进行调整

箍筋根数＝(加密区长度－50/加密区间距＋1)×2＋非加密区长度/非加密区间距－1。

一级抗震：

箍筋加密区长度 $L_1 = \max(2.0h_b, 500)$。

二至四级抗震：

箍筋加密区长度 $L_2 = \max(1.5h_b, 500)$。

框架梁附加箍筋(图 5-2-11)

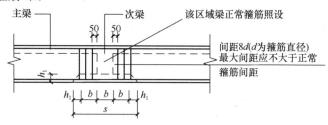

图 5-2-11　框架梁附加箍筋

附加箍筋间距为 $8d$(d 为箍筋直径)且不大于梁正常箍筋间距。

附加箍筋根数＝2×(主梁高－次梁高＋次梁宽50)/附加箍间距＋1

对于附加筋的问题，大多数人的理解框架梁是主梁、非框架梁就是次梁，这是错误的。主梁与次梁是相对的，非框架梁相对于框架梁是次梁；搭在非框架梁上的非框架梁，那么被搭的非框架梁是主梁。在主梁与次梁交接处，主梁两侧各附加 4 个箍筋。

2. 屋面框架梁 WKL 纵筋

(1) 贯通筋、非贯通筋、不伸入支座筋

在 11G101-1 图集中，屋面框架梁的贯通筋、非贯通筋、不伸入支座筋构造同楼层框架梁 KL。

(2) 屋面框架梁端节点

在 11G101-1 图集中，屋面框架梁端节点有三种形式与柱顶层端节点构造相结合，屋面框架梁上部筋和下部筋也分别有三种构造形式：

① 与柱外侧纵筋 90°转折搭接 (图 5-2-12)

除了上面提到的柱筋直接伸入梁，作为梁负弯矩筋外，也可使梁上部钢筋与柱外侧钢筋在顶层端节点区域搭接。

在 11G101-1 图集中，柱顶层 BC 节点，梁纵筋伸至梁底，且弯折长度大于 $15d$。

② 与柱外侧纵筋竖向搭接 (图 5-2-13)。

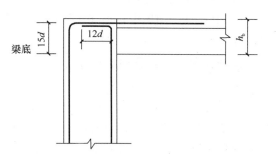

图 5-2-12　与柱外侧纵筋 90°转折搭接

按照规范说明，当梁上部和柱外侧钢筋数量过多时，宜改用梁、柱钢筋直线搭接，接头位于柱顶部外侧。搭接长度自柱顶算起不应小于 $1.7l_{abE}$ 或 $1.7l_{ab}$。当梁上部纵向钢筋的配筋率大于 1.2% 时，宜分两批截断，其截断点之间的距离不宜小于 $20d$。

3. 屋面框架梁下部筋

(1) 下部筋直锚 (图 5-2-14)

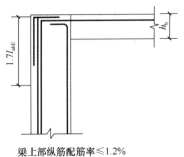 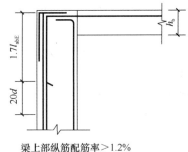

梁上部纵筋配筋率≤1.2%　　　　　　梁上部纵筋配筋率＞1.2%

图 5-2-13　与柱外侧纵筋竖向搭接

在 11G101-1 图集中，确定了屋面框架梁下部钢筋直锚的构造，直锚长度为 $\mathrm{Max}(l_{aE}$, $0.5h_c+5d)$。

（2）下部筋弯锚（图 5-2-15）

当下部筋不满足直锚时，需弯锚。要求下部筋伸至梁上部纵筋弯钩段内侧，且大于 $0.4l_{abE}$，弯折长度为 15d。

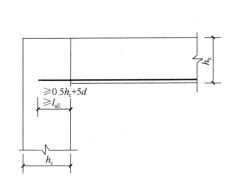 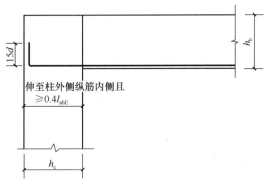

图 5-2-14　抗震屋面框架梁端支座下部筋直锚　　　图 5-2-15　抗震屋面框架梁端支座下部筋弯锚

（3）下部筋机械锚图（图 5-2-16）

在 11G101-1 图集中，增加了屋面框架梁下部筋机械锚固节点。下部筋必须伸至柱对边，且大于 $0.4l_{abE}$。

4. 抗震屋面框架梁钢筋翻样

为保证屋面梁柱节点区的搭接传力，使梁柱发挥出所需的正截面承载力，屋面框架梁节点必须有可靠的连接。屋面框架梁的节点构造必须与柱的节点构造配套使用（图 5-2-17）。

当柱外侧纵筋锚入梁内时，梁上部纵筋弯折到屋面梁底。当边角柱在柱顶弯折 12d 时，屋面框架梁上部纵筋在柱外侧搭接 $1.7l_{abE}$。

如果梁高度和柱宽度很大，柱外侧纵筋

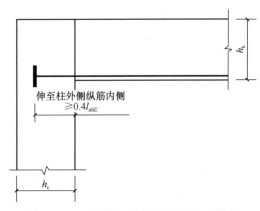

图 5-2-16　抗震屋面框架梁端支座下部筋
加锚头（锚板）锚固

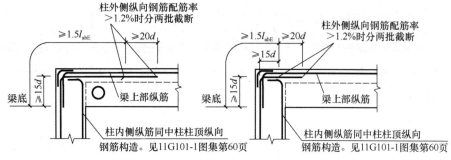

图 5-2-17 柱锚梁及算法

从梁底开始 $1.5l_{abE}$，由于柱太宽可能弯折不到梁内，如果采用屋面框架梁上部纵筋在柱外侧搭接 $1.7l_{abE}$ 节点构造做法，屋面框架梁上部纵筋由于梁高度较大而越不过梁底。（为解决这一问题，即无论柱与梁多宽）

梁上部纵向钢筋配筋率大于 1.2% 时，框架柱的外侧纵筋进入梁内 $20d$，屋面框架梁伸入柱内从梁底下增加 $20d$。

① 当柱外侧纵筋锚入梁内 $1.5l_{abE}$ 时（图 5-2-18）

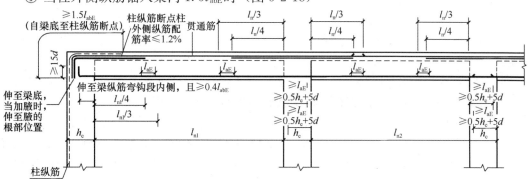

图 5-2-18 抗震屋面框架梁 WKL 纵向钢筋构造

屋面框架梁上部纵筋长度＝梁总长－2×（保护层厚度＋箍筋直径＋柱纵筋直径＋柱子纵筋和梁筋之间的净距）＋2×弯折长度 max(梁高－保护层，15d)－4d

屋面框架梁上部端支座第一排负筋长度＝梁跨净长 $l_{n1}/3$＋支座宽 h_c－保护层厚度－柱箍筋直径－柱子纵筋直径－柱箍筋和梁钢筋之间的净距＋弯折长度 max(梁高－保护层，15d)－2d；

屋面框架梁上部端支座第二排负筋长度＝梁跨净长 $l_{n1}/4$＋支座宽 h_c－保护层厚度－柱箍筋直径－柱子纵筋直径－柱子纵筋和梁钢筋之间的净距－第一排梁筋和第二排梁筋之间的净距＋弯折长度 max(梁高－保护层，15d)－2d

② 当边角柱在柱顶直线搭接，屋面框架梁上部纵筋在柱外侧搭接 $1.7l_{abE}$

屋面框架梁上部纵筋长度＝梁总长－2×保护层厚度＋2×弯折长度 $1.7l_{abE}$－（箍筋直径＋柱子纵筋直径＋柱子纵筋和梁筋之间的净距）×2－4d，见图 5-2-19。

屋面框架梁上部端支座第一排负筋长度＝梁跨净长 $l_{n1}/3$＋支座宽 h_c－保护层厚度＋弯折长度 $1.7l_{abE}$－箍筋直径－柱子纵筋直径－2d

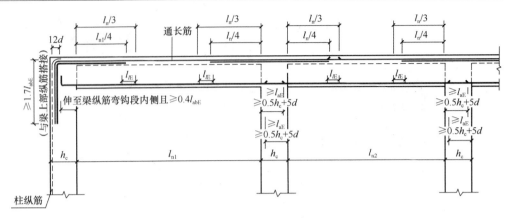

图 5-2-19　边角柱在柱顶弯折 $12d$

屋面框架梁上部端支座第二排负筋长度＝梁跨净长 $l_{n1}/4$＋支座宽 h_c－保护层厚度＋$7.1l_{abE}$－箍筋直径－柱子纵筋直径－柱子纵筋和梁筋之间的净距－$2d$；

③ 当边角柱在柱顶直线搭接，屋面框架梁上部纵筋在柱外侧搭接 $1.7l_{abE}$ 时，且梁上部纵向钢筋配筋率大于 1.2％时，梁上部纵筋分两次截断。第二批钢筋长度如下：

屋面框架梁上部纵筋长度＝梁总长－2×保护层厚度＋2×弯折长度 $1.7l_{abE}$＋2×20d－2×（箍筋直径＋柱子纵筋直径）－4d

屋面框架梁上部端支座第一排负筋长度＝梁跨净长 $l_{n1}/3$＋支座宽 h_c－保护层厚度＋$1.7l_{abE}$－箍筋直径－柱子纵筋直径－柱子纵筋和梁筋之间的净距－$2d$

屋面框架梁上部端支座第二排负筋长度＝梁跨净长 $l_{n1}/4$＋支座宽 h_c－保护层厚度＋$1.7l_{abE}$－箍筋直径－柱子纵筋直径－柱子纵筋和梁筋之间的净距－$2d$

5. 框支梁

因为建筑功能的要求，下部大空间，上部部分竖向构件不能直接连续贯通落地，而通过水平转换结构与下部竖向构件连接。当布置的转换梁支撑上部的结构为剪力墙的时候，转换的梁叫框支梁（图 5-2-20）。

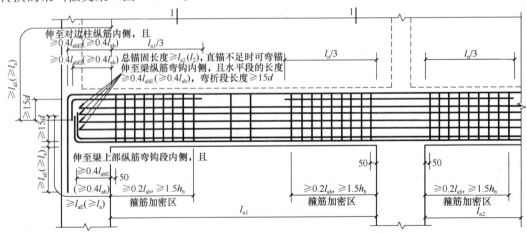

图 5-2-20　框支梁 KZL

框肢梁上部纵筋长度＝梁总长－2×保护层厚度＋2×梁高 h＋2×l_{aE}－（箍筋直径＋柱子纵筋直径＋柱子纵筋和梁筋之间的净距）×2－4d－梁上部保护层

① 当框支梁下部纵筋满足直锚时：

框架梁下部纵筋长度＝梁跨净长 l_n＋左 $\max[l_{aE}，(0.5h_c+5d)]$＋右 $\max[l_{aE}，(0.5h_c+5d)]$

② 当框支梁下部纵筋不能满足直锚时：

框架梁下部纵筋长度＝梁总长－2×保护层厚度＋2×15d－(箍筋直径＋柱子纵筋直径＋柱子纵筋和梁筋之间的净距)×2－4d

框支梁箍筋数量＝2×[$\max(0.2l_{n1}，1.5h_b)$/加密区间距＋1]＋(l_n－加密区长度)/非加密区间距－1

框支梁侧面筋同框支梁下部纵筋。

框支梁支座负筋＝$\max(l_{n1}/3，l_{n2}/3)$＋支座宽(第二排同第一排)。

① 框支梁的支座负筋的延伸长度为 $l_n/3$；

② 下部纵筋端支座锚固值处理同框架梁。

③ 上部纵筋中第一排主筋端支座锚固长度＝支座宽度－保护层厚度＋梁高－保护层厚度＋l_{aE}，第二排主筋锚固长度≥l_{aE}。

④ 梁中部筋伸至梁端部水平直锚，再横向弯折15d；

⑤ 箍筋的加密范围为≥0.2l_{n1}≥1.5h_b

⑥ 侧面构造钢筋与抗扭钢筋处理与框架梁一致。

6. 箍筋翻样

长度＝2×(梁宽－2×保护层厚度＋梁高－2×保护层厚度)＋15d；

根数＝左加密区根数＋右加密区根数＋非加密区根数

加密区根数＝(1.5×梁高－50)/加密间距＋1

(注意：加密区范围与抗震等级有关，分为 1.5 倍梁高和 2 倍梁高两种情况。)

非加密区根数＝(净跨长－左加密区－右加密区)/非加密间距－1；

端部支座内根数＝(支座宽＋起步间距50－加密区间距－保护层厚度)/100＋1；

中间支座内根数＝(支座宽＋2×50－2×加密区间距)/100；

支座内有箍筋，支座内的第一个箍筋与跨内箍筋的距离为一个箍筋间距。

7. 加腋梁钢筋算法 (垂直加腋算法) (图 5-2-21)

加腋的下部斜纵筋根数＝梁下部纵筋根数－1，且不少于两根，并插空放置。

下部纵筋长度＝通跨净长 l_n－2×c_1＋2×$l_{aE}(l_a)$；

一级抗震时箍筋根数 ＝2×[(2×h_b)/加密区间距]＋(l_n－4h_b－2×c_1)/非加密区间距－1；

二、三级抗震时箍筋根数 ＝2×[(1.5×h_b)/加密区间距]＋(l_n－3h_b－2×c_1)/非密区间距－1；

加腋区箍筋根数＝(c_1－50)/箍筋加密区间距＋1；

加腋区箍筋总长缩尺量差＝(加腋区箍筋中心线最长长度－加腋区箍筋中心线最短长度)/加腋区箍筋数量－1；

加腋区箍筋高度缩尺量差＝0.5×(加腋区箍筋中心线最长长度－加腋区箍筋中心线最短长度)/加腋区箍筋数量－1；

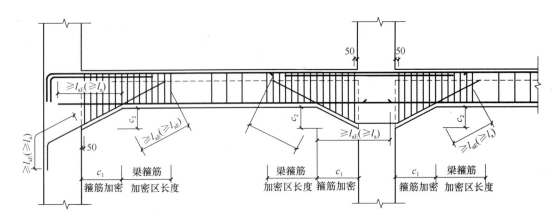

图 5-2-21　加腋梁钢筋

加腋纵筋长度 $=\sqrt{c_1^2+c_2^2}+2\times l_{aE}$。

8. 非框架梁翻样

在 11G101-1 图集中，对于非框架梁的配筋进行了简单的解释（非框架梁纵向钢筋连接接头允许范围见图 5-2-22），它与框架梁钢筋处理的不同之处在于：

①普通梁箍筋设置时不再区分加密区与非加密区的问题；

②下部纵筋锚入支座只需 $12d$；

③上部纵筋锚入支座，不再考虑 $0.5h_c+5d$ 的判断值；

④梁端负弯矩筋伸出 1/5，但当端支座为柱、剪力墙、框架支梁或深梁式，梁端部上部钢筋伸出 $l_n/3$。

非框架梁、井字梁的上部纵向钢筋在端支座的锚固要求，平法图集标准构造详图中规定：当设计按铰接时，平直段伸至端支座对边后弯折，且平直段长度不小于 $0.35l_{ab}$，弯折端长度 $15d$（d 为纵向钢筋直径）；当充分利用钢筋的抗拉强度时，直段伸至端支座对边后弯折，且平直段长度不小于 $0.6l_{ab}$ 弯折长度 $15d$。

非框架梁上部纵筋长度 = 通跨净长 l_n + 左支座宽 + 右支座宽 $-2\times$ 保护层厚度 $+2\times 12d-2\times$（箍筋直径 + 梁纵筋直径 + 主梁纵筋和非框架梁纵筋之间的净距）$-4d$

（1）梁当配有受扭纵向钢筋时：梁下部纵筋锚入支座的长度应为 l_a（图 5-2-23）

$$下部贯通筋长度 = 通跨净长 l_n+2\times l_a$$

当非框架梁不能满足直锚长度且为铰接时，或者充分利用钢筋的抗拉强度时：

下部贯通筋长度 = 通跨净长 l_n + 左支座宽 + 右支座宽 $-2\times$ 保护层厚度 $+2\times 12d-2\times$（箍筋直径 + 梁纵筋直径 + 梁筋和梁筋的净距）$-4d$

非框架梁端支座负筋长度 = ($l_{n1}/3$，$l_{n1}/5$) + 支座宽 $-$ 保护层厚度 $+15d-$（箍筋直径 $-$ 梁纵筋直径 $-$ 梁筋和梁筋的净距）$-2d$

非框架梁中间支座负筋长度 = $\max(l_n/3, 2l_n/3)$ + 支座宽

（2）当非框架梁为铰接时，或者充分利用钢筋的抗拉强度时

下部纵筋长度 = 通跨净长 $l_n+2\times 12d$

当梁下部纵筋为光面钢筋时：

下部纵筋长度 = 通跨净长 $l_n+2\times 15d+2\times 6.25d$

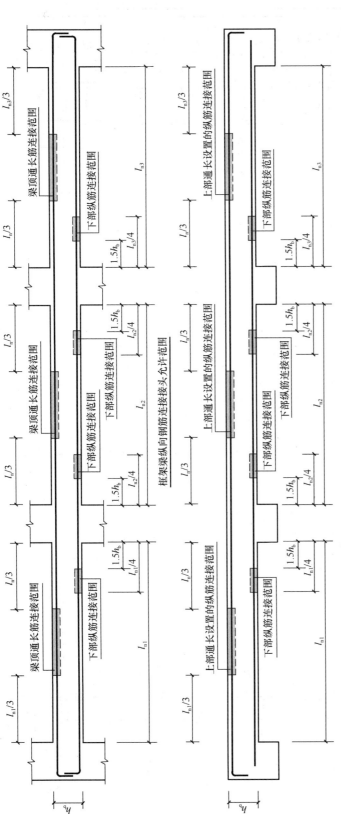

图 5-2-22　非框架梁纵向钢筋连接接头允许范围

注：1. 跨度值 l_{ni} 为净跨长度，l_n 为支座处左跨 l_{ni} 和右跨 $l_{n(i+1)}$ 之较大值，其中 $i=1，2，3……$。
　　2. 梁上部设置的通长筋可在梁跨中图示范围内连接，在此范围内相邻纵筋连接接头应相错开，位于同一连接区段纵向钢筋接头面积百分率不应大于 50%。
　　3. 钢筋连接区段长度：绑扎搭接为 35d，机械连接为 35d 且小于 500mm。凡接头中点位于连接区段长度内的连接接头均属于同一连接区段。
　　4. 当绑扎搭接的两根钢筋直径不同时，搭接长度按较小直径计算。
　　5. 当机械连接或焊接的两根钢筋直径不同时，梁下部纵筋，侧面纵筋应贯穿中间支座或至支座锚固。
　　6. 梁上部纵筋应贯穿中间支座。梁下部纵筋，搭接长度段长度段长度起始至支座中间支座锚固。
　　7. 当梁下部纵筋在支座范围外搭接时，搭接长度的起始点至支座边缘的距离不应小于 1.5hb，且且束束点点距支座边缘的距离不宜大于 $l_{ni}/4$，在此范围内连接钢筋面积百分率不应大于 50%。相邻纵筋在同一跨内连接接头不宜多于 1 个。当有抗震要求时，宜采用机械连接或焊接。悬臂梁的纵向钢筋不得设置连接接头。
　　8. 梁的同一根纵向筋在同一跨内连接接头不宜多于 1 个。悬臂梁采用扎搭接头。
　　9. 梁纵向钢筋连接位置以设计要求为准。
　　10. 具体工程中，梁纵向钢筋和焊接接头的类型及质量应符合合国家现行有关标准的规定。
　　11. 机械连接接头直径 $d>25mm$ 时，不宜采用扎搭接接头。连接位置宜位于支座中跨中 $l_{ni}/3$ 范围内；且在同一连接区段内钢筋接头面积百分率不应大于 50%。一级框架通长钢筋宜采用机械连接。连接位置宜位于跨中 $l_{ni}/3$ 范围内；梁下部钢筋连接宜位于支座 $l_{ni}/3$ 范围内。
　　12. 梁上部通长钢筋与非贯通钢筋直径相同时，连接位置宜采用机械连接，二、三、四级可采用绑扎搭接或焊接。
　　13. 纵向受力钢筋直径大于 50%。梁纵筋连接位置宜避开梁端，柱端箍筋加密区，如必须在此连接时，应采用机械连接或焊接。

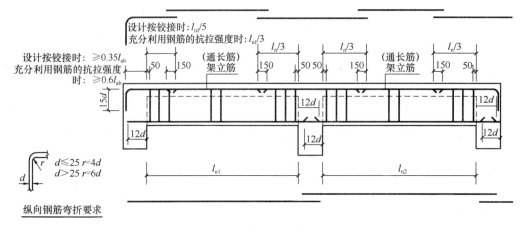

图 5-2-23　非框架梁 L 配筋构造（梁上部通长筋连接要求见注 3）

注：1. 跨度值 l_n 为左跨 l_{n1} 和右跨 l_{n1+1} 之较大值，其中 $i=1，2，3，\cdots\cdots$；

　　2. 当端支座为柱、剪力墙（平面内连接）时，梁端部应设箍筋加密区，设计应确定加密区长度，设计未确定时取该工程框架梁加密区长度、梁端与柱斜交，或与圆柱相交时的箍筋起始位置见图集第 85 页。

　　3. 当梁上部有通长钢筋时，连接位置宜位于跨中 $l_{ni}/3$ 范围内；梁下部钢筋连接位置宜位于支座 $l_{n1}/4$ 范围内；且在同一连接区段内钢筋接头面积百分率不宜大于 50%。

非框架梁支座负筋设计按铰接时

非框架梁端支座负筋长度 $=l_n/5+$ 支座宽 $-$ 保护层厚度 $+15d-$ 箍筋直径 $-$ 梁纵筋直径 $-$ 梁筋和梁筋的净距 $-2d$

当端支座充分利用钢筋抗拉强度时

非框架梁端支座负筋长度 $=l_n/3+$ 支座宽 $-$ 保护层厚度 $+15d-$ 箍筋直径 $-$ 梁纵筋直径 $-$ 梁筋和梁筋的净距 $-2d$

非框架梁中间支座负筋长度 $=\max(l_{n1}/3，2l_{n1}/3)+$ 支座宽

9. 井字梁（图 5-2-24）

当设计按铰接和充分利用钢筋抗拉强度时：

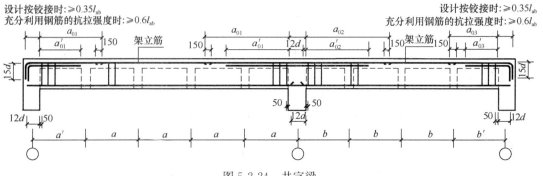

图 5-2-24　井字梁

井字梁上部纵筋长度＝通跨净长 l_n＋左支座宽＋右支座宽－2×保护层厚度＋2×15d －4d－（箍筋直径－梁纵筋直径－梁筋和梁筋的净距）×2

井字梁下部纵筋长度＝通跨净长 l_n＋2×12d

井字梁端支座上部第一排负筋长度＝a_{01}＋支座宽－保护层厚度＋15d－2d－箍筋直径 －梁纵筋直径－梁筋和梁筋的净距

井字梁端支座上部第二排负筋长度＝a'_{01}＋支座宽－保护层厚度＋15d－2d－箍筋直 径－梁纵筋直径－梁筋和梁筋的净距

井字梁中间支座第一排负筋长度＝2×a_{02}＋支座宽

井字梁中间支座第二排负筋长度＝2×a_{02}＋支座宽

井字梁首跨架立筋长度＝l_{n1}－a_{01}－a_{02}＋2×150

井字梁中间跨架立筋长度＝l_{n2}－a_{01}－a_{02}＋2×150

井字梁相交存在超静定反力，所以均不作支座。

纵筋在端支座应伸至主梁外侧纵筋内侧后弯折，当直段长度不小于 l_a 时可不弯折。

当梁上部有通长钢筋时，连接位置宜位于跨中 $l_{n1}/3$ 范围内；梁下部钢筋连接位置宜 位于支座 $l_{n1}/4$ 范围内；且在同一连接区段内钢筋接头面积百分率不宜大于 50%。

10. 悬挑梁钢筋翻样

不是两端都有支撑的，一端埋在或者浇筑在支撑物上，另一端伸出挑出支撑物的梁叫 悬挑梁。

（1）A 节点形式钢筋翻样（图 5-2-25）

第一排悬挑端钢筋长度＝L（悬挑梁净跨长）－保护层厚度＋max（12d，梁高－2×保 护层）－2d

当 $L \geqslant 4h_b$，即长悬挑梁时，除 2 根角筋，并不少于第一排纵筋的 1/2，其余第一排纵 筋下弯 45°至梁底，长度＝L－保护层厚度＋0.414×（梁高－2×保护层厚度－插筋直径×2）。

第二排钢筋长度＝0.75L＋1.414×max（梁高－2×保护层厚度－箍筋直径×2－上部 纵筋和第二排纵筋净距）＋10d

下部钢筋长度＝L－保护层厚度＋15d

（2）B 节点形式钢筋翻样（图 5-2-26）

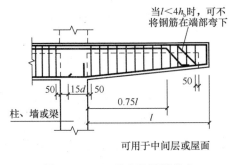

图 5-2-25　A 形式悬挑梁节点

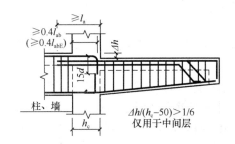

图 5-2-26　B 形式悬挑梁节点

B 节点形式描述的是框架梁梁顶高于悬挑梁梁顶，两者之间存在高差的 Δh 节点构造， 且仅用于中间层。当 $\Delta h/(h_c-50) > 1/6$ 时，框架梁纵筋伸至支座边缘保护层位置处，弯

折 $15d$，悬挑梁上部纵筋伸入支座长度 $\geqslant l_a$。

第一排钢筋长度 $=L$（悬挑梁净跨长）$-$ 保护层厚度 $+$ 弯折长度 $\times \max(12d$，梁高 $-2 \times$ 保护层厚度）$+l_a-2d$

第一排钢筋弯折长度 $=L-$ 保护层厚度 $+0.414 \times \max(12d$，梁高 $-2 \times$ 保护层厚度）$+l_a$

第二排钢筋长度 $=0.75L+1.414 \times$（梁高 $-2 \times$ 保护层厚度 $-$ 钢筋直径 $\times 2$）$+10d+l_a$

下部钢筋长度 $=L-$ 保护层厚度 $+15d$

（3）C 节点形式钢筋翻样（图 5-2-27）

C 节点形式描述的是框架梁梁顶高于悬挑梁梁顶，两者之间存在高差 Δh 的节点构造，用于中间层，当支座为梁时也可用于屋面。当 $\Delta h/(h_c-50) \leqslant 1/6$ 时，框架梁上部纵筋连续通过，下部纵筋伸至支座边缘 $-$ 保护层位置处，弯折 $15d$。悬挑梁纵筋构造同节点 A。

第一排钢筋长度 $=L$（悬挑梁净跨长）$-$ 保护层厚度 $+\max(12d$，梁高 $-2 \times$ 保护层厚度 $-$ 箍筋直径 $\times 2$）

第一排钢筋弯折长度 $=L-$ 保护层厚度 $+0.414 \times$（梁高 $-2 \times$ 保护层厚度 $-$ 箍筋直径 $\times 2$）

（4）D 节点形式钢筋翻样（图 5-2-28）

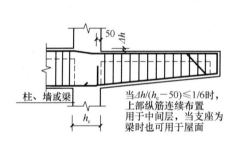

图 5-2-27　C 形式悬挑梁节点

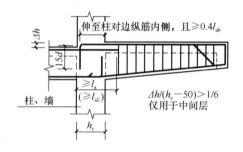

图 5-2-28　D 形式悬挑梁节点

D 节点形式描述的是框架梁梁顶低于悬挑梁梁顶，两者之间存在高差 Δh 的节点构造，且仅用于中间层。当 $\Delta h/(h_c-50) \leqslant 1/6$ 时框架梁上部纵筋深入支座长度 $\geqslant l_a$，下部纵筋伸至支座边缘向上弯折 $15d$。悬挑梁上部纵筋伸至柱对边纵筋内侧且 $\geqslant 0.4l_{ab}$ 向下弯折 $15d$。

当不考虑地震作用时，悬挑端的纵向钢筋直锚长度 $\geqslant 0.5h_c+5d$ 时，可不必向下弯折。

第一排钢筋长度 $=L$（悬挑梁净跨长）$+h_c-$ 保护层厚度 $\times 2-$ 箍筋直径 $-$ 柱子纵筋直径 $-$ 柱子纵筋和梁纵筋直径 $+\max(12d$，梁高 $-2 \times$ 保护层厚度）$+15d-4d$

第一排钢筋弯折长度 $=L+h_c-2 \times$ 保护层厚度 $+0.414 \times$（梁高 $-2 \times$ 保护层厚度 $-$ 箍筋直径 $\times 2$）$+15d-2d$

下部钢筋长度 $=L-$ 保护层厚度 $+15d$

（5）E 节点形式钢筋计算（图 5-2-29）

E 节点形式描述的是框架梁梁顶低于悬挑梁梁顶，两者之间存在高差 Δh 的节点构造，用于中间层，当支座为梁时，也可用于屋面。当 $\Delta h/(h_c-50)\leqslant 1/6$，框架梁上部纵筋连续通过，下部纵筋伸至支座边缘向上弯折 $15d$。

第一排钢筋长度＝L（悬挑梁净跨长）－保护层厚度＋$\max(12d，梁高－2\times 保护层厚度)-2d$

第一排钢筋弯折长度＝L－保护层厚度＋$0.414\times$（梁高－2×保护层厚度－箍筋直径×2）

下部钢筋长度＝L－保护层厚度＋$15d$

（6）F 节点形式钢筋翻样（图 5-2-30）

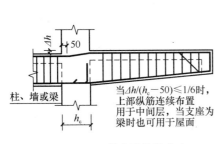

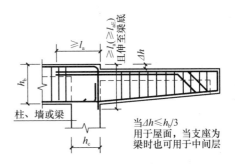

图 5-2-29　E 形式悬挑梁节点　　　　图 5-2-30　F 形式悬挑梁节点

F 节点形式是框架挑梁梁顶，两者之间存在高差 Δh 的节点构造，可用于屋面；当支座为梁时也可用于中间层。当 $\Delta h\leqslant h_b/3$ 时，框架梁上部纵筋伸至支座边缘－保护层位置处，向下弯折，弯折长度 $\geqslant l_a(l_{aE})$ 且伸至梁底。下部纵筋伸至支座边缘向上弯折 $15d$，悬挑梁上部纵筋伸入支座长度 $\geqslant l_a$。

第一排钢筋长度＝L（悬挑梁净跨长）－保护层厚度＋$\max(12d，梁高－2\times 保护层厚度)+l_a-2d$

第一排钢筋弯折长度＝L－保护层厚度＋$0.414\times$（梁高－2×保护层厚度－箍筋直径×2）$+10d+l_a$

下部钢筋长度＝L－保护层厚度＋$15d$

（7）G 节点形式钢筋翻样（图 5-2-31）

悬挑梁 G 节点形式描述的是框架梁梁顶低于悬挑梁梁顶，两者之间存在高差 Δh 的节点构造，用于屋面；当支座为梁时也可用于中间层。当 $\Delta h\leqslant h_b/3$ 时，框架梁上部纵筋伸入支座长度 $\geqslant l_a(l_{aE})$，下部纵筋伸至支座边缘向上弯折 $15d$。悬挑梁上部纵筋伸至支座边缘且不小于 $0.6l_{ab}$ 并向下弯折，弯折长度 $\geqslant l_a$ 且伸至梁底。

第一排钢筋长度＝L（悬挑梁净跨长）$+h_c$－保护层厚度×2＋$\max(12d，梁高－2\times 保护层厚度)+\max(l_a，梁高－保护层厚度)-4d$

第一排钢筋弯折长度＝$L+h_c$－保护层厚度×2＋$0.414\times$（梁高－2×保护层厚度－箍筋直径×2）$+\max(l_a，梁高－保护层厚度)-2d$

第二排钢筋长度＝$0.75L+1.414\times$（梁高－2×保护层厚度）$+10d+\max(l_a，梁高－保护层厚度)$

下部钢筋长度＝L－保护层厚度＋$15d$

11. 纯悬挑梁钢筋翻样（图 5-2-32）

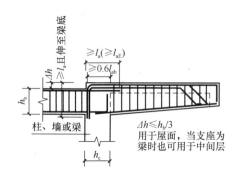

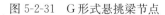

图 5-2-31　G 形式悬挑梁节点

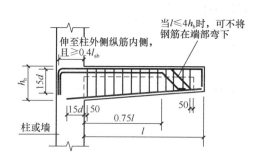

图 5-2-32　纯悬挑梁 XL

纯悬挑梁是指从混凝土墙或柱挑出的单独悬臂梁，其抗弯的纵筋是按大样或标准图锚固在混凝土墙或柱内，根部弯矩及剪力作用在柱或墙上。

第一排上部纵筋至少两根角筋，且不少于第一排纵筋的 1/2，上部纵筋伸到悬挑梁端部，再拐弯伸至梁底，其余弯下。

两侧角筋长度 $= 15d +$（支座宽 $-$ 保护层厚度）$+$（悬挑长度 $-$ 保护层厚度）
$\qquad + \max$（$12d$，端部梁高 $- 2 \times$ 保护层厚度）$-$ 柱子箍筋直径 $-$
$\qquad$ 柱子纵筋直径

下部钢筋长度 $= L -$ 保护层厚度 $+ 15d$

12. 梁钢筋翻样实例

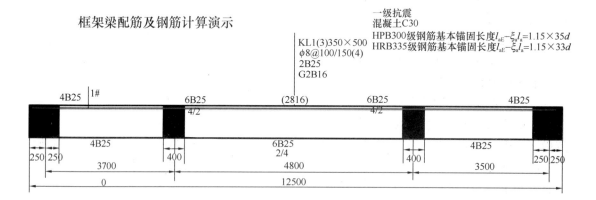

首先判断支座是否可以直锚

当支座宽 $< l_{aE}$ 时，需弯锚。

弯锚长度 $= \max$（l_{aE}，$0.41l_{aE} + 15d$，$0.5R_c - b + 15d$）

$h_c - b - D = 500 - 20 - 25 = 455 < l_{aE} = 34d = 1.15 \times 33d = 1.15 \times 33 \times 25 = 949$，所以需要弯锚。左支座需弯锚，右支座亦弯锚。

框架梁配筋及钢筋翻样

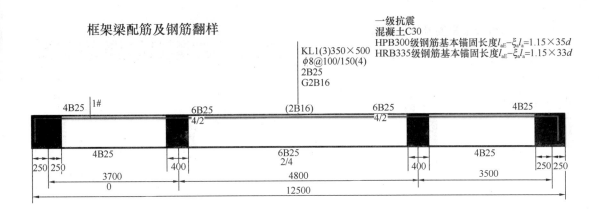

$1\sharp$筋 $L=$梁长$-2\times$保护层厚度$-$柱筋直径$\times 2-$箍筋直径$\times 2-$钢筋净距$\times 2$
$\qquad\qquad +15d\times 2-$弯曲调整值$4d$

$\qquad\qquad =12500-25\times 2-25\times 2-10\times 2-25\times 2+15\times 25\times 2-4\times 25$

$\qquad\qquad =12500-170+750-100$

$\qquad\qquad =12980mm$

$N=2$ 根

框架梁配筋及钢筋翻样

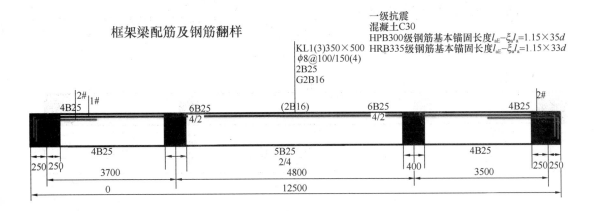

$2\sharp$筋 $L=$第一或第三跨净长$/3+h_c-b+15d-$箍筋直径$-$柱子直径$-$第一排钢筋
$\qquad\qquad$净距$-$第二排钢筋净距$-$弯曲调整值$2d$

$\qquad\qquad =(3700-250-200)/3+500-25+15\times 25-10-25-25-25-2\times 25$

$\qquad\qquad =3150/3+500-160+375$

$\qquad\qquad =1050+715$

$\qquad\qquad =1765mm$

$N=2\times 2=4$ 根

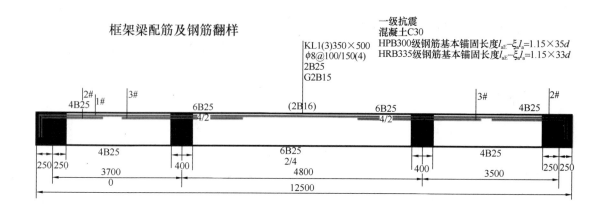

3#筋　$L = \max\{$第一或第三跨净长$/3$、第二跨净长$/3\} \times 2 +$支座宽度

　　　　$= \max\{(3500-250-200)/3，(4800-200-200)/3\} \times 2 + 400$

　　　　$= 1466.6 \times 2 + 400 = 3333\text{mm}$

$N = 2 \times 2 = 4$ 根

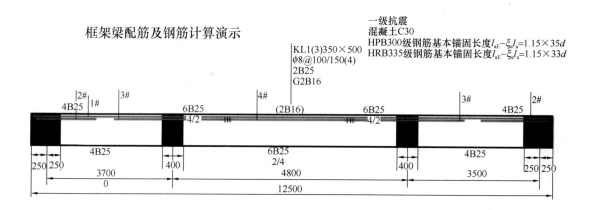

4#筋　$L =$第二跨净长-3#筋伸入第二跨内长度$\times 2 + 150 \times 2$

　　　　$= (4800-400)-(4800-400)/3 \times 2 + 150 \times 2$

　　　　$= 4400 - 1467 \times 2 + 300$

　　　　$= 4400 - 2934 + 300$

　　　　$= 1766$

$N = 2$ 根

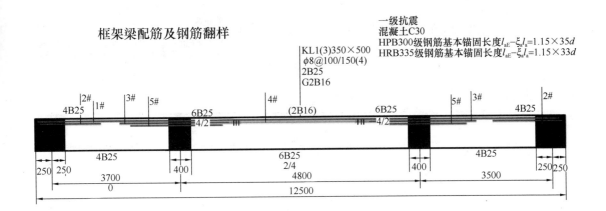

5♯筋　$L = \max\{$第一或第三跨净长/4、第二跨净长/4$\} \times 2 +$支座宽度

　　　　　$= \max\{(3700-250-200)/4，(4800-200-200)/4\} \times 2 + 400$

　　　　　$= 1100 \times 2 + 400 = 2600\text{mm}$

$N = 2 \times 2 = 4$ 根

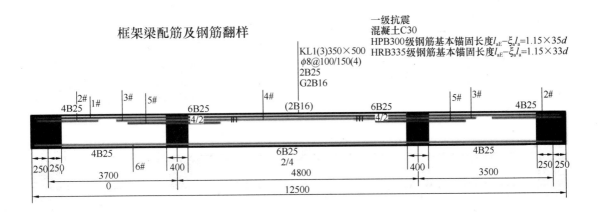

6♯筋　$L =$梁长$-2 \times$保护层厚度$-$箍筋直径$\times 2 -$柱子直径$\times 2 -$钢筋净距$\times 2$

　　　　　$+15d \times 2 - 4d$

　　　　　$= 12500 - 2 \times 25 - 10 \times 2 - 2 \times 25 - 25 \times 2 + 15 \times 25 \times 2 - 4 \times 25$

　　　　　$= 12500 - 170 - 100 + 750$

　　　　　$= 12980$

$N = 4$ 根

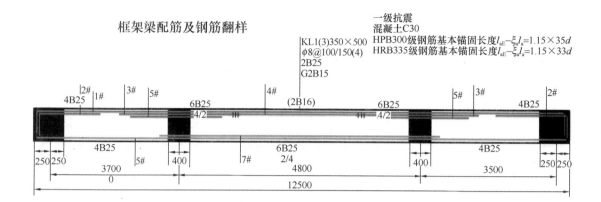

框架梁配筋及钢筋翻样

一级抗震
混凝土C30
KL1(3)350×500
φ8@100/150(4)
2B25
G2B15

HPB300级钢筋基本锚固长度$l_{aE}=\xi_a l_a=1.15\times35d$
HRB335级钢筋基本锚固长度$l_{aE}=\xi_a l_a=1.15\times33d$

$$7\#筋 \quad L=第二跨净长+\max\{l_{aE}, 0.5h_c+5d\}\times2$$
$$=4800-400+\max\{1.15\times33\times25, 0.5\times400+5\times25\}\times2$$
$$=4400+\max\{949, 325\}\times2$$
$$=4400+1898$$
$$=6298\text{mm}$$

$N=2$ 根

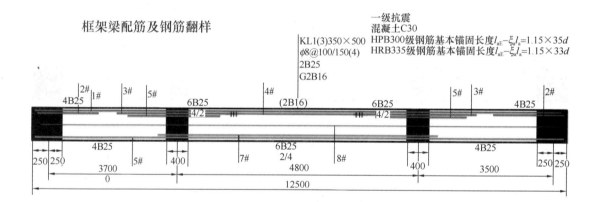

框架梁配筋及钢筋翻样

一级抗震
混凝土C30
KL1(3)350×500
φ8@100/150(4)
2B25
G2B16

HPB300级钢筋基本锚固长度$l_{aE}=\xi_a l_a=1.15\times35d$
HRB335级钢筋基本锚固长度$l_{aE}=\xi_a l_a=1.15\times33d$

$$8\#筋 \quad L=跨净长+15d\times2$$
$$=12500-500-500+15\times16\times2$$
$$=11500+240\times2$$
$$=11980\text{mm}$$

$N=2$ 根

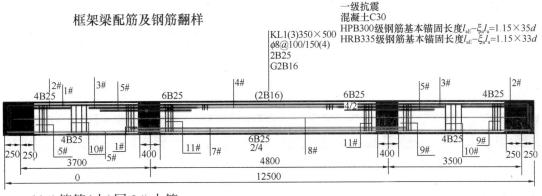

框架梁配筋及钢筋翻样

一级抗震
混凝土C30
HPB300级钢筋基本锚固长度$l_{aE}-\xi_a l_a=1.15\times35d$
HRB335级钢筋基本锚固长度$l_{aE}-\xi_a l_a=1.15\times33d$

KL1(3)350×500
$\phi8@100/150(4)$
2B25
G2B15

10#箍筋（大）同9#大箍

$$L=1620mm$$

$$
\begin{aligned}
N(大) &= \{[净跨长-(梁高\times2\times2)]/非加密区间距-1\}\times2 \\
&= \{[3150-500\times2\times2]/150-1\}\times2 \\
&= \{1150/150-1\}\times2 \\
&= \{8-1\}\times2 \\
&= 14\ 根
\end{aligned}
$$

10#箍筋（小）同9#小箍

$$L=1401mm$$

$$N(小)=14\ 根$$

框架梁配筋及钢筋翻样

一级抗震
混凝土C30
HPB300级钢筋基本锚固长度$l_{aE}-\xi_n l_a=1.15\times35d$
HRB335级钢筋基本锚固长度$l_{aE}-\xi_n l_a=1.15\times33d$

KL1(3)350×500
$\phi8@100/150(4)$
2B25
G2B16

11#箍筋（大）同9#大箍

$$L=1620mm$$

$$
\begin{aligned}
N(大) &= \{[(梁高\times2-起步距离)/加密区间距+1]\times2\}\times2 \\
&= \{[500\times2-50)/100+1]\times2\}\times2 \\
&= \{[10+1]\times2\}\times2=\{11\times2\}\times2 \\
&= 44\ 根
\end{aligned}
$$

11#箍筋（小）同9#小箍

$$L=1401mm$$

$$N(小)=44\ 根$$

框架梁配筋及钢筋翻样

一级抗震
混凝土C30
HPB300级钢筋基本锚固长度$l_{aE}=\xi_a l_a=1.15\times35d$
HRB335级钢筋基本锚固长度$l_{aE}=\xi_a l_a=1.15\times33d$

KL1(3)350×500
ϕ8@100/150(4)
2B25
G2B16

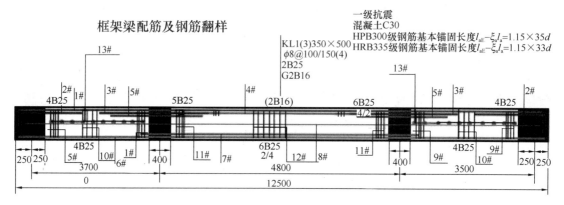

$12\sharp$箍筋(大)同$9\sharp$大箍

$$L=1760\text{mm}$$

$$N(大)=[净跨长-(梁高\times2\times2)]/非加密区间距-1$$
$$=[4400-500\times2\times2]/150-1$$
$$=2400/150-1$$
$$=16-1$$
$$=15\ 根$$

$12\sharp$箍筋(小)同$9\sharp$小箍

$$L=1401\text{mm}$$

$$N(小)=15\ 根$$

框架梁配筋及钢筋翻样

一级抗震
混凝土C30
HPB300级钢筋基本锚固长度$l_{aE}=\xi_a l_a=1.15\times35d$
HRB335级钢筋基本锚固长度$l_{aE}=\xi_a l_a=1.15\times33d$

KL1(3)350×500
ϕ8@100/150(4)
2B25
G2B16

$13\sharp$拉筋　$L=(梁宽-2\times保护层厚度)+15d$
$$=(350-2\times20)+15\times6.5$$
$$=310+100=410\text{mm}$$

$$N=[(跨净长-起步距离\times2)/(非加密区间距\times2)+1]\times2$$
$$=[(3600-250-200-50\times2)/(150\times2)+1]\times2$$
$$=[3050/300+1]\times2$$
$$=[10+1]\times2$$
$$=22\ 根$$

框架梁配筋及钢筋翻样

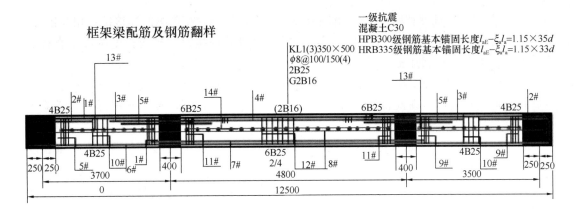

14#拉筋同13#拉筋

$L = 410\text{mm}$

$N = (跨净长 - 起步距离 \times 2)/(非加密区间距 \times 2) + 1$

$= (4800 - 200 - 200 - 50 \times 2)/(150 \times 2) + 1$

$= 4300/300 + 1$

$= 15 + 1$

$= 16 根$

最后将所得数据汇集在表 5-2-1 中。

钢筋加工计算表 表 5-2-1

构件部位及名称	编号	等级	直径	间距	朝向	成型草图	单构件根数	总构件数	总根数	每根长度(m)	总重(kg)
KL1	1	HRB335	25			375 ⌐12330⌐ 375	2	1	2	12.98	100.11
(共1条)350×500	2	HRB335	25			375 ⌐1390	4	1	4	1.72	26.45
	3	HRB335	25			1330	4	1	4	1.33	20.52
	4	HRB335	16			1770	2	1	2	1.77	5.59
	5	HRB335	25			2600	2	1	2	2.60	40.11
	6	HRB335	25			375 ⌐12330⌐ 375	4	1	4	12.98	200.22
	7	HRB335	25			62980	2	1	2	62.98	485.73
	8	HRB335	16			11980	2	1	2	11.98	37.85
	9	HPB300	8	100/150	箍	310×460	117	1	117	1.76	81.31
	10	HPB300	8	100/150	箍	130×460	117	1	117	1.40	64.68
	11	HPB300	6	300	箍	60 310 60	21	1	155	0.41	14.12

梁翻样总结:

1. 梁上部通长筋在梁跨中 $l_n/3$ 范围内连接。在此范围内相邻纵筋连接接头相互错开，接头面积百分率不应大于 50%。当不同直径的钢筋绑扎搭接时，搭接长度按较小直径计算。绑扎接头部分箍筋加密，间距为 min（5d，100）。

2. 梁下部纵筋既可以在支座内锚固，也可以在梁端 $l_n/4$ 范围内连接，梁抗震设计时应避开梁箍筋加密区。在此范围内相邻纵筋连接接头相互错开，接头面积百分率不应大于 50%。

3. 当非框架梁下部配有受扭纵筋时，纵筋伸入支座内长度为 l_a。在端支座支锚长度不足时可弯。

4. 非框架梁下部纵筋伸入梁支座范围内的锚固长度为 l_{as}，带肋钢筋 $l_{as} \geqslant 12d$；光面钢筋 $l_{as} \geqslant 15d$（末端做 180°弯钩）。

5. 框架梁纵向钢筋弯折半径为 4d（6d），屋面框架梁为 6d（8d），括号内为纵筋直径大于 25mm 的弯折半径。

6. 梁纵筋多排时，要用垫铁固定以保证上下排纵筋的净距。垫铁直径不小于 25mm 且不小于梁纵筋直径，间距不大于 2000mm，垫铁长度为梁宽减保护层。

7. 非抗震梁的箍筋平直段按 5d 翻样，比如非框架梁等。

8. 梁上部通长筋长度＝净跨长＋左支座锚固长度＋右支座锚固长度

左、右支座锚固长度的取值判断：

当 h(柱宽)－保护层厚度 $\geqslant l_{aE}$ 时，直锚、锚固长度＝$\max(l_{aE}, 0.5h_c + 5d)$

当 h(柱宽)－保护层厚度 $< l_{aE}$ 时，弯锚、锚固长度＝h_c－保护层厚度＋15d

当为屋面框架梁时，上部通长筋伸入支座端弯折至梁底

当为非框架梁时，上部通长筋伸入支座端弯折 15d。当按设计铰接时，伸入支座内平直段长度 $\geqslant 0.35l_{ab}$

当充分利用钢筋抗拉强度时伸入支座内平直段 $\geqslant 0.6l_{ab}$

当为框支梁时，纵筋伸入支座对边向下弯锚，通过梁底线后再下插 $l_{aE}(l_a)$

9. 梁下部通长筋长度＝净跨长＋左支座锚固长度＋右支座锚固长度

左、右支座锚固长度的取值判断：

当 h_c(柱宽)－保护层厚度（直锚长度）$\geqslant l_{aE}$ 时，锚固长度＝$\max(l_{aE}, 0.5h_c + 5d)$

当 h_c(柱宽)－保护层厚度（直锚长度）$< l_{aE}$ 时，必须弯锚；且锚固长度＝h_c－保护层厚度＋15d－（箍筋直径＋柱子纵筋直径＋柱子纵筋和梁筋之间的净距）－2d

10. 梁端部无外伸时上下部通长筋翻样

上、下部通长筋长度＝净跨长＋左支座－保护层厚度＋弯折＋右支座－保护层＋弯折－（箍筋直径＋柱子纵筋直径＋柱子纵筋和梁筋之间的净距）×2－4d

注意：梁钢筋锚固长度按节点区的混凝土等级强度计算锚固长度。

第六章 板钢筋平法识图与翻样

第一节 无梁楼盖板平法识图

无梁楼盖板指没有梁的楼盖板，楼板由带帽的柱头支撑，使同高的楼层扩大净空、节省材料、加快施工进度。并且无梁楼盖板平面标注主要包括板带集中标注和板带支座原位标注。

1. 板带集中标注

板带集中标注应在板带贯通纵筋配置相同的第一跨标注，对于相同编号的板带，可则其一板块做集中标注，其他仅标注板带编号，板带集中标注的具体方法为：板带编号、板带厚、板带宽、贯通纵筋。

板带编号（表 6-1-1），跨数按柱网轴线计算，两相邻柱轴线之间为一跨，悬挑不计入跨数。板带厚度标注为 $h=\times\times\times$，板带宽标注为 $b=\times\times\times$。贯通纵筋按板带上部和板带下部分别标注，并以 B 代表下部，T 代表上部，B&T 代表下部和上部。

板 带 编 号 表 6-1-1

板带类型	代号	序号	跨数及有无悬挑
柱上板带	ZSB	××	（××）、（××A）或（××B）
跨中板带	KZB	××	（××）、（××A）或（××B）

2. 板带支座原位标注

（1）板带支座上部非贯通纵筋，以一段与板带同向的中粗实线代表板带支座上部非贯通纵筋，对于柱上的板带，实线短贯穿柱上区域绘制，对跨中的板带，实线段横贯柱网轴线绘制。在线段上标注钢筋编号（如①、②等），配筋值及在线段下方标注自支座中线向两侧垮内的伸长长度。

当板带支座非贯通纵筋自支座中线向两侧对称伸出时，其伸出长度可在一侧标注，当配筋再有悬挑端的边柱上时，该筋伸出到悬挑尽端，当支座上部非贯通纵筋呈放射分布时，图纸上应注明配筋间距的定位位置。

（2）不同部位的板带支座上部非贯通纵筋相同者，可仅在一个部位注写，其余则在代表非贯通纵筋的线段上注写编号。

比如，平面某布置图中，在横跨板带支座绘制的对称线段上注有⑦B16@200，在线段一侧的下方注有 1200，这表示支座上部⑦号非贯通纵筋为 B16@200，自支座中线向两侧垮内的伸长长度均为 1200mm。

（3）当板带上部已配有贯通纵筋，但需要增加配置板带支座上部非贯通纵筋时，应结合已配同向贯通纵筋的直径与间距，采用"隔一布一"的方式布置。比如，有一板带上部已配有贯通纵筋 B16@220，板带支座上部非贯通纵筋为⑤B16@220，则板带在该位置实际配置的上部纵筋为 B16@110，其中 1/2 为贯通纵筋，1/2 为⑤非贯通纵筋。

再如，有一板带上部已配置贯通纵筋 B16@240，板带上部非贯通纵筋为 B18@240，则板带在该位置实际配置的上部纵筋为 B16 和 B18 间隔布置。二者之间的间距为 120mm。

第二节 有梁楼盖板平法识图

有梁楼盖板平法施工图平面标注主要包括板块集中标注和板支座原位标注。

1. 板块集中标注

板块集中标注的内容为：板块编号、板厚、贯通纵筋以及当板面标高不同时的标高高差。LB1 表示 1 号楼板，厚度 120mm，板下部配置的贯通纵筋 X 向为 10@100，Y 向为 10@150，板上部未配置贯通纵筋。为方便设计表达和施工识图，规定结构平面的坐标方向为：当两向轴网正交布置时，图面从左至右为 X 向，从上至下为 Y 方向，当轴网转折时，局部坐标方向顺轴网转折角度做相应转折。

对于普通楼面板，XY 方向都以一跨为一楼板，对于密肋楼盖，XY 方向主梁都以一跨为一板块，所以板块都是逐一编号，相同编号的板块可选其中一板块做集中标注，其他仅标注置于圆圈内的板编号以及当板面标高不同时的标高高差。

（1）板块集中标注板块编号（表 6-2-1）。

板 块 编 号   表 6-2-1

板类型	代　号	序　号
楼面板	LB	××
屋面板	WB	××
悬挑板	XB	××

（2）板块集中标注中，板厚标注为 $h=\times\times\times$；当悬挑板的端部改变截面厚度时，用斜线分隔根部与端部的高度值，标注为 $h=\times\times\times/\times\times\times$。

（3）板块集中标注中，贯通纵筋按板块的上部和下部分别标注。以 B 代表下部，以 T 代表上部，T&B 代表上部与下部；X 向贯通纵筋以 X 打头，Y 向贯通纵筋以 Y 打头，两向贯通纵筋配置相同时则以 X&Y 打头。单向板分布筋可不必标注，但是需要在图中统一注明。当贯通筋采用两种规格钢筋"隔一布一"方式时，表达为 $\phi xx/yy@xxx$，表示直径为 xx 的钢筋和直径为 yy 的钢筋二者之间的间距为 xxx，直径 xx 钢筋的间距为 xxx 的两倍，直径 yy 的钢筋的间距为 xxx 的两倍。

（4）板块集中标注中板面标高高差指相对于结构层楼面标高的高差，应将其标注在括号内，且有高差则注，无高差不注。

2. 板支座原位标注

板支座原位标注的主要内容为板支座上部非贯通纵筋和悬挑板上部受力钢筋。板支座上部非贯通纵筋为自支座中线向垮内的伸出长度，标注在线段的下方位置，当中间支座上部非贯通纵筋向支座两侧对称伸出时，应分别在两支座两侧线段下方标注伸出长度。对线段画至对边，贯通全跨或全悬挑长度的上部通畅纵筋，贯通全跨或伸出至全悬挑一侧的长度值不标注，只注明非贯通纵筋另一侧的长度值。

第三节　板构件钢筋翻样

板需要计算的钢筋按照所在位置和功能不同，可以分为受力钢筋和附加钢筋两大部分。

受力钢筋（底筋、面筋、板负筋、分布钢筋、温度筋）

1）板底通长筋长度及根数的翻样

① 板底通长筋长度翻样

底筋长度＝板净跨＋左伸进长度＋右伸进长度＋弯钩增加值。

当底筋伸入端部支座为剪力梁、墙时，伸进长度＝$\max$(支座宽$/2$，$5d$)。（图 6-3-1）

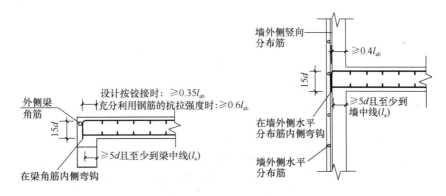

图 6-3-1　底筋伸入端部支座为梁、墙

注意：在施工现场的人员（因为现场施工人员有很多，如：水电工、木工、钢筋工、架子工）踩踏会造成板底钢筋移动，为了防止板底钢筋移动，同时，钢筋加工过程中加工尺寸不是绝对准确，为保证工程质量，施工翻样人员对底筋长度应另外再加 50mm。

② 板底通长筋根数翻样

板底钢筋根数＝［支座间净距（净跨）－100mm（或板筋间距）］/间距＋1（第一根钢筋距梁或墙边 50mm，第一根钢筋距梁角筋为 1/2 板筋间距）

板上部纵筋长度＝板跨净长＋2×支座宽度（$0.35l_{ab}$或$0.6l_{ab}$）＋2×15d－2×保护层厚度－2×箍筋直径－2×梁角筋直径－4d

板上部筋根数＝［支座间净距（净跨）－100mm（或板筋间距）］/间距＋1（第一根钢筋距梁或墙边 50mm，第一根钢筋距梁边为 1/2 板筋间距

2）板面负筋长度及根数计算

① 板面负筋长度翻样

板面负筋长度＝板净跨＋两端伸入长度

当负筋伸入端部支座为梁时：伸进长度＝梁宽－保护层－梁角筋直径＋15d－梁箍筋直径－2d

当负筋伸入端部支座为剪力墙时：伸进长度＝墙厚－保护层－墙外侧竖向筋直径＋

$15d-$墙水平筋直径$-2d$

当负筋伸入端部支座为砌体墙时：伸进长度＝平直段＋$15d$（平直段长度$\geqslant 0.35l_{ab}$）

②板面负筋的根数翻样

板负筋根数＝支座间净距$-100mm$（或板筋间距）/间距＋1（第一根钢筋距梁或墙边$50mm$，第一根钢筋距梁角筋为$1/2$板筋间距）

3）板支座负筋长度的翻样

①板端支座负筋长度的翻样

端支座负筋长度＝板内净长度＋伸入端支座内长度＋左右弯折长度$-4d$；

端支座负筋根数＝［支座间净距（净跨）$-100mm$（或板筋间距）］/间距＋1（第一根钢筋距梁或墙边$50mm$，第一根钢筋距梁角筋为$1/2$板筋间距）。

②板中间支座负筋长度翻样

中间支座负筋长度＝左端板内净长度＋右端板内净长度＋中间支座宽度＋左右弯折长度。

4）板分布钢筋翻样（图6-3-2）

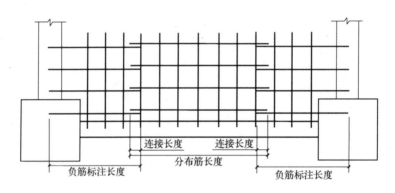

图 6-3-2　板分布筋

板分布钢筋是固定板负筋的钢筋，一般不在图上画出，只用文字表明间距和直径及规格，分布钢筋是垂直于负筋的一排平行钢筋，分布钢筋与分布钢筋刚好形成钢筋网片，分布钢筋长度＝两端支座负筋净距＋150×2

分布筋根数＝（支座负筋板内净长÷分布筋间距）向下取整＋1

5）板温度筋长度及根数翻样（图6-3-3）

温度筋根数＝（轴线长度－负筋标注长度$\times 2$）/分布筋间距-1

板温度筋是在收缩应力较大的现浇板区域内，为防止构件由于温差较大时开裂而设置的钢筋。

温度筋长度＝板净跨－左侧支座负筋板内净长度－右侧支座负筋板内净长度＋搭接长度$\times 2$

温度筋根数＝（板垂直向净跨长度－左侧支座负筋板内净长度－右侧支座负筋板内净长度）/温度筋间距-1

注意：这里为什么要减一呢？因为温度筋不是沿着板负筋的边布置的，它是在距离板负筋一个空挡位置开始布置的，两边有两个空挡，所以要在计算的最后减一才是正确的根数。

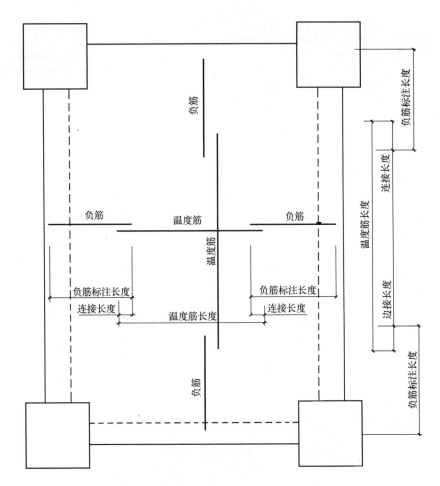

图 6-3-3　板温度筋

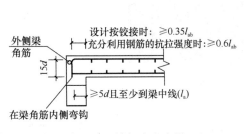

图 6-3-4　端部支座为梁

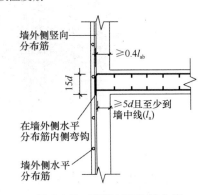

图 6-3-5　端部支座为剪力墙
（当用于屋面处，板上部钢筋锚固要求
与图示不同时由设计明确）

6）板在端部支座的锚固构造（括号内的锚固长度 l_a 用于梁板式转换的板），见图 6-3-4～图 6-3-7。

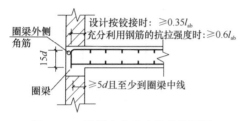
图 6-3-6 端部支座为砌体墙的圈梁

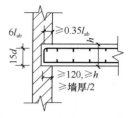
图 6-3-7 端部支座为砌体墙

7）单（双）向板配钢筋（图 6-3-8、图 6-3-9）

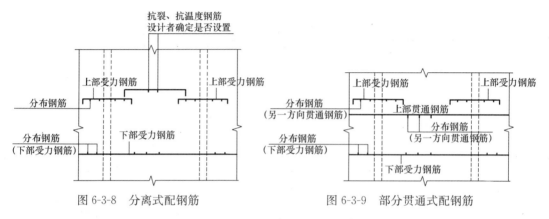

图 6-3-8 分离式配钢筋　　　　　　图 6-3-9 部分贯通式配钢筋

8）板筋与梁筋的关系见图 6-3-10

图 6-3-10 板钢筋与梁钢筋关系

9）柱上板带底筋翻样（图 6-3-11）

底筋长度＝板跨净长＋2×0.6l_{ab}＋15d－2×保护层厚度－2×箍筋直径－2×梁角筋直径－4d

面筋长度＝板跨净长＋2×0.6l_{ab}＋2×15d－2×保护层厚度－2×箍筋直径－2×梁角筋直径－上下筋之间的净距－4d

板筋根数＝板跨净长－100（板筋间距）/间距＋1

10）跨中板带底筋翻样（图 6-3-12）

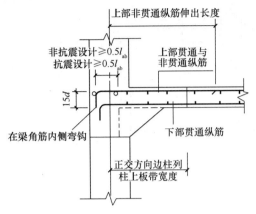

图 6-3-11　柱上板带

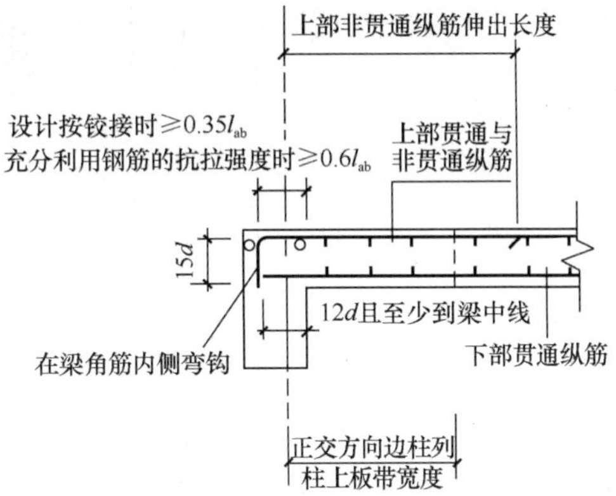

图 6-3-12　跨中板带

注：纵筋在端支座应伸至支座（梁、圈梁或剪力墙）外侧纵筋，内侧后弯折，当直段长度≥l_a 时可不弯折

底筋长度＝板跨净长＋2×max（0.5h_a，12d）

面筋长度＝板跨净长＋2×（0.35l_{ab}，0.6l_{ab}）＋2×15d－2×保护层厚度－2×箍筋直径－2×梁角筋直径－4d

板筋根数＝板跨净长－100（板筋间距）/间距－1

11）悬挑板钢筋翻样（图 6-3-13）

底筋长度＝板跨净长＋max（0.5h_c，12d）

面筋长度＝板跨净长＋支座宽度－保护层厚度－箍筋直径－梁角筋直径＋15d＋板厚－2×保护层厚度

12）折板底筋翻样

外折角纵筋连续通过。当角度 a≥160°时，内折角纵筋连续通过。当角度 a＜160°时阳角折板下部纵筋和阴角上部纵筋在内折角处交叉锚固。如果纵向受力钢筋在内折角处连续通过，纵向受力钢筋的合力会使内折角处板的混凝土保护层向外崩出，从而使钢筋失去粘结锚固力（钢筋和混凝土之间的粘结锚固力是钢筋和混凝土能够共同工作的基础），最终可能导致折断而破坏（图 6-3-14）。

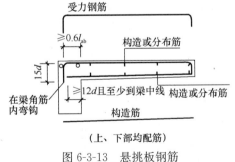

（上、下部均配筋）

图 6-3-13　悬挑板钢筋

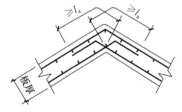

图 6-3-14　折板底筋计算

底筋长度＝板跨净长＋2×l_a

板钢筋翻样案例

1. 板的环境描述

非抗震混凝土板 C30，保护层 15mm 厚。见图 6-3-15。

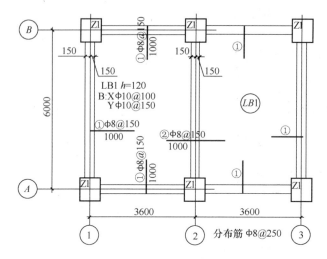

图 6-3-15　板的布筋示意图

2. 双跨板翻样

见表 6-3-1。

双跨板翻样要求　　　　　　　　　　　　表 6-3-1

底筋	①～②轴线		X 方向	计算长度、根数
	Ⓐ～Ⓑ轴线		Y 方向	计算长度、根数
负筋	边支座	①、③、Ⓐ、Ⓑ轴线	支座负筋	计算长度、根数
			负筋分布筋	计算长度、根数
	中间支座	②轴线	支座负筋	计算长度、根数
			负筋分布筋	计算长度、根数

基础数据：

下部钢筋伸入支座：$\mathrm{Max}\ [5d，300/2]=150$

端支座负筋伸入支座：$l_a+6.25d=30d+6.25d=290$

扣筋弯折长：板厚－保护层＝$120-15=105$

板布筋范围：Y 方向 $6000-300=5700$

　　　　　　　X 方向（单跨）$3600-300=3300$

X 方向底筋：长度＝$(3300+150×2+6.25d×2)=3725\mathrm{mm}$

　　　　　　根数＝$[(5700+30-100)/100+1]×2=114$ 根

Y 方向底筋：长度＝$5700+150×2+6.25d×2=6125\mathrm{mm}$

　　　　　　根数＝$[(3300+30-150)/150+1]×2=46$ 根

①、③轴负筋：长度＝$1000-150+242+105=1197\mathrm{mm}$

　　　　　　　根数＝$[(5700+30-150)/150+1]×2=78$ 根

①、③轴分布筋：长度＝$(6000-1000×2+150×2)=4300\mathrm{mm}$

　　　　　　　　根数＝$[(1000-150+15-250/2)/250+1]×2=8$ 根

A、B轴分布筋：长度＝$3600-1000×2+150×2=1900\mathrm{mm}$

　　　　　　　　根数＝$[(1000-150+15-250/2)/250+1]×4=16$ 根

①轴负筋：长度＝$1000×2+105×2=2210\mathrm{mm}$

　　　　　　根数＝（5700＋30－150）/150＋1＝39 根

　　②轴负筋分布筋：长度＝6000－1000×2＋150×2＝4300mm

　　　　　　根数＝［（1000－150＋15－250/2）/250＋1］×2＝8 根

注：1. 板上部通长筋在板跨中 $l_n/3$ 范围内连接。在此内范围内相邻纵筋连接接头相互错开，接头
　　　面积百分率不应大于 50%。板上部通长筋接头面积百分率 25% 时接头位置不受限制。当不
　　　同直径的钢筋绑扎搭接时，搭接长度按较小直径计算。

　　2. 板中间支座计算时按轴线或支座线归类，既避免重复计算又不能遗漏。

　　板钢筋翻样总结：

　　1. 板一般不参与抗震，按非抗震翻样。

　　2. 板上部在支座负筋，在支座内的长度为 l_a，当支座长度小于 l_a 时弯折；弯折长度
＝支座宽－50＋15d。当支座宽度大于锚固时不宜采用支锚，应在支座纵筋内弯折。弯折
长度＝板厚－2×保护层厚度。

　　3. 板负筋在板内弯折长度＝板厚－2×保护层厚度。

　　4. 板离梁边缘 50mm 开始布置第一排钢筋，平法要求按梁 1/2 间距开始布置起始钢
筋，两者均可。

第七章　柱钢筋平法识图与翻样

第一节　柱钢筋注写方式分类

柱钢筋平法表达方式有列表注写方式和截面注写方式两种。

1. 列表注写方式 (图 7-1-1)

列表标注方式是在柱的平面布置图上分别在同一编号的柱中选择一个或几个截面标注代号，在柱表中标注柱编号，柱段起止标高、几何尺寸（包括柱截面对轴线的偏心尺寸）与配筋的具体数值，并配以各种柱截面形状及其箍筋类型图的方式，来表达柱的平法施工图。

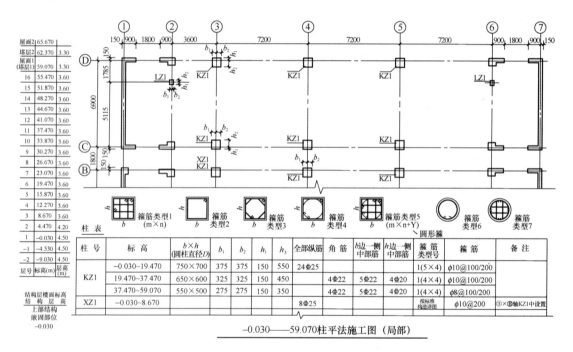

柱 号	标 高	$b \times h$ （圆柱直径D）	b_1	b_2	h_1	h_3	全部纵筋	角筋	b边一侧中部筋	h边一侧中部筋	箍筋类型号	箍 筋	备 注
	$-0.030\sim19.470$	750×700	375	375	150	550	24Φ25				1(5×4)	ϕ10@100/200	
KZ1	$19.470\sim37.470$	650×600	325	325	150	450			4Φ22	5Φ22	4Φ20	1(4×4)	ϕ10@100/200	
	$37.470\sim59.070$	550×500	275	275	150	350			4Φ22	5Φ22	4Φ20	1(4×4)	ϕ8@100/200	
XZ1	$-0.030\sim8.670$						8Φ25				按标准 构造详图	ϕ10@200	③×Ⓑ轴KZ1中设置

-0.030——59.070柱平法施工图（局部）

注：1. 如果用非对称配筋、需在柱表中增加相应栏目分别表示各
　　　边的中部筋。

　　2. 抗震设计箍筋对纵筋至少隔一拉一。

　　3. 类型1、5的箍筋肢数可有多种组合，右图为5×4的组
　　　合，其余类型为固定形式，在表中只注类型号即可。

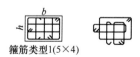

箍筋类型1(5×4)

图 7-1-1　柱平法施工图列表注写方式示例

柱框架节点核芯区箍筋。当框架节点核芯区内箍筋设置不同时，应在括号中注明核芯

区箍筋直径及间距。如：$\phi10@100/200$（$\phi12@100$）表示柱中箍筋为 HPB300 级钢筋，直径 10mm，加密区间距为 100mm，非加密区间距 200mm，框架节点核芯区箍筋为 HPB300 级钢筋，直径 12mm，间距为 100mm。

2. 列表标注的内容

（1）标注柱编号

柱编号由类型、代号和序号组成（表 7-1-1）。

柱　编　号 表 7-1-1

柱类型	代　号	序　号
框架柱	KZ	××
框支柱	KZZ	××
芯　柱	XZ	××
梁上柱	LZ	××
剪力墙上柱	QZ	××

注：编号时，当柱的总高、分段截面尺寸和配筋均对应相同，仅截面与轴线的关系不同时，仍可将其编为同一柱号，但应在图中注明截面与轴线的关系。

（2）标注各段柱的起止标高

柱施工图用列表标注方式标注柱的各段起止标高时，自柱根部往上以变截面位置或截面未变但配筋改变处为界分段标注。框架柱和框支柱的根部标高是指基础顶面标高；芯柱的根部标高是指根据结构实际需要而定的起始位置标高；梁上柱的根部标高是指梁顶面标高；剪力墙上柱的根部标高为墙顶面标高。

（3）标注柱截面尺寸

常见的框架柱截面形式有矩形和圆形，对于矩形柱 $b \times h$ 及与轴线相关的几何参数 b_1、b_2 和 h_1、h_2 的具体数值，需对应于各段柱分别标注。对于圆柱 $b \times h$ 栏改为在圆柱直径数字前加 D 表示。其中 b、h 为长方形柱截面的边长，b_1、b_2 为柱截面形心距横向轴线的距离；h_1、h_2 为柱截面形心距纵向轴线的距离，$b = b_1 + b_2$、$h = h_1 + h_2$ 圆柱截面与轴线的关系仍然用矩形截面柱的表示方式，即 $D = b_1 + b_2 = h_1 + h_2$。

（4）标注柱纵向受力钢筋

柱纵向受力钢筋为柱的主要受力钢筋，纵向钢筋根数至少应保证在每个阳角处设置一根。当柱纵筋直径相同，各边根数也相同时（包括矩形柱、圆柱和芯柱）。将纵筋标注在"全部纵筋"一栏中，否则就需要柱纵筋分角筋、截面 b 边中部筋、截面 h 边中部筋三项分别标注。

（5）标注柱箍筋

标注柱箍筋包括钢筋级别、型号、箍筋肢数、直径与间距一当为抗震设计时，用斜线"/"区分柱端箍筋加密区与柱身非加密区箍筋的不同间距。当圆柱用螺旋箍筋时，需在箍筋前加"L"表示。

第二节　柱截面标注

（1）截面标注方式是在柱平面布置图的柱截面上，分别在同一编号的柱中选择一个截面，以直接标往截面尺寸和配筋具体数值的方式来表达柱平法施工图。从相同编号的柱中选择一个截面，按另一种比例原位放大绘制柱截面配筋图并在各配筋图上继其编号后再标注截面尺寸 $b×h$ 角筋或全部纵筋、箍筋的具体数值以及在柱截面配筋图上标注柱截面与轴线关系的具体数值。

（2）对于圆柱截面标注是在圆柱直径数字前加 D 表示；当圆柱采用螺旋箍筋时，需在箍筋前加 L 表示，并标注加密区和非加密区间距。圆柱截面标注方式如图 7-2-1 所示。

（3）对于芯柱，芯柱是柱中柱，位于框架柱一定高度范围内的中心位置，不需要标注截面尺寸，但需要标注其名称、柱芯的起止标高、全部纵筋及箍筋的具体数字，见图 7-2-2。

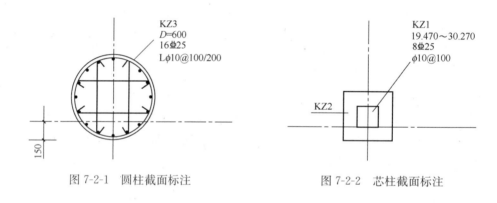

图 7-2-1　圆柱截面标注　　　　　　　　图 7-2-2　芯柱截面标注

第三节　柱钢筋翻样

1. 柱的几种类型

柱类型分类

（1）框架柱：在框架结构中主要承受轴向压力，同时将荷载传递给基础，是框架结构中承力最大构件。

（2）框支柱：出现在框架结构向剪力墙结构的转换层，柱的上层变为剪力墙时该柱定义为框支柱。

（3）芯柱：它不是一根独立的柱子，隐藏在柱内。当柱截面较大时，由设计人员计算柱的承力情况，当外侧一圈钢筋不能满足承力要求时，在柱中再设置一圈纵筋。由柱内侧钢筋围成的柱称之为芯柱。芯柱设置是使抗震柱等竖向构件在消耗地震能量时有适当的延性，满足轴压比要求。芯柱边长为矩形柱边长或圆柱直径的 1/3。芯柱钢筋构造同框架柱。

（4）梁上柱：柱的生根不在基础而在梁上的柱称之为墙上柱。主要出现在建筑物上下结构或建筑布局发生变化时。

（5）墙上柱：柱的生根不在基础而在墙上的柱称之为墙上柱。同样，主要还是出现在建筑物上下结构或建筑布局发生变化时。墙上柱锚入墙内 $1.6l_{aE}$。

以下不属于平法范畴但在施工中会遇到的柱类型有：

1）错位柱：上层柱截面水平移位。

2）异体柱：指柱身沿高度方向发生变化如斜柱折柱。

3）异形柱：指截面肢厚小于 300mm，肢长与肢厚之比小于 4 的 L 形、T 形、十字形独立截面柱。

4）排架柱：排架柱是单层厂房的承重构件，排架柱与屋架构成单跨或多跨、等高或不等高的排架结构。柱与屋架铰接，与基础刚接。

5）构造柱：用于砌体内起抗震作用的柱，构造柱上下加密 500mm。

框架柱应考虑计算的钢筋（图 7-3-1）。

2. 柱翻样参数：

（1）基础层高度

（2）柱所在楼层高度

（3）柱所在楼层位置

（4）柱所在平面位置

（5）柱截面尺寸

（6）节点高度

（7）搭接形式

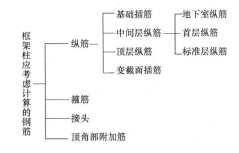

图 7-3-1 框架柱应考虑计算的钢筋

3. 柱插筋的翻样

见表 7-3-1 和图 7-3-2。

柱 插 筋 翻 样　　　　　　表 7-3-1

钢筋部位及其名称	翻样公式	说明
柱插筋	基础插筋长度＝露出长度＋h_j（基础厚度）－bh_c（基础保护层）＋弯折－$2d$ 弯折长度，根据柱外插筋保护层厚度是否大于 $5d$ 和 h_j 与 l_{aE}（l_a）大小比较。 当柱外插筋保护层厚度＞$5d$ 或≤$5d$ 时，若 $h_j>l_{aE}$（l_a），则弯折＝$\max$（$6d$，150）； 当柱外插筋保护层厚度＞$5d$ 或≤$5d$ 时，若 $h_j\leqslant l_{aE}$（l_a），则弯折＝$15d$	—

4. 柱根的判断

柱根（嵌固部位）

图集 11G101-1 第 8 页 2.1.3 说明：在柱平法施工图中，应按本规则第 1.0.8 条的规定注明各结构层的楼层标高、结构层及相应的结构层号，尚应注明上部结构嵌固部位位置。

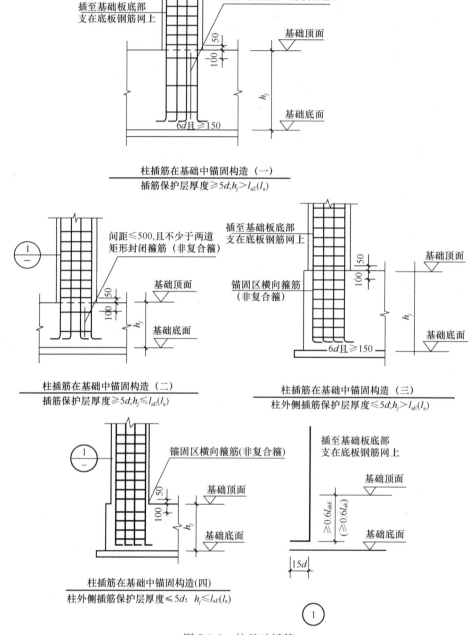

图 7-3-2　柱基础插筋

注：1. 图 7-3-2 中 h_j 为基础底面至基础顶面的高度。对于带基础梁的基础为基础梁顶面至基础梁底面的高度。当柱两侧基础梁标高不同时取较低标高。

2. 锚固区横向箍筋应满足直径 $\geq d/4$（d 为插筋最大直径），间距 $\leq 10d$（d 为插筋最小直径）且 $\leq$ 100mm 的要求。

3. 当插筋部分保护层厚度不一致情况下（如部分位于板中部分位于梁内），保护层厚度小于 $5d$ 的部位应设置锚固区横向箍筋。

4. 当柱为轴心受压或小偏心受压，独立基础、条形基础高度不小于 1200mm 时；或当柱为大偏心受压，独立基础、条形基础高度不小于 1400mm 时；可仅将柱四角插筋伸至底板钢筋网上（伸至底板钢筋网上的柱插筋之间间距不应大于 1000mm），其他钢筋满足锚固长度 l_{aE}（l_a）即可。

5. 图 7-3-2 中 d 为插筋直径。

102

从图集 11G101-1 柱构造详图可知柱根（嵌固部位），在新平法图集中：无地下室结构在基础顶面（图 7-3-3），有地下室时在地下室顶板（图 7-3-4），墙上柱在墙顶面、梁上柱在梁顶面（图 7-3-5、图 7-3-6）。在采用图集 11G101 设计的工程图纸中，应有明确的说明。

图 7-3-3　无地下室情况柱

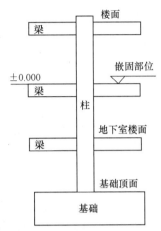

图 7-3-4　有地下室情况柱

图 7-3-5　墙上柱 QZ

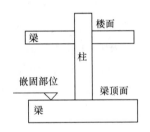

图 7-3-6　梁上柱 LZ

嵌固部位就是上部结构在基础中生根的部位。嵌固部位的计算，主要是对其上的柱构件的抗剪要求较大，箍筋加密区（同时也是柱纵筋非连接区）为 $H_n/3$（只有基础顶面和嵌固部位有这个要求，基础顶面和嵌固部位不一定在一起，也就是说 $H_n/3$ 加密可能出现两次。这个嵌固部位按具体施工图纸）。

5. 柱插筋翻样

（1）计算规则

1）柱在筏形基础内座底，即柱插筋伸到基础底板或基础梁下部纵筋之上。

2）独立基础、条形基础、桩承台基础内柱插筋有两种形式：一种是所有柱纵筋插至基础底，另一种是四角插筋伸到基础底部，柱中间插筋伸入基础内 l_{aE}。

3）柱在基础内设置间距不大于 500mm，且不少于两道矩形封闭外箍筋（非复合箍筋）。基础插筋根数＝max［（基础高度－保护层厚度）/500，2］，它不仅仅是"绑扎定位"，更重要的是"浇筑定位"。但如果有更好的施工工艺和措施能确保柱纵筋的绑扎定位和浇筑定位，也可以省略基础内柱定位和固定箍筋，毕竟它不属于结构用箍筋。

4）柱纵筋一般采用电渣压力焊或机械接头，柱绑扎接头不经济、不常用。当柱竖向纵筋绑扎连接时，接头区域（包括接头之间的 $0.3l_{lE}$）箍筋加密，加密间距为 min（$5d$，100），当墙柱内有几种纵筋时，d 取最大纵筋直径。

5）柱根的概念：柱根就是柱嵌固部位，柱根是柱纵筋非连接区域，也是柱箍筋加密区范围。柱根插筋露出长度为该层净高的 1/3，柱根箍筋加密区范围为该层净高的 1/3。有地下室时，如果设计有两个嵌固部位，基础顶面和地下室顶面都是柱根；如果设计仅把地下室顶板为上部结构嵌固部位，那么只是地下室顶板为柱根；无地下室时，柱根在基础顶面。

6）有地下室时，H_n 系地下室净高，即基础顶面到地下室顶面梁底之间的高度，无地下室时 H_n 指基础顶面到首层顶梁底之间的高度。

7）有刚性地面时，除柱端加密区外，尚应在刚性地面上、下各 500mm 的高度范围内箍筋加密。

8）基础顶第一套柱箍筋离基础顶面 50mm。

9）现场钢筋翻样时需要计算柱定位箍筋，定位箍筋的保护层厚度可适当放大，定位箍筋每柱为二套。基础混凝土浇筑完成后，定位箍筋可整理后重新利用。

10）施工翻样时顶柱纵筋高度可适当减小，使柱钢筋锚入屋面梁内。

11）当顶层柱纵筋直径不小于 25mm 时，纵筋弯折内径为 $8d$，较大的弯弧造成柱顶局部保护层厚度过大，因此在柱宽范围内的柱箍筋内侧设置间距不大于 150mm，且不少于 3ϕ10 的角部附加 L 形钢筋，L 形钢筋每边长度为 300mm。

（2）框架柱在基础中插筋长度翻样（无地下室）

插筋长度＝基础厚度＋基础顶面以上长度＋弯折－C（保护层厚度）－基础底板双向筋直径－$2d$（H_n 为基础顶面至首层顶面梁底之间的净高）

1）抗震情况（$h_j \geqslant l_{aE}$）

绑扎连接

① 独立基础，筏板基础

长插筋长度＝基础厚度－C（保护层厚度）－基础底板双向筋直径＋H_n/3＋$2.3l_{lE}$＋max（$6d$,150）－$2d$

短插筋长度＝基础厚度－C（保护层厚度）－基础底板双向筋直径＋H_n/3＋l_{lE}＋max（$6d$,150）－$2d$

② 桩基承台

长插筋长度＝承台厚度－桩头伸入承台长度 100（具体按图）－基础底板双向筋直径＋H_n/3＋$2.3l_{lE}$＋max（$6d$,150）－$2d$

短插筋长度＝承台厚度－桩头伸入承台长度 100（具体按图）－基础底板双向筋直径＋H_n/3＋l_{lE}＋max（$6d$,150）－$2d$

焊接连接（机械连接）

① 独立基础，筏板基础

长插筋长度＝基础厚度－C（保护层厚度）－基础底板双向筋直径＋H_n/3＋max（$35d$,500）＋max（$6d$,150）－$2d$

短插筋长度＝基础厚度－C（保护层厚度）－基础底板双向筋直径＋H_n/3＋0＋

$\max(6d,150)-2d$

② 桩基承台基础

长插筋长度＝承台厚度－桩头伸入承台长度100（具体按图）－基础底板双向筋直径 $+H_n/3+\max(35d,500)+\max(6d,150)-2d$

短插筋长度＝承台厚度－桩头伸入承台长度100（具体按图）－基础底板双向筋直径 $+H_n/3+0+\max(6d,150)-2d$

2）抗震情况（$h_j \leqslant l_{aE}$）

绑扎连接

① 独立基础，筏板基础

长插筋长度＝基础底板厚－C（保护层厚度）－基础底板双向筋长度 $+2.3l_{le}+15d-2d$

短插筋长度＝基础底板厚－C（保护层厚度）－基础底板双向筋长度 $+l_{le}+15d-2d$

② 桩基承台基础

长插筋长度＝承台厚度－桩头伸入承台长度100（具体按图）－基础底板双向筋直径 $+2.3l_{le}+15d-2d$

短插筋长度＝承台厚度－桩头伸入承台长度100（具体按图）－基础底板双向筋直径 $+l_{le}+15d-2d$

焊接连接（机械连接）

① 独立基础，筏板基础

长插筋长度＝基础厚度－C（保护层厚度）－基础底板双向筋直径 $+500+\max(35d,500)+15d-2d$

短插筋长度＝基础厚度－C（保护层厚度）－基础底板双向筋直径 $+500+\max(6d,150)-2d$

② 桩基承台基础

长插筋长度＝承台厚度－桩头伸入承台长度100（具体按图）－基础底板双向筋直径 $+500+15d-2d+\max(6d,150)$

短插筋长度＝承台厚度－桩头伸入承台长度100（具体按图）－基础底板双向筋直径 $+500-2d+15d$

（3）框架柱在基础中插筋长度翻样（有地下室）（H_n 为基顶面至地下室顶面梁底之间的净高）

抗震情况

① 当插筋保护层厚度＞5d，h_j（基础底面至基础顶面的高度）＞l_{aE}时。

A. 绑扎搭接

基础长插筋长度 $=h_j-C$（保护层厚度）$+\max(6d,150)$－基础底板双向筋直径＋非连接区 $\max(h_n/6,h_c,500)+2.3l_{lE}-2d$

基础短插筋长度 $=h_j-C$（保护层厚度）$+\max(6d,150)$－基础底板双向筋直径＋非连接区 $\max(h_n/6,h_c,500)+l_{lE}-2d$

B. 焊接连接（机械连接）

基础长插筋长度 $=h_j-C$（保护层厚度）$+\max(6d,150)$－基础底板双向筋直径＋非

连接区 $\max(h_n/6, h_c, 500) + \max(500, 35d) - 2d$

基础短插筋长度 $= h_j - C(保护层厚度) + \max(6d, 150) - 基础底板双向筋直径 + 非连接区 $\max(h_n/6, h_c, 500) - 2d$

② 当插筋保护层厚度$>5d$，$h_j \leqslant l_{aE}$时

A. 绑扎连接

基础长插筋长度 $= h_j - C(保护层厚度) - 基础底板双向筋直径 + 15d + 非连接区 $\max(h_n/6, h_c, 500) + 2.3l_{lE} - 2d$

基础短插筋长度 $= h_j - C(保护层厚度) + 15d - 基础底板双向筋直径 + 非连接区 $\max(h_n/6, h_c, 500) + l_{lE} - 2d$

B. 焊接连接（机械连接）

基础长插筋长度 $= h_j - C(保护层厚度) + 15d - 基础底板双向筋直径 + 非连接区 $\max(h_n/6, h_c, 500) + \max(500, 35d)$

基础短插筋长度 $= h_j - C(保护层厚度) + 15d - 基础底板双向筋直径 + 非连接区 $\max(h_n/6, h_c, 500)$

③ 当外侧插筋保护层厚度$\leqslant 5d$，$h_j > l_{aE}$时

A. 绑扎连接

基础长插筋长度 $= h_j - C(保护层厚度) + \max(6d, 150) - 基础底板双向筋直径 + 非连接区 $\max(h_n/6, h_c, 500) + 2.3l_{lE} - 2d$

基础长插筋长度 $= h_j - C(保护层厚度) + \max(6d, 150) - 基础底板双向筋直径 + 非连接区 $\max(h_n/6, h_c, 500) + l_{lE} - 2d$

B. 焊接连接（机械连接）

基础长插筋长度 $= h_j - C(保护层厚度) + \max(6d, 150) - 基础底板双向筋直径 + 非连接区 $\max(h_n/6, h_c, 500) + \max(500, 35d) - 2d$

基础短插筋长度 $= h_j - C(保护层厚度) + \max(6d, 150) - 基础底板双向筋直径 + 非连接区 $\max(h_n/6, h_c, 500) - 2d$

④ 当外侧插筋保护层厚度$\leqslant 5d$，$h_j \leqslant l_{aE}$时

A. 绑扎连接

基础长插筋长度 $= h_j - C(保护层厚度) - 基础底板双向筋直径 + 15d + 非连接区 $\max(h_n/6, h_c, 500) + 2.3l_{lE} - 2d$

基础短插筋长度 $= h_j - C(保护层厚度) + 15d - 基础底板双向筋直径 + 非连接区 $\max(h_n/6, h_c, 500) + l_{lE} - 2d$

B. 焊接连接（机械连接）

基础长插筋长度 $= h_j - C(保护层厚度) + 15d - 基础底板双向筋直径 + 非连接区 $\max(h_n/6, h_c, 500) + \max(500, 35d) - 2d$

基础短插筋长度 $= h_j - C(保护层厚度) + 15d - 基础底板双向筋直径 + 非连接区 $\max(h_n/6, h_c, 500) - 2d$

地上室顶面嵌固部位非连接区为 $H_n/3$

总之，有无地下室柱基础箍筋个数翻样如下：

（1）框架柱在基础中箍筋个数＝基础高度－基础保护层厚度－100/间距＋1

（2）中柱在基础中箍筋的个数不应少于两道封闭箍筋

（3）边角柱在基础周边箍筋个数见表 7-3-2

边角柱在基础周边箍筋个数 表 7-3-2

计 算	条 件	11G 新平法
插筋弯折	$h_j > l_{aE}$ （L_a）	max （$6d$，150）
	$h_j \leqslant l_{aE}$ （L_a）	$15d$
箍筋个数	保护层厚度 > $5d$	不少于两根
	保护层厚度 $\leqslant 5d$	加密

（4）锚固区横向箍筋应满足直径大于等于 $d/4$（d 为插筋最大直径），间距小于等于 $10d$（d 为插筋最小直径）且满足间距 < 100mm。

6. 地下室纵筋翻样

抗震情况

（1）绑扎连接

地下室柱纵筋下面露出的长排钢筋长度＝地下室层高－本层净高 max（$H_n/6$，H_c，500）－ $1.3l_{lE}$ ＋首层楼层净高 $H_n/3$ ＋与首层纵筋搭接 $2.3l_{lE}$

地下室柱纵筋下面露出的短排钢筋长度＝地下室层高－本层净高 max（$H_n/6$，H_c，500）＋首层楼层净高 $H_n/3$ ＋与首层纵筋搭接 l_{lE}

（2）焊接连接

地下室柱纵筋长筋长度＝地下室层高－本层净高 max（$H_n/6$，h_c，500）－max（$35d$，500）＋首层楼层净高 $H_n/3$ ＋max($35d$，500)

地下室柱纵筋短筋长度＝地下室层高－本层净高 max（$H_n/6$，h_c，500）＋首层楼层净高 $H_n/3$

箍筋根数同首层翻样

注：当纵筋采用绑扎连接且某个楼层连接区的高度小于纵筋分两批搭接所需要的高度时，应改用机械连接或焊接。

7. 框架柱首层及伸出 2 层楼面纵向钢筋翻样

（1）抗震情况

1）绑扎连接

柱纵筋：短筋长度 ＝ $2/3H_n$ ＋梁高 h ＋max($H_n/6$，h_c，500）＋l_{lE}

长筋长度＝$2/3H_n$ ＋梁高 h ＋max（$H_n/6h_c$，500）＋$2.3l_E$ －$1.3l_{lE}$

箍筋根数 ＝（上下部加密区＋中间非加密区）/ 相应的间距

上部加密区箍筋根数 ＝［max(1/6h_n，h_c，500）＋梁高］/ 加密区间距＋1

下部加密箍筋根数 ＝（1/3h_n －50）/ 加密区间距＋$2l_{lE}$/ 加密区间距＋1

中间非加密区箍筋根数 ＝（层高－上部加密区长度－下部加密区长度）/ 非加密区间距－1

2）焊接连接（机械连接）

柱纵筋长度 ＝ $2/3H_n$ ＋梁高 h ＋max($H_n/6$，h_c，500）

箍筋根数 ＝（上下部加密区＋中间非加密区）/ 相应的间距

上部加密区箍筋根数 = [max($1/6h_n$, h_c, 500) + 梁高] / 加密区间距 + 1

下部加密区箍筋根数 = ($1/3h_n$ - 50) / 加密区间距 + 1

中间非加密区箍筋根数 = (层高 - 上部加密区长度 - 下部加密区长度) / 非加密区间距 - 1

（2）非抗震情况

绑扎连接

$$柱纵筋长度 = 层高 + l_{lE}$$

焊接连接机械连接

$$柱纵筋长度 = 层高$$

8. 框架柱中间层纵向钢筋翻样

抗震情况

（1）绑扎连接

1）中间层层高不变时

$$柱纵筋长度 = 层高 + l_{lE}$$

2）相邻中间层层高有变化时

$$纵筋长度 = H_n 下 - max(H_n 下 /6, h_c, 500) + 梁高 h + max(H_n 上 /6, h_c, 500) + l_{lE}$$

式中　H_n 下——相邻两层下层净高；

　　　H_n 上——相邻两层上层净高。

箍筋根数翻样

上部加密区箍筋根数 = [max($1/6h_n$, h_c, 500) + 梁高] / 加密间距 + 1

下部加密区箍筋根数 = max[($1/6h_n$, h_c, 500) - 50/ 加密间距 + 2×l_{lE}] / 加密区间距 + 1

非加密区箍筋根数 = (层高 - 上部加密区长度 - 下部加密区长度) / 非加密区间距 - 1

（2）焊接连接

1）中间层层高不变时

柱纵筋长度 = 层高

2）相邻中间层层高有变化时

$$纵筋长度 = H_n 下 - max(H_n 下 /6, h_c, 500) + 梁高 h + max(H_n 上 /6, h_c, 500)$$

式中　H_n 下——相邻两层下层净高；

　　　H_n 上——相邻两层上层净高。

箍筋根数翻样

上部加密区箍筋根数 = [max($1/6h_n$, h_c, 500) + 梁高] / 加密间距 + 1

下部加密区箍筋根数 = max[($1/6h_n$, h_c, 500) - 50] / 加密间距 + 1

非加密区箍筋根数 = (层高 - 上部加密区长度 - 下部加密区长度) / 非加密区间距 - 1

9. 变截面柱纵筋翻样

上下层柱截面、柱纵筋数量和柱纵筋直径变化时计算要点：

柱钢筋翻样难点主要在于柱截面和柱纵筋直径及柱根数发生变化，不管发生了什么变化，柱纵筋必须满足 50% 间隔交错，此时应根据实际情况调整柱纵筋的长度。

常见柱变化有：

（1）柱截面变化，当 $c/h_b \leqslant 1/6$ 时，柱纵筋微弯贯通；当 $c/h_b > 1/6$ 时，柱纵筋本层

截断，弯折长度为 $c+l_{aE}$（l_a）；另一种构造是弯折长度为 $12d$，上层纵筋插筋锚固 $1.2l_{aE}$（l_a）。

（2）上柱钢筋比下柱多时，上柱多出的钢筋插筋锚固 $1.2l_{aE}$。

（3）上柱钢筋比下柱少时，下柱多出的钢筋在上层锚固 $1.2l_{aE}$。

（4）上柱钢筋直径比下柱直径大，根数不变，上柱钢筋接头下移。

10. 变截面柱钢筋翻样

当 $c/h_b \leqslant 1/6$ 时，柱纵筋斜通上层，与中间层柱算法相同；当 $c/h_b > 1/6$ 时柱纵筋弯折，本层锚固，上层插筋锚固。

本层纵筋弯折锚固钢筋算法：

（1）当采用绑扎搭接连接如下

变截面本层弯折锚钢筋长度 = 层高 $H - \max(H_n/6, H_c, 500) -$ 保护层厚度 + 弯折($c -$ 保护层厚度 $+ l_{aE}) - 2d$

（2）当采用焊接或机械连接时，如图 7-3-7 所示。

变截面本层弯折锚筋长度 = 层高 $H - \max(2H_n/6, 500, h_c) -$ 保护层厚度 + 弯折($c -$ 保护层厚度 $+ l_{aE}) - 2d$

箍筋数量同中间层。

上层纵筋插筋锚固钢筋算法：

（1）当采用绑扎搭接连接时：

上层纵筋短插筋长度 = $\max(H_n/6, 500, h_c) + 1.2l_{aE} + l_{lE}$

上层纵筋长插筋长度 = $\max(H_n/6, 500, h_c) + 1.2l_{aE} + 2.3l_{lE}$

（2）当采用焊接或机械连接时：

上层纵筋短插筋长度 = $\max(H_n/6, 500, h_c) + 1.2l_{aE}$

上层纵筋长插筋长度 = $\max(H_n/6, 500, h_c) + 1.2l_{aE} + \max(35d, 500)$

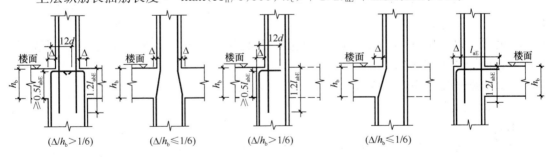

图 7-3-7　变截面柱钢筋

11. 框架中柱顶层钢筋翻样

见图 7-3-8。

（1）直锚长度小于 l_{aE}（l_a）

1）抗震情况

① 绑扎搭接

柱长筋长度 = 层高 $- \max(h_n/6, h_c, 500) -$ 保护层厚度 $-$ 梁箍筋直径 $-$（梁纵筋直径，梁双排纵筋直径 $+ 25$）+ 弯折 $12d - 2d$

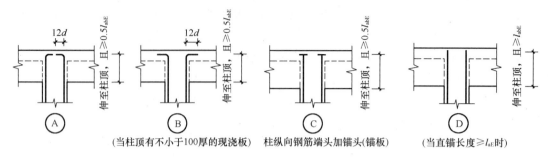

（当柱顶有不小于100厚的现浇板） 柱纵向钢筋端头加锚头（锚板） （当直锚长度≥l_{aE}时）

图 7-3-8 框架中柱顶层钢筋

柱短筋长度 $=$ 层高 $-\max(h_n/6,h_c,500)-1.3l_{lE}-$ 保护层厚度 $-$ 梁箍筋直径 $-$（梁纵筋直径,梁双排纵筋直径 $+25$）$+$ 弯折 $12d-2d$

② 焊接连接、机械连接

柱长筋长度 $=$ 层高 $-\max(h_n/6,h_c,500)-$ 保护层厚度 $-$ 梁箍筋直径 $-$（梁纵筋直径,梁双排纵筋直径 $+25$）$+$ 弯折 $12d-2d$

柱短筋长度 $=$ 层高 $-\max(h_n/6,h_c,500)-\max(35d,500)-$ 保护层厚度 $-$ 梁箍筋直径 $-$（梁纵筋直径,梁双排纵筋直径 $+25$）$+$ 弯折 $12d-2d$

2）非抗震情况

① 绑扎搭接

柱长筋长度 $=$ 层高 $-$ 保护层厚度 $-$ 梁箍筋直径 $-$（梁纵筋直径,梁双排纵筋直径 $+25$）$+$ 弯折 $12d-2d$

柱短筋长度 $=$ 层高 $-1.3l_{lE}-$ 保护层厚度 $-$ 梁箍筋直径 $-$（梁纵筋直径,梁双排纵筋直径 $+25$）$+$ 弯折 $12d-2d$

② 焊接连接、机械连接

柱长筋长度 $=$ 层高 $-$ 保护层厚度 $-$ 梁箍筋直径 $-$（梁纵筋直径,梁双排纵筋直径 $+25$）$+$ 弯折 $12d-2d$

柱短筋长度 $=$ 层高 $-1.3l_{lE}-$ 保护层厚度 $-$ 梁箍筋直径 $-$（梁纵筋直径,梁双排纵筋直径 $+25$）$+$ 弯折 $12d-2d$

（2）直锚长度不小于 $l_{aE}(l_a)$

1）抗震情况

绑扎搭接

柱长筋长度 $=$ 层高 $-$ 梁高 $-\max(h_n/6,h_c,500)+l_{aE}$

柱短筋长度 $=$ 层高 $-$ 梁高 $-\max(h_n/6,h_c,500)-1.3l_{lE}+l_{aE}$

焊接连接

$$柱长筋长度 = 层高 - 梁高 - \max(h_n/6,h_c,500)+l_{aE}$$

$$柱短筋长度 = 层高 - 梁高 - \max(h_n/6,h_c,500)-\max(35d,500)+l_{aE}$$

2）非抗震情况

绑扎搭接

$$柱长筋长度 = 层高 - 梁高 + l_a$$

$$柱短筋长度 = 层高 - 梁高 - 1.3l_{lE}+l_a$$

焊接连接

$$柱长筋长度＝层高－梁高－500＋l_a$$
$$柱短筋长度 = 层高 － 梁高 － 500 － \max(35d，500)＋l_a$$

12. 顶层边角柱纵筋翻样

顶层柱又区分为边柱、角柱和中柱，在顶层锚固长度有区别，其中边柱、角柱共分A，B，C，D，E五个不同节点（图7-3-9）。

（1）A节点：柱筋作为梁上部筋使用，当柱外侧钢筋不小于梁上部钢筋时，可以弯入梁内作为梁上部纵向钢筋。

外侧纵筋长度＝顶层层高－顶层非连接区－保护层厚度－梁箍筋直径＋弯入梁内的长度$－2d$

内侧纵筋长度＝顶层层高－顶层非连接区－保护层厚度－梁箍筋直径$＋12d－2d$

当梁高－保护层厚度大于等于l_{aE}时，可不弯折$12d$。

（2）B节点：从梁底算起$1.5l_{abE}$超过柱内侧边缘。

外侧钢筋长度＝顶层层高－顶层非连接区－梁高－保护层厚度－梁箍筋直径－（梁纵筋直径，梁双排纵筋直径＋25）$＋1.5l_{abE}－2d$。当配筋率＞1.2％时，钢筋分两批截断，长的部分多加$20d$

内侧纵筋长度＝顶层层高厚度－顶层非连接区－保护层厚度－梁箍筋直径－（梁纵筋直径，梁双排纵筋直径＋25）－保护层厚度$＋12d－2d$

当梁高－保护层厚度$≥l_{aE}$时，可不弯折$12d$

（3）C节点：从梁底算起$1.5l_{abE}$未超过柱内侧边缘。

外侧钢筋长度＝顶层层高－顶层非连接区－梁高－保护层厚度－梁箍筋直径－（梁纵筋直径，梁双排纵筋直径＋25）$＋\max(1.5l_{abE}，梁高－保护层厚度＋15d)－2d$

当配筋率＞1.2％时，钢筋分两批截断，长的部分多加$20d$

内侧纵筋长度＝顶层层高－顶层非连接区－保护层厚度－梁箍筋直径－（梁纵筋直径，梁双排纵筋直径＋25）$＋12d－2d$

当梁高－保护层厚度$≥l_{aE}$时，可不弯折$12d$

（4）D节点：柱顶第一层伸至柱内边向下弯折$8d$，第二层钢筋伸至柱内边，内侧钢筋同中柱。

外侧纵筋长度＝顶层层高－顶层非连接区－保护层厚度－梁箍筋直径－（梁纵筋直径，梁双排纵筋直径＋25）＋柱宽－保护层厚度×2－柱箍筋直径×2－柱纵筋直径×2$＋8d－4d$

内侧纵筋长度＝顶层层高－顶层非连接区－保护层厚度－梁箍筋直径－（梁纵筋直径，梁双排纵筋直径＋25）$＋12d－2d$

当梁高－保护层厚度$≥l_{aE}$时，可不弯折$12d$

（5）E节点：梁、柱纵向钢筋搭接头沿节点外侧直线布置。

柱外侧纵筋长＝顶层层高－保护层厚度－顶层非连接区

梁上部纵筋锚入柱内$1.7l_{ab}$，顶部当配筋率＞1.2％时，再加$20d$

内侧纵筋长度＝顶层层高－顶层非连接区－保护层厚度－梁箍筋直径－（梁纵筋直径，梁双排纵筋直径＋25）$＋12d－2d$

当梁高－保护层厚度$≥l_{aE}$时，可不弯折$12d$。

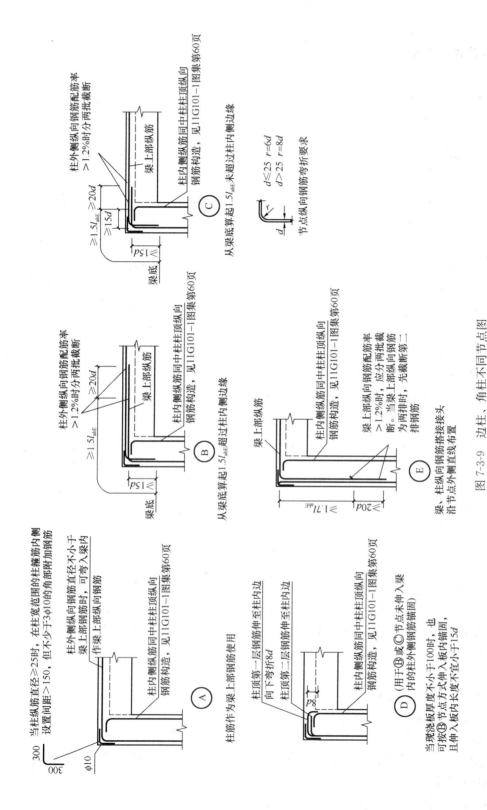

图 7-3-9　边柱、角柱不同节点图

注：1. 节点Ⓐ、Ⓑ、Ⓒ、Ⓓ应配合使用，节点Ⓓ不应单独使用（仅用于未伸入梁内的柱外侧纵向钢筋锚固），伸入梁内的柱外侧纵向纵筋不宜少于柱外侧全部纵筋面积的65%。可选择Ⓑ+Ⓓ或Ⓒ+Ⓓ或Ⓐ+Ⓑ+Ⓓ或Ⓐ+Ⓒ+Ⓓ的做法。

2. 节点Ⓔ用于梁、柱纵向钢筋接头沿节点柱顶外侧直线布置的情况，可与节点Ⓐ组合使用。

112

13. 顶层柱箍筋翻样

上部加密区根数 $= [\max(1/6h_n, 500, h_c) + 梁高] /$ 加密间距 $+ 1$

下部加密区根数 $= \max(1/6h_n, h_c, 500) /$ 加密间距 $+ 1$

非加密区根数 $= ($层高 $-$ 上部加密区长度 $-$ 下部加密区长度$) /$ 非加密区间距 $- 1$

当采用绑扎搭接时，搭接区需要加密。

14. 框架柱箍筋长度翻样

见图 7-3-10。

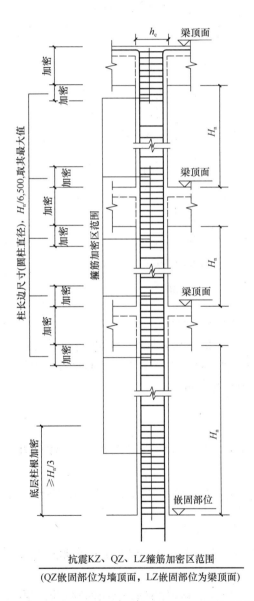

抗震KZ、QZ、LZ箍筋加密区范围

(QZ嵌固部位为墙顶面，LZ嵌固部位为梁顶面)

箍筋加密区范围

图 7-3-10 抗震框架柱箍筋布置

框架柱箍筋一般分为两大类：非复合箍筋，复合箍筋。常见的是矩形复合箍筋的复合方式：

（1）采用大箍套小箍的形式，柱内复合箍筋可全部采用拉筋。

（2）在同一组内复合箍筋各肢位置不能满足对称性要求时，沿柱竖向相邻两组箍筋应交错放置。

（3）矩形箍筋复合方式同样适用于芯柱。

箍筋长度＝周长－8×保护层厚度＋15d

15. 抗震柱箍筋加密范围

按照 11G101-1 图集构造，柱箍筋加密范围为：柱根（嵌固部位）$H_n/3$、柱框架节点范围内、节点上下 $\max(H_n/6, h_c, 500)$、绑扎搭接范围 $1.3l_{lE}$。其余为非加密范围。

在图集 11G101-1 P58 新增了地下一层抗震柱 KZ 增加钢筋在嵌固部位的构造。适用于地下一层比上层多出的钢筋（图 7-3-11）。

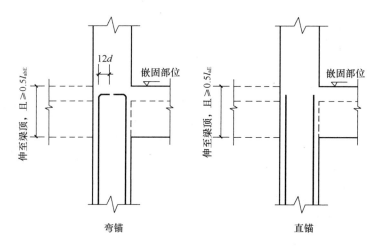

图 7-3-11　地下一层多出钢筋在嵌固部位锚固

此节点为本次图集修编新增构造做法，主要是为了加强嵌固部位。当伸至柱顶且 $h_b \geqslant l_{aE}$ 时，则将柱纵筋伸至柱顶截断，直锚；当伸至柱顶，且 $h_b \geqslant 0.5l_{aE}$ 时，则将柱纵筋伸至柱顶弯折 12d 即可，弯锚。强调柱纵筋一定要伸至柱顶高度。

顶层纵筋计算：

1）角柱纵筋长度

外侧钢筋长度 ＝ 顶层层高－$\max\{$本层楼层净高 $H_n/6, 500,$柱截面长边尺寸（圆柱直径）$\}$－梁高＋$1.5l_{abE}$－保护层厚度

内侧纵筋长度 ＝ 顶层层高－$\max\{$本层楼层净高 $H_n/6, 500,$柱截面长边尺寸（圆柱直径）$\}$－梁高＋锚固－保护层厚度

其中锚固长度取值为：

当柱纵筋伸入梁内的直段长＜l_{aE} 时，则使用弯锚形式：柱纵筋伸至柱顶后弯折 12d，锚固长度＝梁高－保护层厚度＋12d

当柱纵筋伸入梁内的直段长≥l_{aE} 时，则使用直锚形式：柱纵筋伸至柱顶后截断，锚固长度＝梁高－保护层厚度

以常见的 B 节点为例：

当框架柱为矩形截面时，外侧钢筋根数为：3 根角筋，b 边钢筋总数的 $1/2$，h 边钢筋

总数的 1/2，内侧钢筋根数为：1 根角筋，b 边钢筋总数的 1/2，h 边钢筋总数的 1/2。

2）边柱纵筋长度

边柱内侧角筋长度的翻样同中柱。

边柱外侧角筋长度＝层高－本层的露出长度－保护层厚度＋节点设置中的柱外侧纵筋顶层弯折。

节点设置中的柱外侧纵筋顶层弯折 ＝ $\max[1.5l_{abE}-(节点高-保护层厚度),15\times d]$

边柱内侧钢筋长度与中柱相同。

3）中柱纵筋长度

中柱纵筋长度 ＝ 顶层层高－$\max\{$本层楼层净高 $H_n/6,500,$柱截面长边尺寸（圆柱直径）$\}$－梁高 ＋ 锚固

其中锚固长度取值为：

当柱纵筋伸入梁内的直段长＜l_{aE}时，则使用弯锚形式：柱纵筋伸至柱顶后弯折 $12d$，锚固长度＝梁高－保护层厚度＋$12d$；

当柱纵筋伸入梁内的直段长≥l_{aE}时，则使用直锚形式：柱纵筋伸至柱顶后截断，锚固长度＝梁高－保护层厚度

当柱纵筋直径≥25 时，在柱宽范围的柱箍筋内侧设置＞但不少于 3A10 的角部附加钢筋。

16. 地下室柱

对于地下室柱来说，地下室顶面为嵌固部位，因此地下室顶面以上的 $H_n/3$ 为加密范围，基础顶面不是嵌固部位，基础顶面以上 $\max(H_n/6,h_c,500)$ 为加密范围。其余同上面描述。

箍筋组合形式，常见的箍筋组合形式有：非复合箍筋和复合箍筋（图 7-3-12），箍筋和拉筋弯钢构造见图 7-3-13。

3×3 箍筋长度，箍筋长度＝$(B-2\times C+H-2\times C)\times2+15d$

3×3 箍筋长度，外箍筋长度＝$(B-2\times C+H-2\times C)\times2+15d$

4×3 箍筋长度，外箍筋长度＝$(B-2\times C+H-2\times b)\times2+15d$

内矩形箍长度＝$[(B-2\times C-2\times d-D)/3\times1+D+2d+(H-2\times C)]\times2+15d$

箍筋计算公式：

外箍长度＝$(B-2\times C+H-2\times C)\times2+15d$

内箍长度＝$[(B-2b-2d-D)/(J-1)\times(j-1)+D+2d]\times2+(H-2b)\times2+15d$

B、H 分别为柱截面宽度，J、j 分别为柱大箍和小箍中所含的受力筋根数，C 为保护层厚度，d 为箍筋直径，D 为受力箍直径。

17. 框支柱翻样

框支柱纵向钢筋宜采用机械连接接头（图 7-3-14）。

框支柱与上层剪力墙重合部分延伸至上层剪力墙楼板顶。其余纵筋在本层弯折锚固弯折长度自框支柱边缘算起，弯入框支梁或楼层板内不小于 l_{aE}。

框支柱本层截断长筋长度＝本层层高 $H_1-\max(h_n/6,h_c,500)+l_{aE}$

框支柱本层截断短筋长度＝本层层高 $H_1-\max(h_n/6,h_c,500)-35d+l_{aE}$

框支柱上层截断长筋长度＝上层层高 $H_2-\max(h_n/6,h_c,500)$

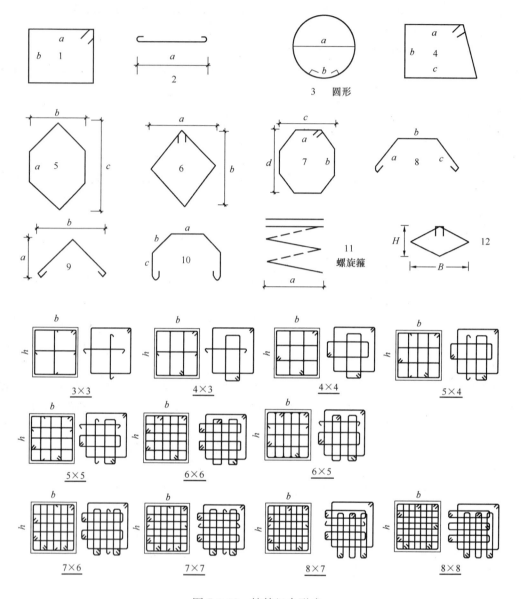

图 7-3-12　箍筋组合形式

框支柱上层截断短筋长度＝上层层高 H_2－$\max(h_n/6，h_c，500)$－$35d$

18. 柱纵筋变化的算法

柱纵筋变化有如下几种情况：

1）根数不变直径变小。

2）根数不变直径变大。

3）直径不变根数减少。

4）直径不变根数增加。

5）直径与根数均变化。

注意：防止根数变化造成箍筋与纵筋"拉空"和纵筋不能满足 50% 交错。

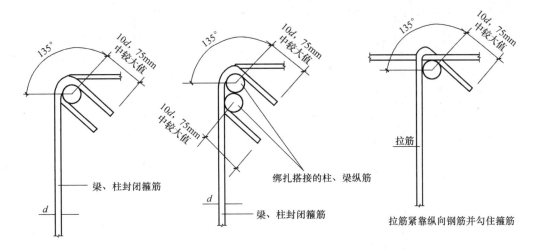

图 7-3-13 梁、柱、剪力墙箍筋和拉筋弯钩构造

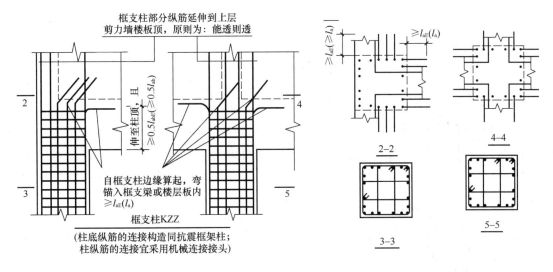

图 7-3-14 框支柱

（1）当上柱比下柱钢筋多（图 7-3-15）：

多出的钢筋需要插筋，其他钢筋同是中间层。

短插筋 $=\max(h_n/6, h_c, 500)+l_{lE}+1.2l_{aE}$

长插筋 $=\max(h_n/6, h_c, 500)+2.3l_{lE}+1.2l_{aE}$

（2）当下柱比上柱钢筋多

下柱多出的钢筋在上层锚固，其他钢筋同是中间层。

下柱长筋截断长度 $=$ 下层层高 $-\max(h_n/6, h_c, 500)-$ 梁高 $h+1.2l_{aE}$

下柱短筋截断长度 $=$ 下层层高 $-\max(h_n/6, h_c, 500)-1.3l_{lE}-$ 梁高 $h+1.2l_{aE}$

（3）上柱直径比下柱大（图 7-3-16）

当上柱直径比下柱大时，将下柱的连接位置从下柱的下端上移至下柱的上端，将上柱的连接位置从上柱的下端下移至下柱的上端，直径比下柱大的柱纵筋将与下面二层及上面一层及本层相关联，必须从其下面的第二层开始按特殊算法进行翻样。

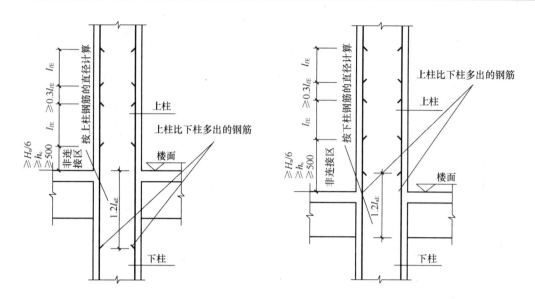

图 7-3-15　上柱比下柱钢筋多

1）当采用绑扎搭接时

下层柱纵筋长度＝下柱第一层层高 H_1－$\max(h_{n1}/6,\ h_c,\ 500)$＋下柱第二层层高 H_2－梁高 h－$\max(h_{n2}/6,\ h_c,\ 500)$－$1.3l_{lE}$

上柱纵筋插筋长度 2＝$2.3l_{lE}$＋$\max(h_{n2}/6,\ h_c,\ 500)$＋$\max(h_{n3}/6,\ h_c,\ 500)$＋$l_{lE}$

上柱纵筋也可直通本层，上柱在本层没有接头，施工时可能有难度，但能节约钢筋。算法如下：

上层柱纵筋长度 2＝l_{lE}＋$\max(h_{n4}/6,\ h_c,\ 500)$＋本层层高 H_3＋梁高 h_2＋$\max(h_{n2}/6,\ h_c,\ 500)$＋$2.3l_{lE}$

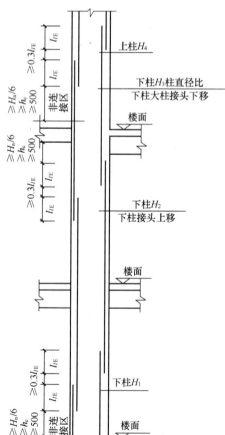

图 7-3-16　上柱直径比下柱大

2）当采用焊接或机械接头时

下层柱纵筋长度 1＝下柱第一层层高 H_1－$\max(h_{n1}/6,\ h_c,\ 500)$＋下柱第二层层高 H_2－梁高 h－$\max(h_{n2}/6,\ h_c,\ 500)$

上柱纵筋插筋长度 2＝$\max(h_{n2}/6,\ h_c,\ 500)$＋$\max(h_{n3}/6,\ h_c,\ 500)$＋$\max(35d,\ 500)$

上柱纵筋也可直通本层，上柱在本层没有接头，施工时可能有难度，但能节约钢筋。算法如下：

上层柱纵筋长度 2＝$\max(h_{n4}/6,\ h_c,\ 500)$＋$\max(35d,\ 500)$＋本层层高 H_3＋梁高 h＋$\max(h_{n2}/6,\ h_c,\ 500)$

其他柱纵筋按中间层。

有一种简化的算法就是仍然按中间柱标准算法，但在施工时上柱下移一层连接，质量有保证，只是钢筋有点浪费，这是钢筋翻样走捷径或者说是偷懒的做法，不提倡，但工期紧的情况下也可应急变通处理。

暗（端）柱钢筋计算总结：

（1）纵筋

1）基础层，需要输入插筋（格式同墙竖向钢筋）。

2）中间层＝层高＋伸入上层的长度。

3）顶层＝净高＋锚固。

4）如果是端柱，顶层锚固要区分边、中、角柱，要区分外侧钢筋和内侧钢筋。因为端柱可以看作是框架柱，所以其锚固也同框架柱相同。

（2）箍筋：自由组合。

第四节　柱钢筋翻样实例

某办公大楼柱钢筋翻样

见图 7-4-1 和表 7-4-1。

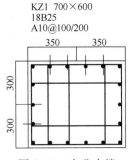

KZ1 700×600
18B25
A10@100/200

图 7-4-1　办公大楼
KZ1-0.7～10.75
柱平法施工图

层号	结构层标高（m）	层高（m）	梁高（mm）
	10.15 顶标高		600
3	7.15	3.6	600
2	3.55	3.6	600
1	−0.7	4.25	
基础层	−1.5	0.8	

各结构层高表　　　表 7-4-1

条件：二级抗震；混凝土强调等级 C30；钢筋基本锚固长度 $l_{abE}=33d$。

钢筋锚固长度：

$l_a = \zeta_a l_{ab}$；

$l_{aE} = \zeta_{aE} l_a$；

$\zeta_{aE} l_a$ 当一、二级抗震要求时取 1.15。

$l_{aE}=33d$。

受力筋为 HRB335 级钢筋，直径 25mm。

钢筋连接采用电渣压力焊焊接。

（1）计算基础插筋（本工程无地下室）（一）

基础短插筋长度＝露出长度＋h(基础厚度)−C(基础保护层)＋弯折＋搭接长度（如采用焊接，搭接长度为 0）−筏板双向钢筋直径（假如直径为 0）

基础长插筋长度＝基础短插筋长度＋35d

弯折长度应根据 h 与 $l_{aE}(l_a)$ 大小比较。

若插筋保护层厚度＞5d 或≤5d 时；$h_j＞l_{aE}(l_a)$，则弯折＝max(6d，150)

若插筋保护层厚度＞5d 或≤5d 时；$h_j≤l_{aE}(l_a)$，则弯折＝15d

119

首先判断柱插筋弯折的长度

$l_{aE}=34d=34\times25=850$，竖直长度 $h_j=800$

$h_j=800\leqslant l_{aE}=850$

弯折 $=15d=15\times25=375$

基础短插筋长度 $=(4250-600)/3+(800-40)+15\times25$

$\qquad\qquad=1217+760+375$

$\qquad\qquad=2352mm$

基础插筋根数 $=18$ 根；柱根数 $=32$ 根

基础长插筋长度 $=2352+35\times25=3227mm$

（2）计算首层竖向钢筋（一）（按 50％接头错开）

短筋长度＝首层层高－首层净高 $H_n/3+\max\{$二层楼层净高 $H_n/6$，500，柱截面长边尺寸（圆柱直径）$\}$＋与二层纵筋搭接 l_{lE}（如采用焊接时，搭接长度 0）

短筋长度 $=(700+3550)-(700+3550-600)/3+\max[(7150-3550-600)/6$，500，

$\qquad 700]+0$

$\qquad\qquad=4250-1217+\max(500，500，700)$

$\qquad\qquad=2833+700=3733mm$

长筋长度 $=3733+35\times25=4608mm$

短筋 9 根，长筋 9 根

（3）基础及首层箍筋长度计算

外箍筋长度 $=(B-2\times$保护层厚度$+H-2\times$保护层厚度$)\times2+15d$

内横向箍筋长度 $=[(B-2b-2d-D)/(J-1)\times(j-1)+D+2d]\times2+(H-2b)\times2+15d$

内纵向矩形箍筋长度 $=[(H-2b-2d-D)/(J-1)\times(j-1)+D+2d]\times2+(B-2b)\times2+15d$

内纵向一字型箍筋长度 $=H-2\times$保护层厚度$+15d$

外箍筋长度 $=(B-2\times$保护层厚度$+H-2\times$保护层厚度$)+15d$

$\qquad\qquad=(700-2\times20+600-2\times20)\times2+15=2590mm$

内横向箍筋长度 $=[(B-2b-2d-D)/(J-1)\times(j-1)+D+2d]\times2+(H-2b)\times2$

$\qquad\qquad +15d$

$\qquad\qquad=((700-2\times20-2\times10-25)/(6-1)\times(3-1)+25+2\times10)\times2+$

$\qquad\qquad (600-2\times200)\times2+15\times10=1852mm$

内纵向矩形箍筋长度 $=[(H-2b-2d-D)/(J-1)\times(j-1)+D+2d]\times2+(B-2b)$

$\qquad\qquad\qquad \times2+15d$

$\qquad\qquad=[(600-2\times20-2\times10-25)/4\times2+25+2\times10]\times2+(700-2$

$\qquad\qquad \times20)\times2=2075mm$

内纵向一字型箍筋长度 $=H-2\times$保护层$+15d$

$\qquad\qquad\qquad =700-2\times20+15\times10=810mm$

120

（4）基础层箍筋根数的计算

基础层箍筋根数：通常为间距≤500且不少于两道水平分布筋与拉筋（非复合箍）

竖直长度＝800－40＝760；760/500＝1.52，2根

基础层箍筋根数＝2根

基础层大箍筋根数＝2根

（5）首层箍筋根数的计算（－0.7～3.55m）

公式：首层箍筋根数＝$(H_n/3)$/加密区间距（柱根部）（取整数）＋（搭接长度/加密区间距）（取整数）＋$[\max(H_n/6，500，h_c)$/加密区间距]（柱上部）（取整数）＋（节点高/加密区间距）（节点部位）（取整数）＋（柱高度－加密长）/非加密间距（非加密区）（取整数）

柱根部加密区箍筋根数＝$(H_n/3)$/加密区间距（取整数）

$$=(3550＋700－600)/3/100＝3650/3/100＝13 根$$

柱上部加密区箍筋根数＝$(\max(H_n/6，500，h_c)$/加密区间距）（取整数）

$$=\{\max[(3550＋700－600)/6，500，700]/加密区间距\}$$

$$=[\max(608，500，700)/100]＝C_{eil}(700/100)＝7 根$$

柱上部节点加密区箍筋根数＝（节点高/加密区间距）（取整数）

$$=(600/100)＝6 根$$

非加密区箍筋根数＝（柱高度－加密长）/非加密间距（取整数）

$$=[(3550＋700)－3650/3－700－600]200$$

$$=[(4250－1217－1300)/200]＝9 根$$

首层各种箍筋总根数＝13＋7＋6＋9＝35根

（7）计算二层纵向钢筋(3.55～7.15m)

公式：短筋长度＝二层层高－$\max\{$二层 $H_n/6$，500，柱截面长边尺寸（圆柱直径）$\}$＋$\max\{$三层楼层净高 $H_n/6$，500，柱截面长边尺寸（圆柱直径）$\}$＋与三层纵筋搭接 l_{lE}（如采用焊接时，搭接长度为0）（长筋和短筋长度一样）

短筋长度＝3600－$\max(3000/6，500，700)$＋$\max(3000/6，500，700)$＋0

$$=3600－\max(500，500，700)＋\max(500，500，700)＋0$$

$$=3600－700＋700＋0＝3600mm$$

长筋长度＝3600＋35×25＝4475mm

短筋长筋各6根。

（8）二层箍筋长度的计算(3.55～7.15m)

公式：同首层箍筋长度的计算。

外箍筋长度＝$(B－2×保护层厚度＋H－2×保护层厚度)×2＋15d$

内横向箍筋长度＝$[(B－2×保护层厚度－2d－D)/3×1＋d＋(H－2×保护层厚度)]×2＋15d$

内纵向矩形箍筋长度＝$[(B－2×保护层厚度－2d－D)/4×1＋d＋(H－2×保护层厚度)]×2＋15d$

内纵向一字型箍筋长度＝$H－2×保护层厚度＋15d$

外箍筋长度＝2590mm；

内横向箍筋长度＝1852mm；

内纵向矩形箍筋长度＝2075mm；

内纵向一字型箍筋长度＝810mm。

（9）二层箍筋根数计算（3.55～7.15m）

公式：二层箍筋根数＝max(H_n/6，500，h_c)/加密区间距(柱根部)(取整数)＋(搭接长度/加密间)(搭接区)(取整数)＋max(H_n/6，500，h_c)/加密区间距(柱上部)(取整数)＋(节点高/加密区间距)(节点)(取整数)＋(柱高度－加密区长)/非加密间距(加密区)(取整数)－1

二层柱根部加密区箍筋根数＝max[(H_n/6，500，h_c)/加密区间距](取整数)

＝max[(7150－3350－300)/6，500，700)/100]＝7 根

二层柱上部加密区箍筋根数＝max[(H_n/6，500，h_c)/加密区间距](取整数)

＝max{[(7150－3550－300)/6，500，700]/加密区间距}

＝max[(658，500，700)/加密区间距]

＝max(700/100)＝7 根

柱上部节点加密区箍筋根数＝节点高/加密区间距(取整数)

＝600/100＝6 根

非加密区箍筋根数＝(柱高度－加密长)/非加密间距(取整数)

＝[(7150－3550)－700－700－300]/200

＝1900/200＝10 根

箍筋总根数＝7＋7＋6＋10－1＝29 根

（10）计算顶层纵向钢筋（7.15～10.75m）

柱顶层纵向钢筋分边柱、角柱、中柱。钢筋计算的方法不一样

中柱钢筋的翻样：

短中柱短纵筋长度＝顶层层高－max[本层楼层净高 H_n/6，500，柱截面长边尺寸(圆柱直径)]－梁高＋锚固

长中柱长纵筋长度＝中柱长纵筋长度－35d

其中锚固长度取值为：

当梁高－保护层大于 l_{abE} 时，则使用直锚形式。锚固长度＝max(梁高－保护层厚度，0.5l_{abE})。

当梁高－保护层小于 l_{abE} 时，则使用弯锚形式。锚固长度＝max(梁高－保护层厚度，0.5l_{abE})＋12d。

判断是否满足直锚：

当二级抗震要求，混凝土强度等级为 C30 时

梁高－保护层厚度＝600－20＝580≤l_{abE}＝34d＝34×25＝850，需弯锚。

锚固长度＝max(梁高－保护层厚度，0.5l_{abE})＋12d

＝max(600－20，0.5×850)＋12×25

＝max(580，425)＋12×25

＝880mm

中柱长纵筋长度＝顶层层高－max[本层楼层净高 H_n/6，500，柱截面长边尺寸(圆柱直径)]－梁高＋锚固

中柱短纵筋长度＝中柱长纵筋长度－35d

中柱长纵筋长度＝3600－max[（3600－600)/6，500，700]－600＋880

　　　　　　　＝3600－700－600＋880

　　　　　　　＝3180mm

中柱短纵筋长度＝3180－35×25＝2305mm

角柱钢筋的翻样：

$$
角柱钢筋划分
\begin{cases}
角钢
\begin{cases}
外侧角筋 \\
内侧角筋
\end{cases} \\
外侧钢筋 \\
内侧钢筋
\end{cases}
$$

外侧角筋与内侧角筋见图7-4-2。

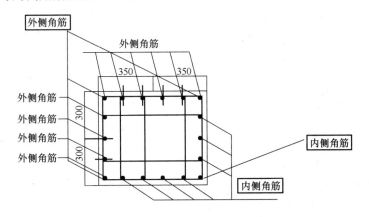

图 7-4-2　外侧角筋与内侧角筋

这里按长纵筋长度计算。

1）首先判断外侧角筋从梁底算起 $1.5l_{abE}$ 是否超过柱内侧边缘。

超过时，即 $1.5l_{abE}$＞梁底至柱内侧边缘长度。65%的钢筋锚固长度等于 $1.5l_{abE}$。剩余35%的钢筋锚固长度＝梁高－保护层厚度＋柱宽－2×保护层厚度＋8d

不超过时，即 $1.5l_{abE}$＜梁底至柱内侧边缘长度。65%的钢筋锚固长度＝梁高－保护层厚度＋max[15d，$1.5l_{abE}$－（梁高－保护层厚度）]

剩余35%的钢筋锚固长度＝梁高－保护层厚度＋柱宽－2×保护层厚度＋8d

2）判断外侧钢筋从梁底算起 $1.5l_{abE}$ 是否超过柱内侧边缘。

超过时，即 $1.5l_{abE}$＞梁底至柱内侧边缘长度。65%的钢筋锚固长度等于 $1.5l_{abE}$。剩余35%的钢筋锚固长度＝梁高－保护层厚度＋柱宽－2×保护层厚度＋8d

首先判断外侧角筋从梁底算起 $1.5l_{abE}$ 是否超过柱内侧边缘

当混凝土强度为 C30 时，HRB335 级钢筋，一、二级抗震要求时，$l_{abE}＝33d＝33×25$＝825，$1.5l_{abE}＝1.5×825＝1238$

梁底至柱内侧边缘长度＝梁高－保护层厚度＋柱宽－保护层厚度＝600－20＋700－20＝1620

或梁底至柱内侧边缘长度＝梁高－保护层厚度＋柱宽－保护层厚度＝600－20＋600－20＝1520

$1.5l_{abE}＝1.5×825＝1238$＜梁底至柱内侧边缘长度＝1620 或 1520

$1.5l_{abE}$＜梁底至柱内侧边缘长度时

65％的外侧角筋钢筋锚固长度＝梁高－保护层厚度＋$\max[15d，1.5l_{abE}$－（梁高－保护层厚度）]

角柱外侧角筋＝顶层层高－$\max[$本层楼层净高 $H_n/6$，500，柱截面长边尺寸（圆柱直径）]－梁高＋锚固

角柱外侧角筋长度 1＝3600－$\max$(500，500，700)－600＋600－20＋$\max[15×25，$1.5×33×25－（600－20）]

角柱外侧角筋长度 1＝3538mm

角筋 1＝3×0.65＝2 根

剩余35％的外侧角筋钢筋锚固长度＝梁高－保护层＋柱宽－2 倍保护层厚度＋8d

角柱外侧角筋长度 2＝顶层层高－$\max[$本层楼层净高 $H_n/6$，500，柱截面长边尺寸（圆柱直径）]－梁高＋锚固

角柱外侧角筋长度 2＝3600－$\max$(500，500，700)－600＋600－20＋600－2×20＋8×25

角柱外侧角筋长度＝3640mm

角筋 2＝3×0.35＝1 根

内侧角筋长度＝顶层层高－$\max[$本层楼层净高 $H_n/6$，500，柱截面长边尺寸（圆柱直径）]－梁高＋梁高－保护层厚度＋12d

内侧角筋长度＝3600－$\max$(500，500，700)－600＋600－20＋12×25

＝3600－700－20＋12×25

＝3180mm

角筋 3＝1 根

角柱 B 边外侧钢筋＝顶层层高－$\max[$本层楼层净高 $H_n/6$，500，柱截面长边尺寸（圆柱直径）]－梁高＋锚固

当 $1.5l_{abE}$＞梁底至柱内侧边缘长度，65％的钢筋锚固长度等于 $1.5l_{abE}$。

角柱 B 边外侧钢筋 1＝顶层层高－$\max[$本层楼层净高 $H_n/6$，500，柱截面长边尺寸（圆柱直径）]－梁高＋锚固

＝3600－$\max$(500，500，700)－600＋1.5×33×25

＝3600－700－600＋1238

＝3538mm

角柱 B 边外侧钢筋根数 1＝4×0.65＝3 根

剩余35％的钢筋锚固长度＝梁高－保护层厚度＋柱宽－2 倍保护层厚度＋8d

角柱 B 边外侧钢筋 2＝顶层层高－$\max[$本层楼层净高 $H_n/6$，500，柱截面长边尺寸（圆柱直径）]－梁高＋锚固

＝3600－$\max$(500，500，700)－600＋600－20＋700－2×20＋8×25

＝3600－700－600＋600－20＋700－2×20＋8×25

＝3740mm

角柱 B 边外侧钢筋根数 2＝4－3＝1 根

计算内侧钢筋长度，计算方法同中柱。

中柱纵筋长度＝顶层层高－max[本层楼层净高 $H_n/6$，500，柱截面长边尺寸（圆柱直径）]－梁高＋锚固

其中锚固长度取值为：

当梁高－保护层小于 l_{abE} 时，则使用弯锚形式。锚固长度＝max（梁高－保护层厚度，$0.5l_{abE}$）－12d。

当梁高－保护层大于 l_{abE} 时，则使用直锚形式。锚固长度＝max（梁高－保护层厚度，$0.5l_{abE}$）。

由于当梁高－保护层小于 l_{abE} 时，则使用弯锚形式。

中柱纵筋长度＝顶层层高－max{本层楼层净高 $H_n/6$，500，柱截面长边尺寸（圆柱直径）}－梁高＋max（梁高－保护层厚度，$0.5l_{abE}$）＋12d

$$=3600-\max(500，500，700)-600+\max(600-20，0.5\times33\times25)+12\times25$$

$$=3600-700-600+\max(580，413)+300$$

$$=2300+580+300$$

$$=3180mm$$

角柱内侧 B、H 边钢筋根数＝3＋4＝7 根

（11）顶层箍筋长度的计算（7.15～10.75m）

公式：

外箍筋长度 ＝（B－2×保护层厚度＋H－2×保护层厚度）×2＋15d

内横向箍筋长度 ＝（（B－2×保护层厚度－2d－D）/3×1＋D＋2d＋（H－2×保护层厚度））×2＋15d

内纵向矩形箍筋长度 ＝[（B－2）×保护层厚度－2d－D/4×1＋D＋2d＋（H－2×保护层）]×2＋15d

内纵向一字型箍筋长度 ＝ H－2×保护层厚度＋15d

外箍筋长度 ＝（700－2×20＋600－2×20）×2＋15d ＝ 2590mm

内横向箍筋长度 ＝[（700－2×20－2×10－25）/5×2＋25＋2×10＋（600－2×20）]×2＋15×10 ＝ 1852mm

内纵向矩形箍筋长度 ＝[（600－2×20－2×10－25）/4×2＋25＋2×10＋（700－2×20）]×2

内纵向一字型箍筋长度 ＝ 700－2×20＋15×10 ＝ 810mm

（12）顶层箍筋根数计算（7.15～10.75m）

公式：顶层箍筋根数＝max（$H_n/6$，500，h_c）/加密区间距（柱根部）（取整数）＋（搭接长度/加密间）（搭接区）（取整数）＋max（$H_n/6$，500，h_c）/加密区间距（柱上部）（取整数）＋节点高/加密区间距（节点）（取整数）＋（柱高度－加密长）/非加密间距（加密区）（取整数）＋1

顶层柱根部加密区箍筋根数＝max（$H_n/6$，500，hc）/加密区间距（取整数）
$$=\max[(7150-3350-300)/6，500，700]/100=7 根$$

顶层柱上部加密区箍筋根数＝max（$H_n/6$，500，h_c）/加密区间距（取整数）

$$=\max[(7150-3550-300)/6,500,700]/加密区间距$$

$$=\max[(658,500,700)/加密区间距]$$

$$=\max(700/100)=7\ 根$$

柱上部节点加密区箍筋根数＝节点高/加密区间距(取整数)

$$=300/1000=3\ 根$$

非加密区箍筋根数＝(柱高度－加密长)/非加密间距(取整数)

$$=[(7150-3550)-700-700-300]/200$$

$$=1900/200=10\ 根$$

箍筋总根数＝7＋7＋3＋10＝27 根

柱钢筋翻样总结

1. 在实际工程中,柱钢筋采用50％交错搭接施工便于钢筋下料。对整个施工进行优化配料。比如9m长钢筋,在柱纵筋中可分为3m、4m、4.5m、5m和6m。

2. 柱采用电渣压力焊时,可考虑柱钢筋损耗一个接头,损耗大约为1d。

3. 顶层柱顶有梁时保护层适当放大,扣减保护层不少于75mm。

4. 为了方便计算,钢筋弯曲调整值:

90°按2d计算,45°按0.5d计算。

根据构件所处位置,不同部位及钢筋直径不同再确定不同的钢筋调整值。

5. 框架柱梁节点内箍筋同柱加密区。

第八章 剪力墙钢筋平法识图与翻样

第一节 剪力墙列表标注

1. 概述

剪力墙是承受风荷载或地震作用所产生的水平荷载的墙体。剪力墙设计与框架柱及梁类构件设计有显著区别，柱、梁构件属于杆类构件，而剪力墙水平截面的长宽比相对于杆类构件的高宽比要大得多。墙分为剪力墙柱、剪力墙身和剪力墙梁三类构件。

2. 剪力墙标注

剪力墙平法标注分为列表标注方式和截面标注方式两种。列表标注方式指分别在剪力墙柱表、剪力墙身表、剪力墙梁表中，对应于剪力墙平面布置图上的编号，用绘制截面配筋图并标注几何尺寸与配筋具体数字的方式，来表达剪力墙平法施工图。11G101-1图集21页给出的剪力墙列表标注方式如图8-1-1所示。

（1）剪力墙列表标注方式有以下规定

1）编号规定

将剪力墙按剪力墙柱、剪力墙身、剪力墙梁三类构件分别编号。

2）墙柱编号

墙柱编号由墙柱类型代号和序号组成，规定见表8-1-1。

墙 柱 编 号　　　　　　　　　　　　　　表 8-1-1

墙柱类型	代　号	序　号	墙柱类型	代　号	序　号
约束边缘构件	YBZ	××	非边缘暗柱	AZ	××
构造边缘构件	GBZ	××	扶壁柱	FBZ	××

约束边缘构件包括约束边缘暗柱、约束边缘构件、约束边缘翼墙、约束边缘转角墙四种。构造边缘构件包括构造边缘暗柱、构造边缘构件、构造边缘翼墙、构造边缘转角墙四种。

3）墙身编号

墙身编号表达形式为Q××（×排），剪力墙身表由墙身代号、序号以及墙身所配置的水平与竖向分布钢筋的排数组成，其中排数标注在括号内，表达形式见表8-1-2。

墙 身 编 号　　　　　　　　　　　　　　表 8-1-2

编号	标高（m）	墙厚（mm）	水平分布筋	竖向分布筋	拉筋	备　注
Q1（两排）	−0.110～12.260	300	Φ 12@250	Φ 12@250	Φ 6@500	约束边缘构件范围
Q2（两排）	12.260～49.860	250	Φ 10@250	Φ 10@250	Φ 6@500	—

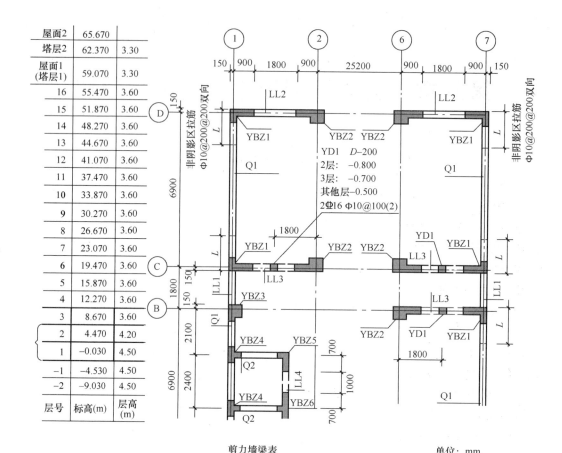

层号	标高(m)	层高(m)
屋面2	65.670	
塔层2	62.370	3.30
屋面1(塔层1)	59.070	3.30
16	55.470	3.60
15	51.870	3.60
14	48.270	3.60
13	44.670	3.60
12	41.070	3.60
11	37.470	3.60
10	33.870	3.60
9	30.270	3.60
8	26.670	3.60
7	23.070	3.60
6	19.470	3.60
5	15.870	3.60
4	12.270	3.60
3	8.670	3.60
2	4.470	4.20
1	−0.030	4.50
−1	−4.530	4.50
−2	−9.030	4.50

剪力墙梁表　　　　　　　　　　　　　单位：mm

编号	所在楼层号	梁顶相对标高高差	梁截面 $b \times h$	上部纵筋	下部纵筋	箍筋
LL1	2~9	0.800	300×2000	4Φ22	4Φ22	Φ10@100(2)
	10~16	0.800	250×2000	4Φ20	4Φ22	Φ10@100(2)
	屋面1		250×1200	4Φ20	4Φ22	Φ10@100(2)
LL2	3	−1.200	300×2520	4Φ22	4Φ22	Φ10@150(2)
	4	−0.900	300×2070	4Φ22	4Φ22	Φ10@150(2)
	5~9	−0.900	300×1770	4Φ22	4Φ22	Φ10@150(2)
	10-屋面1	−0.900	250×1770	3Φ22	3Φ22	Φ10@150(2)
LL3	2		300×2070	4Φ22	4Φ22	Φ10@100(2)
	3		300×1770	4Φ22	4Φ22	Φ10@100(2)
	4~9		300×1770	4Φ22	4Φ22	Φ10@100(2)
	10-屋面1		250×1770	3Φ22	3Φ20	Φ10@100(2)
LL4	2		250×2070	3Φ20	3Φ20	Φ10@120(2)
	3		250×1170	3Φ20	3Φ20	Φ10@120(2)
	4-屋面1		250×1170	3Φ20	3Φ20	Φ10@120(2)
AL1	2~9		300×600	3Φ20	3Φ20	Φ8@150(2)
	10~16		250×500	3Φ18	3Φ18	Φ8@150(2)
BKL1	屋面1		500×750	4Φ22	4Φ22	Φ10@150(2)

图 8-1-1　剪力墙列表标注

在平法图集中对墙身编号有以下规定：

①在编号中：如若干墙柱的截面尺寸与配筋均相同，仅截面与轴线的关系不同时，可将其编为同一墙柱号；如若干墙身的厚度尺寸与配筋均相同，仅墙厚与轴线的关系不同或墙身长度不同时，也可将其编为同一墙身号，但应在图中注明与轴线的几何关系。

②当墙身所设置的水平与竖向分布钢筋的排数为2时可不注。

③对于分布钢筋网的排数规定：

A. 非抗震：当剪力墙厚度大于160mm时，应配置双排；当其厚度不大于160mm时，宜配置双排；

B. 抗震：当剪力墙厚度不大于400mm时，应配置双排；当剪力墙厚度大于400mm时，但不大于700mm时，宜配置三排；当剪力墙厚度大于700mm时，宜配置四排。

各排水平分布钢筋和竖向分布钢筋的直径与间距宜保持一致

④当剪力墙配置的分布钢筋多于两排时，剪力墙拉筋两端应同时勾住外排水平纵筋和竖向纵筋，还应与剪力墙内排水平纵筋和竖向纵筋绑扎在一起。

剪力墙截面注写方式如图8-1-2所示。

如果图纸中没注明拉筋注写方式，就按 $4a4b$，$3a3b$ 去判断；如果是 $4a4b$ 且 a 不大于150，b 不大于150，就按梅花布置；如果是 $3a3b$，a 不大于200，b 不大于200 就按矩形布置。

4）墙梁编号

墙梁编号由墙梁类型代号和序号组成，表达形式规定见表8-1-3。

墙 梁 编 号　　　　　　　　　　　表 8-1-3

墙 梁 类 型	代 号	序 号
连梁	LL	××
连梁（对角暗撑配筋）	LL（JC）	××
连梁（交叉斜筋配筋）	LL（JX）	××
连梁（集中对角斜筋配筋）	LL（DX）	××
暗梁	AL	××
边框梁	BKL	××

注意在具体工程中，当某些墙身需设置暗梁或边框梁时，会在剪力墙平法施工图中绘制暗梁或边框梁的平面布置图并编号，以明确其具体位置。

（2）在剪力墙柱表中表达的内容，有以下规定：

1）标注墙柱编号，绘制该墙柱的截面配筋图，标注墙柱几何尺寸。

2）标注各段墙柱的起止标高，自墙柱根部往上以变截面位置或截面未变但配筋改变处为界分段标注。墙柱根部标高一般指基础顶面标高（部分框支剪力墙结构则为框支梁顶面标高）。

3）标注各段墙柱的纵向钢筋和箍筋，标注值应与表中绘制的截面配筋图对应一致。纵向钢筋注总配筋值；墙柱箍筋的标注方式与柱箍筋相同。约束边缘构件除标注阴影部位的箍筋外，还要在剪力墙平面布置图中标注非阴影区内布置的拉筋或箍筋。

图8-1-2为11G101-1图集第22页给出剪力墙柱列表注写示意图。

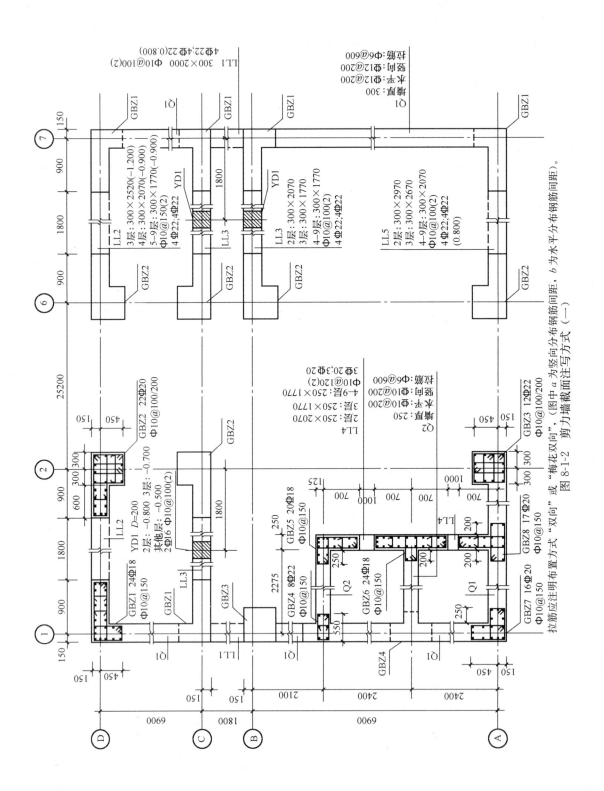

图8-1-2 剪力墙截面注写方式（一）

拉筋应注明布置方式"双向"或"梅花双向"，（图中 a 为竖向分布钢筋间距，b 为水平分布钢筋间距）。

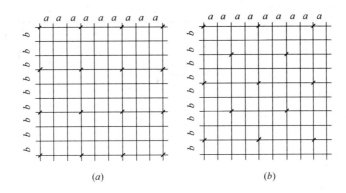

图 8-1-2　剪力墙截面注写方式（二）

（a）拉筋@3a3b 双向（a≤200、b≤200）；（b）拉筋@4a4b 梅花双向（a≤150、b≤150）

（3）在剪力墙身表中表达的内容（表 8-1-4），有以下规定：

剪 力 墙 身 表　　　　　　　　　　表 8-1-4

编号	标高（m）	墙厚（m）	水平分布筋	垂直分布筋	拉筋（双向）
Q1	−0.050～30.270	300	Φ 10@200	Φ 10@200	Φ 6@600@600
	30.270～59.070	250	Φ 10@200	Φ 10@200	Φ 6@600@600
Q2	−0.050～30.270	250	Φ 10@200	Φ 10@200	Φ 6@600@600
	30.270～59.070	200	Φ 10@200	Φ 10@200	Φ 6@600@600
Q3	−0.050～30.270	250	Φ 10@200	Φ 10@200	Φ 6@600@600
	30.270～59.070	200	Φ 10@200	Φ 10@200	Φ 6@600@600

1）标注墙身编号（含水平与竖向钢筋的排数）。

2）标注各段墙身起止标高，自墙身根部往上以变截面位置或截面未变但配筋改变处为界分段标注。墙身根部标高一般指基础顶面标高（部分框支剪力墙结构则为框支梁的顶面标高）。

3）标注水平分布钢筋、竖向分布钢筋和拉筋的具体数值。标注数值为一排水平分布钢筋和竖向分布钢筋的规格与间距，具体设置几排已经在墙身编号后面表达。

剪力墙柱

截面			
编号	YBZ1	YBZ2	YBZ3	YBZ4
标高	-0.030~12.270	-0.030~12.270	-0.030~12.270	-0.030~12.270
纵筋	24Φ20	22Φ20	18Φ22	20Φ20
箍筋	Φ10@100	Φ10@100	Φ10@100	Φ10@100

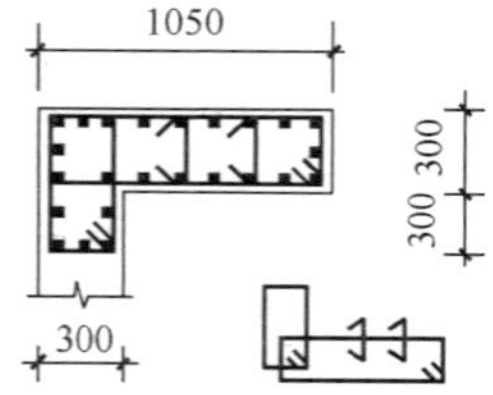

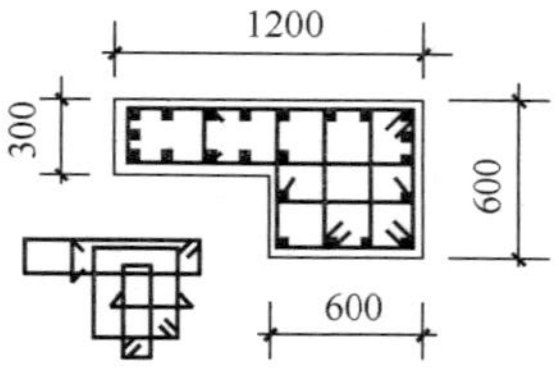

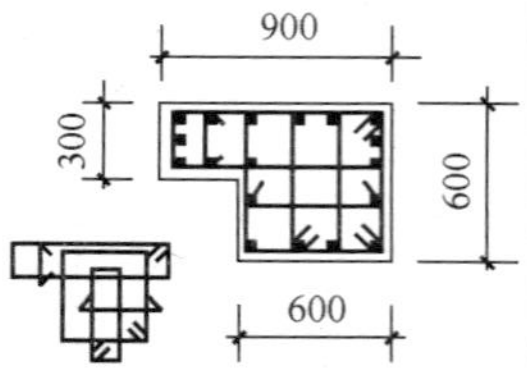

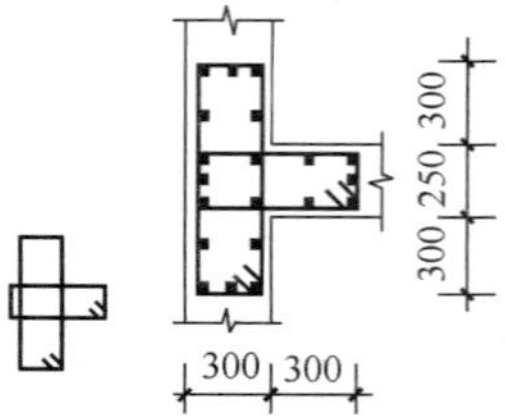

截面			
编号	YBZ5	YBZ6	YBZ7
标高	-0.030~12.270	-0.030~12.270	-0.030~12.270
纵筋	20Φ20	23Φ20	16Φ20
箍筋	Φ10@100	Φ10@100	Φ10@100

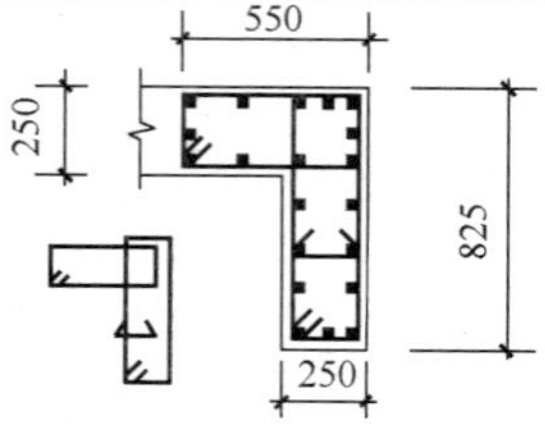

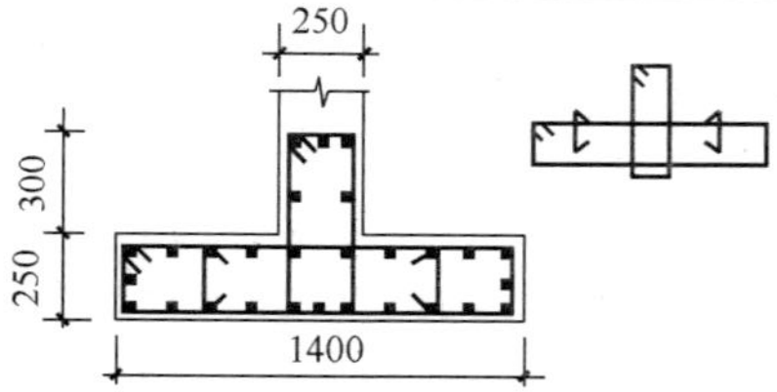

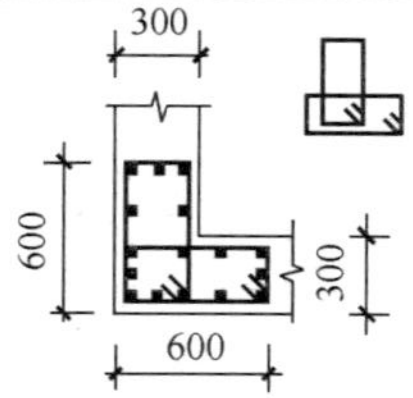

图 8-1-3 -0.030~12.270 剪力墙平法施工图（部分剪力墙柱表）

层号	标高(m)	层高(m)	
屋面2	65.670		
塔层2	62.370	3.30	3.30
屋面1（塔层1）	59.070	3.30	
16	55.470	3.60	
15	51.870	3.60	
14	48.270	3.60	
13	44.670	3.60	
12	41.070	3.60	
11	37.470	3.60	
10	33.870	3.60	
9	30.270	3.60	
8	26.670	3.60	
7	23.070	3.60	
6	19.470	3.60	
5	15.870	3.60	
4	12.270	3.60	
3	8.670	4.20	
2	4.470	4.50	
1	-0.030	4.50	
-1	-4.530	4.50	
-2	-9.030		
层号	标高(m)	层高(m)	

结构层楼面标高
结构层高
上部结构嵌固部位
-0.030

嵌固加强部位

（4）在剪力墙梁表中表达的内容（表 8-1-5），有以下规定：

剪 力 墙 梁 表　　　　　　　　　　　　　　　表 8-1-5

编号	所在楼层号	梁顶相对标高高差	梁截面 $b×h$	上部纵筋	下部纵筋	箍　筋
LL1	2～9	0.800	300×2000	4Φ22	4Φ22	Φ10@100（2）
	10～16	0.800	250×2000	4Φ20	4Φ20	Φ10@100（2）
	屋面1		250×1200	4Φ20	4Φ20	Φ10@100（2）
LL2	3	−1.200	300×2520	4Φ22	4Φ22	Φ10@150（2）
	4	−0.900	300×2070	4Φ22	4Φ22	Φ10@150（2）
	5～9	−0.900	300×1770	4Φ22	4Φ22	Φ10@150（2）
	10～屋面1	−0.900	250×1770	3Φ22	3Φ22	Φ10@150（2）
LL3	2		300×2070	4Φ22	4Φ22	Φ10@100（2）
	3		300×1770	4Φ22	4Φ22	Φ10@100（2）
	4～9		300×1170	4Φ22	4Φ22	Φ10@100（2）
	10～屋面1		250×1170	3Φ22	3Φ22	Φ10@100（2）
LL4	2		250×2070	3Φ20	3Φ20	Φ10@120（2）
	3		250×1770	3Φ20	3Φ20	Φ10@120（2）
	4～层面1		250×1170	3Φ20	3Φ20	Φ10@120（2）
AL1	2～9		300×600	3Φ20	3Φ20	Φ8@150（2）
	10～16		250×500	3Φ18	3Φ18	Φ8@150（2）
BKL1	屋面1		500×750	4Φ22	4Φ22	Φ10@150（2）

1）标注墙梁编号。

2）标注墙梁所在楼层号。

3）标注墙梁顶面标高高差，系指相对总计于墙梁所在结构层楼面标高的高差值。高于者为正值，低于者为负值，当无高差时不注。

4）标注墙梁截面尺寸 $b×h$，上部纵筋、下部纵筋和箍筋的具体数值。

第二节　剪力墙截面标注

1. 截面标注

截面标注方式是指在分标准层绘制的剪力墙平面布置图上（图 8-2-1），以直接在墙柱、墙梁、墙上标注截面尺寸和配筋具体数值的方式来表达剪力墙平法施工图。选用适当比例原位放大绘制剪力墙平面布置图，其中对墙柱绘制配筋截面图；对所有墙柱、墙身、墙梁分别进行编号，并在相同编号的墙柱、墙身、墙梁中选择一根墙柱、一道墙身、一根墙梁进行标注。

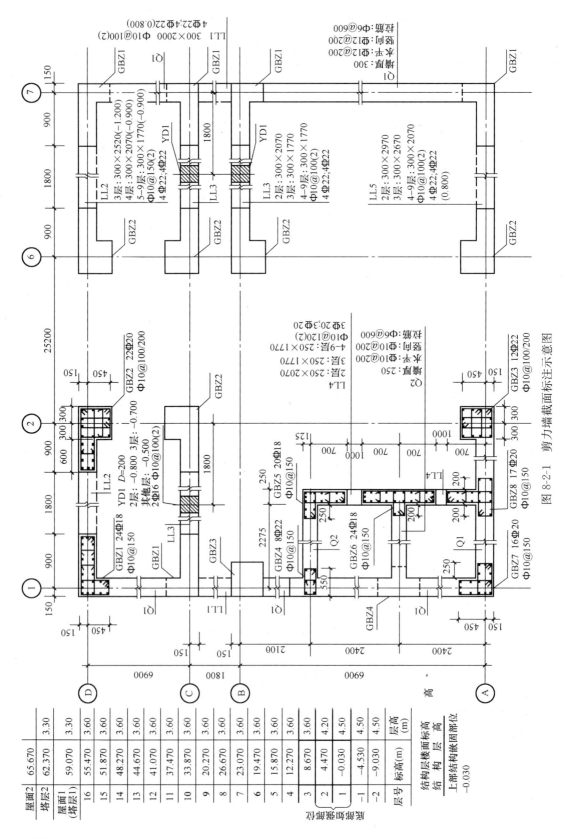

图 8-2-1 剪力墙截面标注示意图

134

在 11G101-1 图集中对截面标注方式有以下规定：

当连梁设有对角暗撑时，代号为 LL（JC）XX，标注暗撑的截面尺寸（箍筋外皮尺寸）；标注一根暗撑的全部纵筋，标注×2 表明有两根暗撑相互交叉。

当连梁设有交叉斜筋时，代号为 LL（JX）XX，标注连梁一侧对角斜筋的配筋值，标注×2 表明对称设置；标注对角斜筋在连梁端部设置的拉筋根数、规格及直径，标注×4 表示四个角都设置；标注连梁一侧折线筋配筋值，标注×2 表明对称设置。

当连梁设有集中对角斜筋时［代号 LL（DX）XX］，标注一条对角线上的对角斜筋，标注×2 表明对称设置。

当墙身水平分布钢筋不能满足连梁、暗梁及边框梁的两侧面纵向构造钢筋的要求时，应补充注明梁侧面纵筋的具体数值；标注时，以大写字母 N 打头，接续标注直径与间距，其在支座内的锚固要求同连梁中受力钢筋。

2. 剪力墙洞口的表示方法

（1）无论采用列表注写方式还是截面注写方式，剪力墙上的洞口均可在剪力墙平面布置图上原位表达。

（2）洞口的具体表示方法：

1）在剪力墙平面布置图上绘制洞口示意，并标注洞口中心的平面定位尺寸。

2）在洞口中心位置引注：洞口编号；洞口几何尺寸；洞口中心相对标高；洞口每边补强钢筋，共四项内容。具体规定如下：

①洞口编号：矩形洞口为 JD××（××为序号），圆形洞口为 YD××（××为序号）；

②洞口几何尺寸：矩形洞口为洞宽×洞高（$b \times h$），圆形洞口为洞口直径 D；

③洞口中心相对标高，系相对于结构层楼（地）面标高的洞口中心高度。当其高于结构层楼面时为正值，低于结构层楼面时为负值。

④洞口每边补强钢筋，分以下几种不同情况：

A. 当矩形洞口的洞宽、洞高均不大于 800 时，此项注写为洞口每边补强钢筋的具体数值（如果按标准构造详图设置补强钢筋时可不注）。当洞宽、洞高方向补强钢筋不一致时，分别注写洞宽方向、洞高方向补强钢筋，以"/"分隔。

【例】　JD 2 400×300＋3.100 3 Φ 14，表示 2 号矩形洞口，洞宽 400，洞高 300，洞口中心距本结构层楼面 3100，洞口每边补强铜筋为 3 Φ 4。

B. 当矩形或圆形洞口的洞宽或直径大于 800 时，在洞口的上、下需设置补强暗梁，此项注写为洞口上、下海边暗梁的纵筋与箍筋的具体数值（在标准构造详图中，补强暗梁梁高一律定为 400，施工时按标准构造详图取值，设计不注。当设计者采用与该构造详图不同的做法时，应另行注明），圆形洞口时尚需注明环向加强钢筋的具体数值；当洞口上、下边为剪力墙连梁时，此项免注；洞口竖向两侧设置边缘构件时，亦不在此项表达（当洞口两侧不设置边缘构件时，设计者应给出具体做法）。

【例】　JD 5 1800×2100＋1.800 6 Φ 20φ8@150，表示 5 号矩形洞口，洞宽 1800，洞高 2100，洞口中心距本结构层楼面 1800，洞口上下设补强暗梁，每边暗梁纵筋为 6 Φ 20，箍筋为Φ 8@150。

【例】　YD 5 1000＋1.000 6 Φ 20 Φ 8@150 2 Φ 16，表示 5 号圆形洞口，直径 1000，

洞口中心距本结构层楼面 1800，洞口上下设补强暗梁，等边暗梁纵筋为 6 Φ 20，箍筋为 Φ 8@150，环向加强钢筋 2 Φ 16。

C. 当圆形洞口设置在连梁中部 1/3 范围（且圆洞直径不应大于 1/3 梁高）时，需注写在圆洞上下水平设置的每边补强纵筋与箍筋。

D. 当圆形洞口设置在墙身或暗梁、边框梁位置，且洞口直径不大于 300 时，此项注写为洞口上下左右每边布置的补强纵筋的具体数值。

E. 当圆形洞口直径大于 300，但不大于 800 时，其加强钢筋在标准构造详图中系按照圆外切正六边形的边长方向布置（请参考对照本国集中相应的标准构造详图），设计仅需注写六边形中一边补强钢筋的具体数值。

3. 地下室外墙的表示方法

（1）注写地下室外墙编号，包括代号、序号，墙身长度（注为××～××轴）。

（2）注写地下室外墙厚度 b_1＝×××。

（3）注写地下室外墙的外侧、内侧贯通筋和拉筋。

1）以 OS 代表外墙外侧贯通筋。其中，外侧水平贯通筋以 H 打头注写，外侧竖向贯通筋以 V 打头注写。

2）以 IS 代表外墙内侧贯通筋。其中，内侧水平贯通筋以 H 打头注写，内侧竖向贯通筋以 V 打头注写。

3）以 tb 打头注写拉筋直径、强度等级及间距，并注明"双向"或"梅花双向"。

【例】　DWQ2（①～⑥），b_w＝300

OS：H Φ 18@200，V Φ 20@200

IS：H Φ 16@200，V Φ 18@200

tb：Φ 6@400@400 双向

表示 2 号外墙，长度范围为①～⑥之间，墙厚为 300；外侧水平贯通筋为 Φ 18@200，竖向贯通筋为 Φ 20@200；内侧水平贯通筋为 Φ 16@200，竖向贯通筋为 Φ 18@200；双向拉筋为 Φ 6，水平间距为 400，竖向间距为 400。

地下室外墙的原位标注，主要表示在外墙外侧配置的水平非贯通筋或竖向非贯通筋（图 8-2-2）。

当配置水平非贯通筋时，在地下室墙体平面图上原位标注。在地下室外墙外侧绘制粗实线段代表水平非贯通筋，在其上注写钢筋编号并以 H 打头注写钢筋强度等级、直径、分布间距，以及自支座中线向两边跨内的伸出长度值。当自支座中线向两侧对称伸出时，可仅在单侧标注跨内伸出长度，另一侧不注，此种情况下非贯通筋总长度为标注长度的 2 倍。边支座处非贯通钢筋的伸出长度值从支座外边缘算起。

地下室外墙外侧非贯通筋通常采用"隔一布一"方式与集中标注的贯通筋间隔布置，其标注间距应与贯通筋相同，两者组合后的实际分布间距为各自标注间距的 1/2。

当在地下室外墙外侧底部、顶部、中层楼板位置配置竖向非贯通筋时，应补充绘制地下室外墙竖向截面轮廓图并在其上原位标注。表示方法为在地下室外墙竖向截面轮廓图外侧绘制粗实线段代表竖向非贯通筋，在其上注写钢筋编号并以 V 打头注写钢筋强度等级、直径、分布间距，以及向上（下）层的伸出长度值，并在外墙竖向截面图名下注明分布范围（××～××轴）。

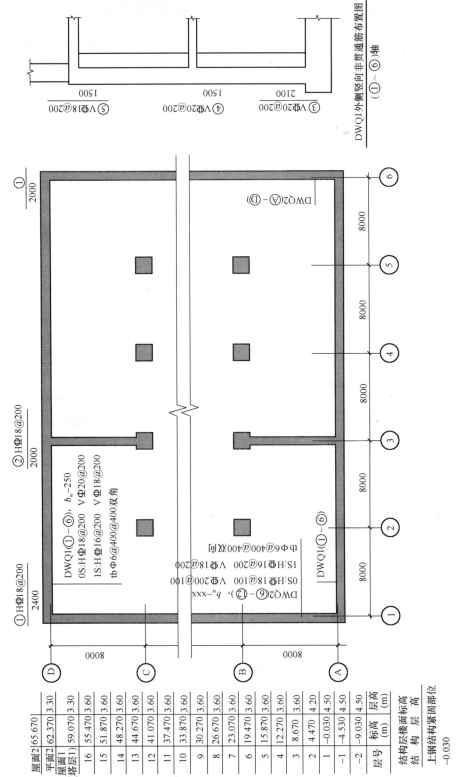

图 8-2-2　地下室外墙平法施工图

注：向层内的伸出长度值注写方式：

1. 地下室外墙底部非贯通钢筋向层内的伸出长度值从基础底板顶面算起。

2. 地下室外墙顶部非贯通钢筋向层内的伸出长度值从板底面算起。

3. 中层楼板处非贯通钢筋向层内的神出长度值从板中间算起，当上下两侧伸出长度值相同时可仅注写一侧。

地下室外墙外侧水平、竖向非贯通筋配置相同者，可仅选择一处注写，其他可仅注写编号。

当在地下室外墙顶部设置通长加强钢筋时应注明。

设计时应注意：

设计者应根据具体情况判定扶壁柱或内墙是否作为墙身水平方向的支座，以选择合理的配筋方式。

图集中提供了"顶板作为外墙的简支支承"、"顶板作为外墙的弹性嵌固支承"两种做法，设计者应指定选用何种做法。

第三节　剪力墙钢筋翻样

1. 剪力墙钢筋翻样流程图（图 8-3-1）

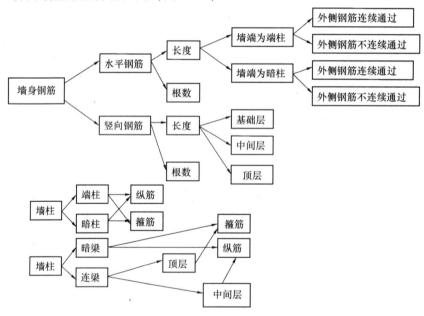

图 8-3-1　剪力墙钢筋翻样流程图

2. 墙身构造分类

分类见图 8-3-2、图 8-3-3。

剪力墙施工现场图见图 8-3-4。

剪力墙根据剪力墙身、剪力墙柱、剪力墙梁所在位置及功能不同，需要翻样的主要钢筋在框架结构的钢筋翻样中剪力墙是较难翻样的构件，翻样剪力墙钢筋时要注意以下几点：

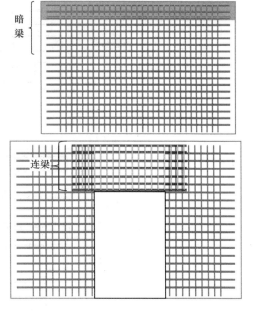

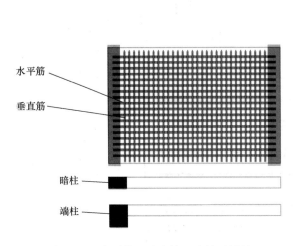

图 8-3-2　水平筋、垂直筋、暗柱及端柱

图 8-3-3　暗梁及连梁

图 8-3-4　剪力墙施工现场图

（1）剪力墙身、墙梁、墙柱及洞口之间的关系。

（2）剪力墙在平面上有直角、丁字角、十字角、斜交角等各种转角形式。

（3）剪力墙在立面上有各种洞口。

（4）墙身钢筋可能有单排、双排多排，且可能每排钢筋不同。

（5）墙柱有各种箍筋组合。

（6）连梁要区分顶层与中间层，依据洞口的位置不同计算方法也不同。

3. 剪力墙身钢筋的翻样

剪力墙身钢筋包括水平筋、竖向筋、拉筋和洞口加强筋。剪力墙身水平筋布置如图 8-3-5所示。

（1）墙身水平钢筋长度翻样（图 8-3-6）

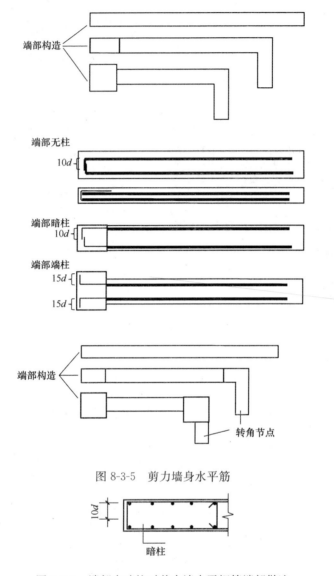

图 8-3-5　剪力墙身水平筋

图 8-3-6　端部有暗柱时剪力墙水平钢筋端部做法

墙水平筋长度＝墙长－2×保护层厚度＋2×10d

（2）墙端

1）墙端为暗柱，外侧钢筋连续通过时（图 8-3-7、图 8-3-8）

外侧钢筋＝墙长－2×保护层厚度（当不能满足通常要求时，须搭接 1.2l_{aE}）

内侧钢筋＝墙长－2×保护层厚度＋15d×2

2）墙端为暗柱，外侧钢筋不连续通过时（图 8-3-9）

外侧钢筋＝墙长－2×保护层厚度＋0.8l_{aE}（0.8l_a）×2

内侧钢筋＝墙长－2×保护层厚度＋15d×2

3）墙端为端柱时（图 8-3-10）

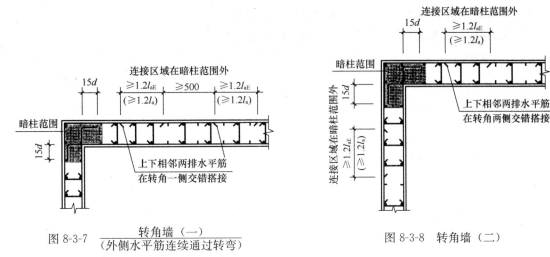

图 8-3-7   转角墙（一）
（外侧水平筋连续通过转弯）

图 8-3-8   转角墙（二）

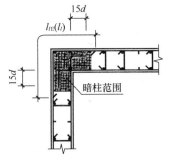

图 8-3-9   转角墙（三）
（外侧水平筋在转角处搭接）

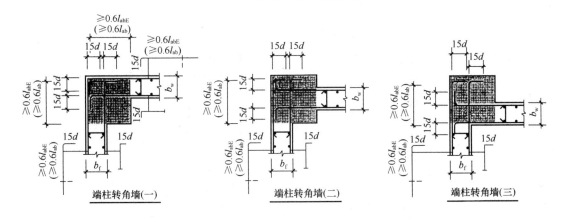

端柱转角墙（一）   端柱转角墙（二）   端柱转角墙（三）

图 8-3-10   端柱转角墙

外侧钢筋＝墙长－2×保护层厚度＋15d×2

内侧钢筋＝墙长－2×保护层厚度＋15d×2

4）当剪力墙端部既无暗柱也无端柱时（图 8-3-11）：

钢筋长度＝墙长－保护层厚度×2＋10d×2

（3）墙身水平筋根数计算

141

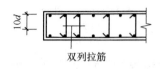

图 8-3-11 端部无暗柱时
剪力墙水平钢筋端部做法

1）基础层水平筋根数
2）插筋保护层厚度≤5d
3）构造筋直径：≥4D，（D 为插筋最大直径）
4）构造筋间距：Min（100，10d），（d 为插筋最小直径）
5）插筋保护层厚度＞5d，间距不小于 500，且不少于 2 道

$$根数 ＝（基础高度－基础保护层厚度－100）/（500；100）＋1$$

6）中间层及顶层水平筋根数

$$根数 ＝（层高－100）/ 间距＋1$$

（4）墙身竖向钢筋计算长度

基础层，需要增加插筋

中间层＝层高＋伸入上层的搭接

顶层＝净高＋锚固

根数＝墙净长－2×s/间距＋1(墙身竖向钢筋从暗柱、端柱边一个间距开始布置)

1）墙基础插筋长度计算（表 8-3-1）

基 础 插 筋 翻 样　　　　　　　　　　　　　表 8-3-1

条　件		插筋弯折长度	水　平
插筋保护层大于 5d	HJ＞l_{aE}	6d，100	两道
	HJ≤l_{aE}	15d	两道
插筋保护层≤15d	HJ＞l_{aE}	15d	加密
	HJ≤l_{aE}	15d	加密

插筋总根数＝[（剪力墙身净长－2×墙身竖向钢筋起步距离)/插筋间距＋1]×排数。

① 当 h_j（基础底面至基础顶面高度）＞l_{aE}（l_a）时，见图 8-3-12。

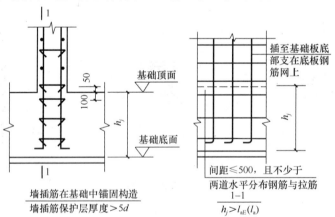

墙插筋在基础中锚固构造
墙插筋保护层厚度＞5d

插至基础板底
部支在底板钢
筋网上

间距≤500，且不少于
两道水平分布钢筋与拉筋
$$\frac{1-1}{h_j＞l_{aE}(l_a)}$$

图 8-3-12　基础底面至基础顶面高度＞l_{aE}（l_a）

A. 当墙筋采用绑扎连接接头时：

长插筋长度＝基础厚度 h－基础底保护层厚度 C＋弯折长度 a＋2.4l_{aE}＋500

短插筋长度＝基础厚度 h－基础底保护层厚度 C＋弯折长度 a＋1.2l_{aE}

B. 当墙竖向筋采用电渣压力焊或机械连接接头时：

长插筋长度＝基础厚度 h－基础底保护层厚度 C－（基础底部钢筋直径）＋弯折长度 a＋500＋35d

短插筋长度＝基础厚度 h－基础底保护层厚度 C－（基础底部钢筋直径）＋弯折长度 a＋500

基础插筋弯折长度＝6d

② 当 $h_j \leqslant l_{aE}$（l_a）时

A. 当墙筋采用绑扎连接接头时：

长插筋长度＝基础厚度 h－基础底保护层厚度 C＋弯折长度 a＋2.4l_{aE}＋500

短插筋长度＝基础厚度 h－基础底保护层厚度 C＋弯折长度 a＋1.2l_{aE}

B. 当墙竖向筋采用电渣压力焊或机械连接接头时：

长插筋长度＝基础厚度 h－基础底保护层厚度 C－基础底部钢筋直径＋弯折长度 a＋500＋35d

短插筋长度＝基础厚度 h－基础底保护层厚度 C－基础底部钢筋直径＋弯折长度 a＋500

基础插筋弯折长度＝15d

2）墙中间层竖向钢筋长度翻样

①当墙采用绑扎连接接头时

纵筋长度＝中间层层高 H＋1.2l_{aE}

②当墙采用电渣压力焊或机械连接接头时

纵筋长度＝中间层层高

3）墙顶层竖向钢筋长度计算（图 8-3-13）

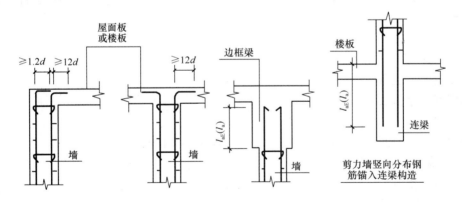

图 8-3-13　剪力墙竖向钢筋顶部构造

纵筋根数同中间层。

当墙体竖向钢筋采用绑扎连接接头时

长纵筋长度＝顶层层高－保护层厚度＋12d－（有板的时候扣除板纵筋直径）

短纵筋长度＝顶层层高－1.2l_{aE}－500－保护层厚度＋12d－（有板的时候扣除板纵筋直径）

4）墙体竖向钢筋根数翻样（图 8-3-14）

墙体竖向分布钢筋根数＝（墙身净长－2×竖向间距）/竖向布置间距＋1

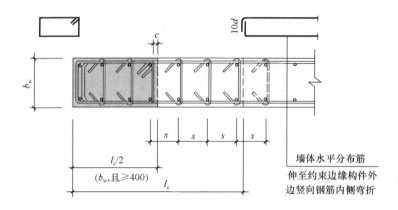

图 8-3-14　墙体竖向钢筋图示

墙体竖筋是从暗柱或端柱主筋边缘开始布置

（5）墙身变截面处竖向分布筋翻样（图 8-3-15）

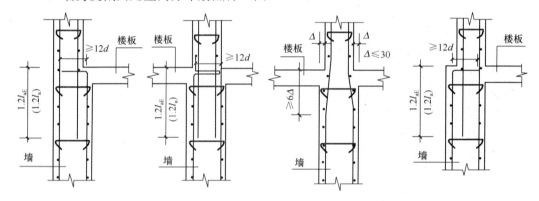

图 8-3-15　剪力墙变截面处竖向分布钢筋构造

当变截面差值 $\Delta \leqslant 30$ 时，竖向钢筋连续通过

当变截面差值 $\Delta > 30$ 时，下部钢筋伸至板顶向内弯折 $12d$，上部钢筋伸入下部墙内 $1.2l_{aE}$（l_a）

当剪力端为一面存在变截面差值时，另一面可连续通过

1）当墙竖向采用绑扎连接接头时

①一边截断

长纵筋长度＝层高 H－保护层厚度＋弯折（$12d$）

短纵筋长度＝层高 H－保护层厚度－$1.2l_{aE}$－500＋弯折（$12d$）

仅墙身的一侧插筋，数量为墙身的一半

长插筋长度＝$1.2l_{aE}$＋$2.4l_{aE}$＋500

短插筋长度＝$1.2l_{aE}$＋$1.2l_{aE}$

②两边截断

长纵筋长度＝层高 H－保护层厚度＋弯折（$12d$）

短纵筋长度＝层高 H－保护层厚度－$1.2l_{aE}$－500＋弯折（$12d$）

上层墙身全部插筋：

长插筋长度＝1.2l_{aE}＋2.4l_{aE}＋500

短插筋长度＝1.2l_{aE}＋1.2l_{aE}

直通上层和斜通上层纵筋同中间层，略。

2）当墙身采用电渣压力焊或机械连接接头时（图 8-3-16）

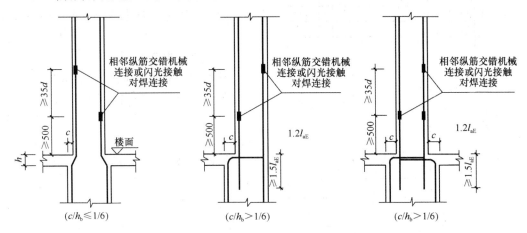

图 8-3-16　剪力墙变截面构造（机械连接）

①一边截断

长纵筋长度＝层高 H－保护层厚度－500＋弯折（12d）

短纵筋长度＝层高 H－保护层厚度－500－35d＋弯折（12d）

仅墙柱的一侧插筋，数量为墙柱的一半

长插筋长度＝1.2l_{aE}＋500

短插筋长度＝1.2l_{aE}＋500＋35d

②两边截断

长纵筋长度＝层高 H－保护层厚度－500＋弯折（12d）

短纵筋长度＝层高 H－保护层厚度－500－35d＋弯折（12d）

上层墙柱全部插筋：

长插筋长度＝1.2l_{aE}＋500

短插筋长度＝1.2l_{aE}＋500＋35d

直通上层和斜通上层纵筋同中间层，略

（6）墙身拉筋的翻样

单个拉钩长度＝墙宽－2×保护层厚度＋15d

矩形布置根数＝墙净面积/拉筋的布置面积

注：墙净积是指要扣除暗（端）柱、暗（连）梁；拉筋的面筋面积是指其水平方向间距×竖向间距。

（7）剪力墙连梁钢筋翻样

在框架剪力墙结构中，连接墙肢与墙肢、墙肢与柱的梁称为连梁，如图所示连梁通常以暗柱或端柱为支座。计算连梁钢筋时要区分顶层与中间层，依据洞口的位置不同还有不同的计算方法。

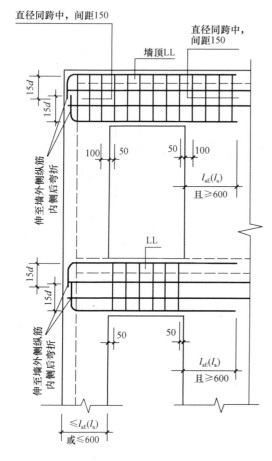

图 8-3-17 洞口连梁（端部墙肢较短）

1）中间层连梁钢筋计算

①墙端部洞口连梁（图 8-3-17）

②连梁长度（图 8-3-18）

连梁纵筋长度＝洞口宽＋墙端支座锚固长度＋中间支座锚固长度 max（l_{aE}，600）

当端部墙肢较短时：

端部锚入长度＝墙厚－墙保护层厚度－墙水平筋直径－竖向筋宜径＋15d

当端部直锚长度≥l_{aE}（l_a）且不小于 600mm 时，可不必弯折

箍筋根数＝（洞口宽－50×2）/间距＋1

箍筋长度的计算同梁。

③墙中部洞口连梁（图 8-3-18）

中间支座纵筋长度＝洞口宽＋锚固长度 max（l_{aE}，600）×2

箍筋根数＝（洞口宽－50×2）/间距＋1

2）顶层连梁钢筋翻样

纵筋的长度计算同中间层连梁，箍筋长度计算同梁

箍筋根数（洞口宽－50×2）/间距＋1＋（伸入端墙内平直长度－100）/150＋1＋（锚入墙内长度－100）/150＋1

锚固长度＝max（l_{aE}，600）

3）连梁拉筋的翻样

①当设计上没有标注连梁侧面构造筋时，墙体水平分布筋作为梁侧面构造筋在连梁范围内拉通连续布置，如图 8-3-18 所示

②当连梁截面高度＞700mm 时，侧面纵向构造筋直径应≥100mm，间距≤200mm

侧面钢筋长度＝左支座锚入长度 l_{aE}（l_a）＋洞口宽度＋右支座锚入长度 l_{aE}（l_a）

③拉筋布置原则为：当梁宽≤350mm 时，直径为 6mm；梁宽＞350mm 时，直径为 8mm；拉筋间距为两倍箍筋间距，竖向沿侧面水平筋隔一拉一布置

④连梁拉筋根数翻样

拉筋总根数＝布置拉筋排数×每排根数

布置拉筋排数＝［（连梁高－2×保护层厚度）/水平筋间距＋1］/2

每排根数＝（连梁净跨－50×2）/连梁拉筋间距＋1

墙身拉筋翻样总结

长度＝墙厚－2×保护层厚度＋弯钩

根数＝墙净面积/拉筋的布置面积

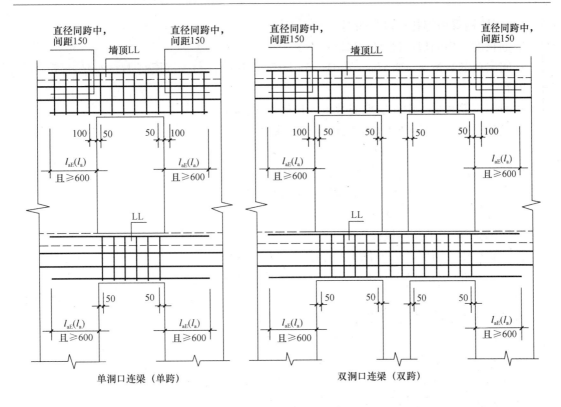

图 8-3-18　墙中部洞口连梁

根数＝墙净长－2×50 /间距＋1（墙身竖向钢筋从暗柱、端柱边 50mm 开始布置）

注：墙净积是指要扣除暗（端）柱、暗（连）梁；拉筋的面筋面积是指其水平方向间距×竖向间距。连梁箍筋长度＝（宽度－保护层厚度×2）×2＋15d×2－2×水平筋直径＋高度

（8）剪力墙柱钢筋的翻样

剪力墙柱分端柱和暗柱，其中端柱钢筋的计算同第三章框架柱的计算。

1）当墙柱采用绑扎连接接头时

长插筋长度＝基础厚度 h－基础底保护层厚度 C－基础底部钢筋直径＋弯折长度＋纵筋基础露出长度（$2.3l_{lE}＋500$）

短插筋长度＝基础厚度 h－基础底保护层厚度 C－基础底部钢筋直径＋弯折长度＋纵筋基础露出长度（$l_{lE}＋500$）

基础内箍筋＝max〔（基础高度 h－基础底保护层厚度 C）/500，2〕。

2）当墙柱采用电渣压力焊或机械连接接头时

长插筋长度＝基础厚度 h－基础底保护层厚度 C－基础底部钢筋直径＋弯折长度 a＋500＋35d

短插筋长度＝基础厚度 h－基础底保护层厚度 C－基础底部钢筋直径＋弯折长度 a＋500

基础内箍筋＝max〔（基础高度 h－基础底保护层厚度 C）/500，100，2〕

弯折长度同柱钢筋基础弯折长度。

（9）中间层墙柱钢筋翻样

1）当墙柱采用绑扎连接接头时

纵筋长度＝中间层层高 H＋1.2l_{aE}

中间层箍筋数量＝（2.4l_{aE}＋500）/min（5d，100）＋1＋（层高 H－2.4l_{aE}－500）/箍筋间距

中间层拉筋数量＝中间层箍筋数量×拉筋水平排数

2）当墙柱采用电渣压力焊或机械连接接头时

纵筋长度＝中间层层高 H

中间层箍筋数量＝中间层层高 H/箍筋间距＋1

中间层拉筋数量＝中间层拉筋数量×拉筋水平排数

（10）顶层　暗柱钢筋翻样

1）当暗柱采用绑扎连接接头时

长纵筋长度＝顶层高 H－保护层厚度＋12d－500

短纵筋长度＝顶层高 H－1.3l_{lE}－500－保护层厚度＋12d

顶层箍筋＝（2.4l_{aE}＋500）/min（5d，100）＋1＋（层高－2.4l_{aE}－500）/箍筋间距

顶层拉筋数量＝顶层拉筋数量×拉筋水平排数

2）当墙柱采用电渣压力焊或机械连接接头时

长纵筋长度＝顶层高 H－500－保护层厚度＋12d

短纵筋长度＝顶层高 H－500－35d－保护层厚度＋12d

顶层箍筋数量＝顶层高 H/箍筋间距＋1

顶层拉筋数量＝顶层拉筋×拉筋水平排数

（11）变截面暗柱钢筋翻样

1）当墙柱采用绑扎连接接头时（图 8-3-19）

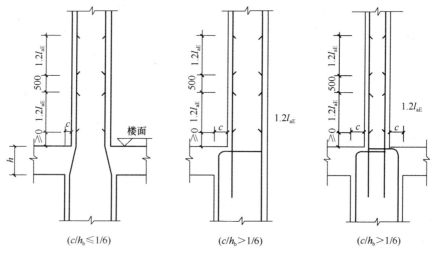

图 8-3-19　变截面暗柱绑扎连接

①一边截断

长纵筋长度＝层高 H－保护层厚度＋弯折（墙厚－2×保护层厚度）

短纵筋长度＝层高 H－保护层厚度－1.2l_{aE}－500＋弯折（墙厚－2×保护层厚度）

仅墙柱的一侧插筋、数量为墙柱的一半

长插筋长度＝$1.2l_{aE}＋2.4l_{aE}＋500$

短插筋长度＝$2.4l_{aE}$

②两边截断

长纵筋长度＝层高 H－保护层厚度＋弯折（墙厚－c－2×保护层厚度）

短纵筋长度＝层高 H－保护层厚度－$1.2l_{aE}$－500＋弯折（墙厚－c－2×保护层厚度）

上层墙柱全部插筋：

长插筋长度＝$1.2l_{aE}＋2.4l_{aE}＋500$

短插筋长度＝$2.4l_{aE}$

直通上层和斜通上层纵筋同中间层，略。

变截面层箍筋＝（$2.4l_{aE}＋500$）/min（$5d$，100）＋1＋（层高 H－$2.4l_{aE}$－500）/箍筋间距

变截面层拉箍筋数量＝变截面层箍筋数量×拉筋水平排数

2）当墙柱采用电渣压力焊或机械连接接头时（图 8-3-20）

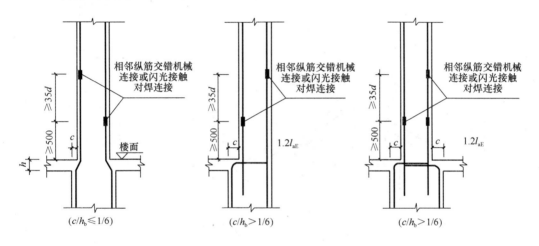

图 8-3-20 变截面暗柱机械连接

①一边截断

长纵筋长度＝层高 H－保护层厚度－500＋弯折（墙厚－2×保护层厚度）

短纵筋长度＝层高 H－保护层厚度－500－$35d$＋弯折（墙厚－2×保护层厚度）

仅墙柱的一侧插筋，数量为墙柱的一半

长插筋长度＝$1.2l_{aE}＋500＋35d$

短插筋长度＝$1.2l_{aE}＋500$

②两边截断

长纵筋长度＝层高 H－保护层厚度－500＋弯折（墙厚－c－2×保护层厚度）

短纵筋长度＝层高 H－保护层厚度－500－$35d$＋弯折（墙厚－c－2×保护层厚度）

上层墙柱全部插筋

长插筋长度＝$1.2l_{aE}＋500＋35d$

短插筋长度＝$1.2l_{aE}＋500$

直通上层和斜通上层纵筋同中间层，略。

变截面层拉箍筋数量＝变截面层箍筋数量×拉筋水平排数

当连梁截面厚度不小于 400mm 时，设斜向交叉暗撑（图 8-3-21）；当连梁截面宽度小于 400mm 但不小于 200mm 时，设斜向交叉钢筋。暗撑截面宽度和高度均为连梁厚度的一半。

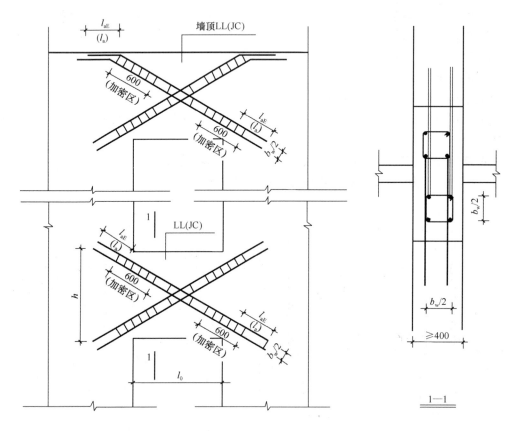

图 8-3-21　连梁斜向交叉暗撑构造

连梁斜向交叉钢筋长度 $=\sqrt{l_0^2+h^2}+2\times l_{aE}$

连梁暗撑箍筋根数 $=2\times$（600/暗撑加密区间距$+1$）＋（暗撑净长-100）/暗撑非加密区间距

连梁暗撑箍筋长度 $=$（$b_w/2+b_w/2$）$\times2+15d$

其中，l_0 为连梁宽度；

b_w 为连梁厚度；

h 为连梁高度；

c 为保护层厚度；

d 为暗撑箍筋直径。

当连梁内设置交叉钢筋时，交叉钢筋长度同交叉暗撑。

（12）顶层连梁钢筋翻样

顶层连梁与中间层连梁唯一不同处是箍筋，顶层连梁箍筋必须在连梁纵筋锚固部分布置约束箍筋，间距为 150mm。

连梁箍筋根数＝2×｛［max（l_{aE}，600）－100］/150＋1｝＋（洞口宽－50×2）/间距＋1

连梁箍筋长度＝（b_w－2×d_1＋h）×2－8c＋15d

其中，b_w 为连梁宽度；

d_1 连梁侧面筋直径；

h 为连梁高度；

c 为保护层厚度；

d 为连梁箍筋直径。

（13）暗梁钢筋翻样

暗梁纵筋与连梁不重复设置，能通则通，否则暗梁纵筋与连梁纵筋搭接。暗梁内侧面筋与墙水平筋不重复设置，两者取大者。暗梁截面高度可取墙厚的 2 倍。

1）暗梁箍筋宽度

当剪力水平筋位于竖筋外侧时，暗梁箍筋宽度（外径）＝墙厚－2×保护层厚度－2×水平筋直径

当剪力水平筋位于竖筋内侧时（一般地下室外墙），暗梁箍筋宽度（外径）＝墙厚－2×保护层厚度－2×水平筋直径－2×竖筋直径

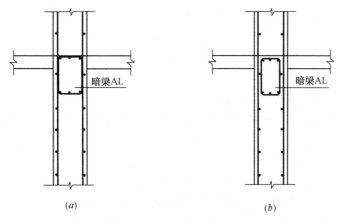

图 8-3-22　暗梁钢筋构造（一）

（a）墙水平筋位于竖向筋外侧；（b）墙水平筋位于竖向筋内侧

2）暗梁纵筋翻样（图 8-3-22）

楼层暗梁纵筋长度＝墙总长 L－2×保护层厚度＋2×15d

屋面暗梁上部纵筋长度＝墙总长 L－2×保护层厚度＋2×l_{aE}

屋面暗梁下部纵筋长度＝墙总长 L－2×保护层厚度＋2×15d

3）暗梁箍筋翻样

暗梁箍筋根数＝（墙净长－间距）/间距＋1

暗梁箍筋长度＝（b－2×d_1－2d_2＋h）×2－8C＋8d＋15d

其中，b 为暗梁宽度；

d_1 为墙水平筋直径；

d_2 为墙竖向筋直径；

h 为暗梁高度；

C 为保护层厚度；

d 为暗梁箍筋直径。

4）暗梁传统算法（图 8-3-23）

另外，有一种传统的算法，当暗梁遇暗柱时，把暗柱当作支座，暗梁纵筋伸入支座内长度为 l_{aE}（l_a）。

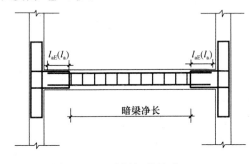

图 8-3-23 暗梁钢筋构造（二）

暗梁纵筋长度＝墙净长＋2×l_{aE}

这种算法是缺乏依据的，暗柱不是暗梁的支座，暗梁不是受弯构件，它是剪力墙的加强带。墙身的水平分布筋尚且要伸至墙边缘构件端部，作为剪力墙的加强线的暗梁纵筋和侧面纵筋也应该伸至墙端。国内有的钢筋软件采用这种错误算法，计算时要引起注意。

5）连梁、暗柱保护层如何取

暗梁及暗柱均为剪力墙的一部分，且从属于剪力墙构件，施工过程中剪力墙与暗梁及柱重叠部分剪力墙的纵筋或水平筋连续通过，施工时必须满足剪力墙自身的保护层需要，而暗梁或暗柱的钢筋是位于剪力墙内部的，即在计算暗梁或暗柱箍筋时要扣减墙的保护层厚度还要扣减墙的一个钢筋直径，其实两个数据之和与柱的保护层厚度基本一致。

剪力墙钢筋翻样小结：

1. 剪力墙结构包括墙身、墙柱、墙梁。

2. 墙柱与框架柱不同。墙柱不存在上、下加密的概念。端柱与小墙肢算法同框架柱。墙柱竖向钢筋绑扎连接时，接头区域（包括接头之间 500mm）箍筋加密，加密间距为 min（$5d$，100）。当墙柱有种纵筋时，d 取最小直径。

3. 剪力墙墙身起步距离一个间距。从柱边一个间距开始排放第一根钢筋。

4. 剪力墙拉筋为矩形和梅花形布置。后者数量约为前者的 2 倍。

5. 剪力墙水平钢筋端头保护层厚度取 50mm。使墙水平筋的弯折位于墙竖筋的内侧，端部弯折长度为（$5d$，$10d$），且端部弯折长度≤墙厚－2×保护层厚度。

6. 剪力墙钢筋搭接长度为 1.2l_{aE}，接头 50% 错开，净距为 500mm。

第九章 楼梯钢筋平法识图与翻样

第一节 楼 梯 类 型

平法图集楼梯包含 11 种类型，详见表 9-1-1。

楼梯注写：楼梯编号由梯板代号和序号组成：如 AT××、BT××、ATa×× 等。

楼 梯 类 型　　　　　　　　　　表 9-1-1

梯板代号	适用范围		是否参与结构整体抗震计算	示意图所在平法图集页码
	抗震构造措施	适用结构		
AT	无	框架、剪力墙、砌体结构	不参与	11
BT				
CT	无	框架、剪力墙、砌体结构	不参与	12
DT				
ET	无	框架、剪力墙、砌体结构	不参与	13
FT				
GT	无	框架结构	不参与	14
HT		框架、剪力墙、砌体结构		
ATa	有	框架结构	不参与	15
ATb			不参与	
ATc			参与	

注：1. ATa 低端设滑动支座支承在梯梁上；ATb 终端设滑动支座支承在梯梁的挑板上。

2. ATa、ATb、ATc 均用于抗震设计，设计者应指定楼梯的抗震等级。

第二节 板式楼梯平法识图

1. 板式楼梯平面标注方式

板式楼梯平面标注方式是指在楼梯平面布置图上标注截面尺寸和配筋具体数值的方式来表达楼梯施工图，包括集中标注和外围标注两部分。

（1）楼梯集中标注

楼梯集中标注的内容有五顶，具体规定如下：

1）梯板类型代号与序号，如 ATXX。

2）梯板厚度，标注 $h=\times\times\times$。当为带平板的梯板且梯段板厚度和平板厚度不同时，可在梯段板厚度后面括号内以字母 P 打头标注平板厚度。例如：$h=100$（P120），100 表示梯段板厚度，120 表示梯板平板段的厚度。

　　3）踏步段总高度和踏步级数，之间以"/"分隔。

　　4）梯板支座上部纵筋，下部纵筋，之间以"；"分隔。

　　5）梯板分布筋，以 F 打头标注分布钢筋具体值。

　　下面以 AT 型楼梯举例介绍平面图中梯板类型及配筋的完整标注，见图 9-2-1。

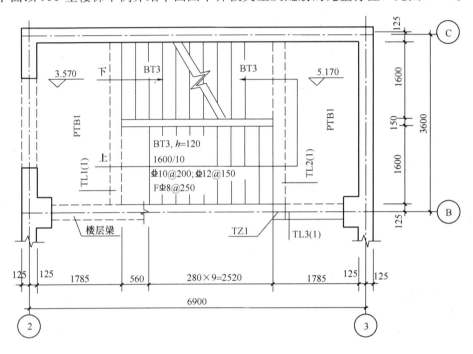

图 9-2-1　3.570～5.170 楼梯平面图（单位：mm）

　　图 9-2-1 中梯板类型及配筋的标注表达的内容是：

　　AT1，$h=140$ 表示梯板类型及编号，梯板板厚。

　　1800/12 表示踏步段总高度/踏步级数。

　　A12@200；A12@ 15。表示上部纵筋；下部纵筋。

　　FA10@250 表示梯板分布筋。

　　（2）楼梯外围标注

　　楼梯外围标注的内容包括楼梯间的平面尺寸、楼层结构标高、层间结构标高、楼梯的上下方向、梯板的平面几何尺寸、平台板配筋、梯梁及梯柱配筋等。

　　2. 楼梯的剖面标注方式

　　（1）剖面标注方式是指在楼梯平法施工图中绘制楼梯平面布置图和楼梯剖面图，标注为平面标注、剖面标注两部分。

　　（2）楼梯平面布置图标注内容包括楼梯间的平面尺寸、楼层结构标高、层间结构标高、楼梯的上下方向、梯板的平面几何尺寸、梯板的类型及编号、平台板配筋、梯梁及梯柱配筋等。

　　（3）楼梯剖面图标注内容包括梯板集中标注、梯梁梯柱编号、梯板水平及竖向尺寸、楼层结构标高、层间结构标高等。

楼梯的剖面标注示意图见图 9-2-2。

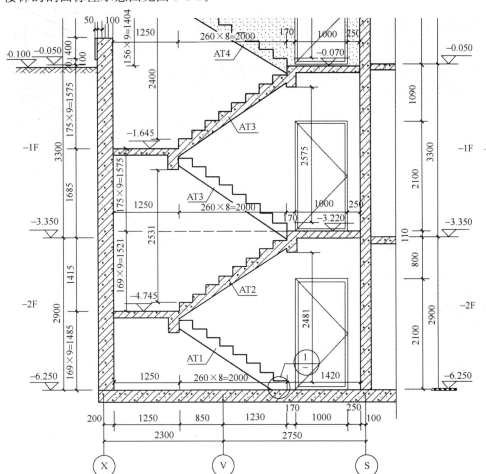

图 9-2-2　楼梯的剖面标注

3. 楼梯列表标注方式

（1）列表标注方式是指用列表方式标注梯板截面尺寸和配筋具体数值的方式来表达楼梯施工图。

（2）列表标注方式的具体要求同剖面标注方式，仅将剖面标注方式中的梯板配筋标注项改为列表标注项即可。

第三节　板式楼梯钢筋翻样

板式楼梯需要计算的钢筋按照所在位置及功能不同，可分为提梁钢筋、休息平台板钢筋、梯板段钢筋，其中梯梁钢筋参考梁的算法，休息平台板的算法参考板的算法，在此章节中我们只详细讲解梯板段内的钢筋算法。

楼梯板底部受力筋构造如图 9-3-1 和图 9-3-2 中底部斜放钢筋所示。

（1）梯板底部受力筋长度计算

见图 9-3-3 和表 9-3-1。

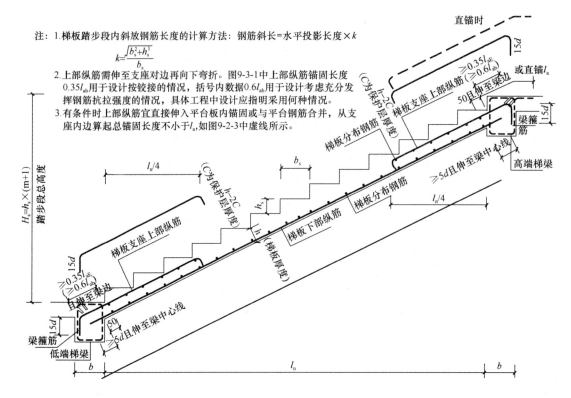

注：1.梯板踏步段内斜放钢筋长度的计算方法：钢筋斜长=水平投影长度×k

$$k=\frac{\sqrt{b_s^2+h_s^1}}{b_s}$$

2.上部纵筋需伸至支座对边再向下弯折。图9-3-1中上部纵筋锚固长度0.35l_{ab}用于设计按铰接的情况，括号内数据0.6l_{ab}用于设计考虑充分发挥钢筋抗拉强度的情况，具体工程中设计应指明采用何种情况。

3.有条件时上部纵筋宜直接伸入平台板内锚固或与平台钢筋合并，从支座内边算起总锚固长度不小于l_a，如图9-2-3中虚线所示。

图 9-3-1 AT 型楼梯板底部纵筋构造

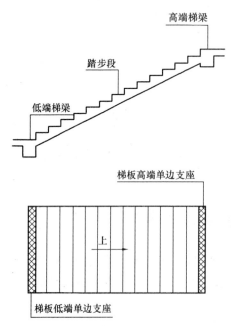

图 9-3-2 AT 型楼梯截面形状与支座位置示意图

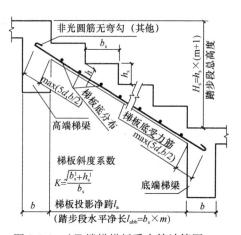

图 9-3-3 AT 楼梯梯板受力筋计算图

梯板底部受力筋长度翻样　　　　　　　　　　　　表 9-3-1

| 梯板底受力筋长度＝梯板投影净长×斜度系数＋伸入左端支座内长度＋伸入右端支座内长度＋弯钩×2 ||||
梯板投影净长	斜度系数	伸入左端支座长度	伸入右端支座长度	弯钩长度
l_n	$K=\sqrt{(b_n^2+h_s^2)}/b_s$	max（$5d$，$b/2$）	max（$5d$，$b/2$）	$6.25d$
底板受力筋长度＝l_n+k+max（$5d$，$b/2$）$×2+6.25d×2$（弯钩只有光圆钢筋有）				

（2）梯板底部受力筋根数翻样

见表 9-3-2。

梯板底部受力筋根数翻样　　　　　　　　　　　　表 9-3-2

| 梯板底受力筋根数＝（梯板净宽－保护层厚度×2）/受力筋间距＋1 |||
梯板净宽	保护层厚度	受力筋间距
k_n	C	s
底板受力筋根数＝（k_n-2C）/$s+1$		

（3）梯板底部受力筋分布筋长度翻样

见表 9-3-3。

梯板底部受力筋的分布筋长度　　　　　　　　　　表 9-3-3

| 梯板底受力筋的分布筋长度＝（梯板净宽－保护层厚度×2）＋弯钩×2 |||
梯板净宽	保护层厚度	弯钩
k_n	C	$6.25d$
梯板底受力筋的分布筋长度 $k_n-2C+6.25d×2$		

（4）梯板分布筋根数翻样

梯板分布筋根数＝（梯板投影净长×斜度系数－起步距离×2）/分布间距＋1

（5）AT 型楼梯梯板支座负筋长度计算（图 9-3-4）

低端支座负筋＝斜段长＋h－保护层厚度×2＋$15d$

高端支座负筋＝斜段长＋h－保护层厚度×2＋l_a

当总锚长不满足 l_a 时可深入支座端弯折 $15d$，伸入支座内长度≥$0.35l_{ab}$（≥$0.6l_{ab}$）

（6）梯板顶部支座负筋根数翻样（表 9-3-4）

梯板受力筋根数计算表　　　　　　　　　　　　　表 9-3-4

| 梯板受力筋根数＝（梯板净宽－保护层厚度×2）/受力筋间距＋1 |||
梯板净宽	保护层厚度	受力间距
k_n	C	s
梯板受力筋根数＝（k_n-2C）/$s+1$（取整）		

（7）梯板顶部支座负筋分布筋长度翻样（表 9-3-5）

梯板顶部支座负筋分布长度计算　　　　　　　　　表 9-3-5

| 支座负筋的分布筋长度＝（梯板净宽－保护层厚度×2）＋弯钩×2 |||
梯板净宽	保护层厚度	弯钩
k_n	C	$6.25d$
支座负筋的分布筋长度＝$k_n-2C+6.25d×2$		

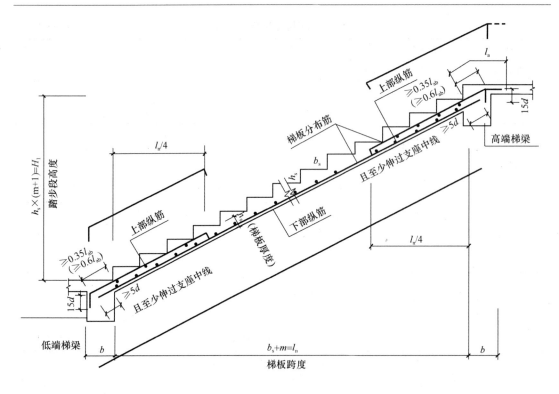

图 9-3-4　AT 型楼梯板配筋构造图

（8）梯板顶部支座负筋分布筋根数翻样（图 9-3-5、图 9-3-6）

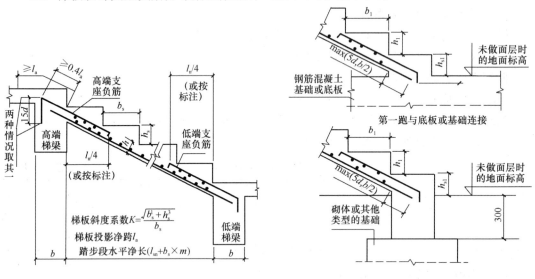

图 9-3-5　AT 型楼梯梯板支座负筋长度计算图　　　图 9-3-6　第一跑与楼梯地梁连接

板单个支座负筋分布筋根数＝（支座负筋伸入板内直线投影长度×斜度系数－起步距离）/支座负筋分布筋间距＋1

第十章　钢筋现场精细化管理和成本控制

第一节　提高钢筋精细化管理提升公司盈利能力

　　当前，建筑业市场供需失衡，竞争激烈，造成建筑业产值利润率低下，很多项目甚至出现"零"利润。钢筋是当前建筑业用量较大、价值较高的一种原材料，能否合理地提高工程钢筋节约率，是影响施工成本的重要因素之一。同时，钢筋是不可再生的资源，提高工程钢筋利用率，是当前施工企业提高经济效益、降低资源消耗的切入点。如何加强项目钢筋工程的精细化管理与控制，并通过先进的信息化手段降低钢筋成本，逐渐开始被建筑施工企业重视（图 10-1-1～图 10-1-3）。

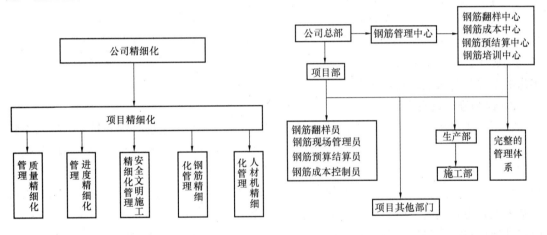

图 10-1-1　精细化管理层级图　　　　　图 10-1-2　钢筋精细化管理网络控制图

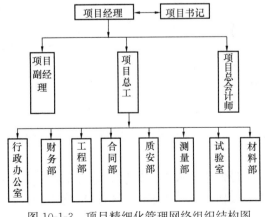

图 10-1-3　项目精细化管理网络组织结构图

第二节　钢筋现场管理中普遍存在的问题

目前，有很多项目经理部出于成本方面的考虑，在钢筋现场的管理力度和人员配备上不到位，钢筋现场管理普遍存在以下问题：

1. 钢筋分包现象普遍

目前，大多数施工项目都采用劳务清包的方式，把钢筋工程整体承包给专业劳务队，由劳务队伍自主完成钢筋翻样、钢筋加工和钢筋安装等关键工作。项目经理部往往没有建立严格的材料领用手续，劳务队在加工钢筋时往往随用随取。从项目实际情况来看，完全由劳务队伍完成这些工作，容易造成钢筋下料用量偏大，钢筋料表呈报不及时等问题出现。特别是现在的钢筋料表往往不会注明钢筋成型料之间的套用，钢筋套料在很大程度上依靠加工人员的经验技术和责任心，此时，如果碰到比较差的钢筋加工队伍，钢筋损耗率便会远远超过正常的水平，容易造成钢筋工程成本的失控。

2. 钢筋现场管理混乱

钢筋使用过程的管理是钢筋现场管理的一个重要环节。这部分的管理主要依靠项目生产管理人员完成。由于劳务队伍的从业人员其职业素质普遍不高，在材料的运输、使用过程中材料的丢失和浪费现象普遍存在，也比较严重；钢筋的现场管理较为混乱，钢筋绑扎现场的施工班组没有对箍筋等构造钢筋做到随手清理，特别是在每一层混凝土浇捣前这些多出的钢筋没有被及时退回成品场，造成了材料的浪费。

3. 钢筋领料管理不严

在很多工程施工过程中，项目经理部没有密切参与并实时地规范钢筋材料的出入库管理工作，往往是根据预算和计划，直接买入后转交给劳务队伍，钢筋是在劳务队内部或者劳务队伍之间直接进行领用出库。致使领料工作存在很多问题：领用手续不齐全、不按计划发料、施工人员要多少给多少致使多发的钢筋浪费扔在工地、许多可以回收的钢筋废料更是无人管理。同时，劳务队在钢筋现场使用过程中的丢失和浪费并无法在材料出库账目中精准地反映，项目经理部对施工队伍的材料管理也就失掉了重要的依据。

4. 钢筋加工损耗严重

钢筋的加工过程普遍缺乏管理。在实际钢筋加工过程中，需要的钢筋长度千差万别，目前的管理缺乏对加工环节的控制。例如，如何优先用较短的整尺钢筋下料，使短头最少或者为零；根据下料单组合排列及工地实际情况，对料单进行优化等。因此，加工环节的钢筋损耗往往控制不住，产生一定的浪费。再加上管理混乱、实际用量核算不清，实际损耗与账面损耗产生很大的误差。

第三节　钢筋精细化管理控制

针对上述问题，为不断降低单项成本，提高企业整体盈利水平，应逐渐开始并加强项目部对钢筋管理，并尝试采取执行针对钢筋工程的精细化管理控制措施。主要应从事前、事中和事后三个方面对钢筋进行过程的精细化管理控制。

1. 事前控制

首先，保证项目部关键岗位不缺失。对于钢筋工程而言，每个项目要努力配备和优选专业的钢筋工程师。钢筋工程师主要编制钢筋加工料表，并对钢筋加工等过程进行监督管理。避免以前由于劳务施工队自行完成这些工作时出现的钢筋浪费等问题。

其次，应建立合格的劳务队伍管理制度，在公司范围内规范劳务队伍准入、注册、考核等流程。项目一旦确定，要按照规章制度从合格库中优选劳务队伍，保证钢筋分包队伍的专业性，同时建立考核的长效机制，这也能够约束劳务队伍，提高其责任心。

最后，根据施工工艺的要求编制钢筋施工方案，并提出钢筋工程的优化指标和措施。例如，提出项目钢筋的损耗指标不得超出 0.5% 的目标，并以此为目标，针对关键环节，提出关键控制办法或应对措施，最终降低钢筋的损耗和项目的材料成本。

2. 事中控制

事中控制主要是指在施工过程中对钢筋的管理。这主要包括钢筋翻样、下料和绑扎，以及钢筋的计划和库存等管理。这是钢筋管理最重要的环节，管理形式较多，既包含了技术能力，也包含了管理能力。

1）钢筋翻样质量的控制

钢筋翻样工作是钢筋现场管理工作的基础，提高钢筋翻样的质量和效率，对于提高钢筋后续工作具有重大的意义。施工方应秉着管理就要抓源头的原则，规定所有项目全部由公司配备的专业钢筋翻样工程师完成钢筋翻样工作。同时在钢筋方案中制定具体的指标细则进行考核，优化翻样方案，提高翻样工作的质量。劳务分包方需要按照项目部提供的翻样方案进行钢筋加工和施工。

2）钢筋配料的控制

加强钢筋配料的控制对于合理利用原材料，降低浪费具有关键的作用。首先，项目部规定，在施工过程中严禁长料短用，钢筋工程师需结合现场实际钢筋原材料的长度进行优化断料，通过科学的方法计算出最优的加工方案，加工人员需要严格按照此方案执行。其次，加强余料的管理，通过对余料进行编号，在加工方案中根据规格高效利用，并明确使用位置，使得余料能够被管理并被充分利用。再次，加工成品要严格控制加工质量，并利用料牌进行标记，按构件分拣堆放等待领用。最后，钢筋现场设置废料池，产生废料统一堆放，并定期对废料池进行检查，严查超出废料尺寸的钢筋进入废料池。

3）领料绑扎的控制

钢筋绑扎过程中需要从三方面进行控制。一是领料控制，钢筋领料原则是按需领料。工人应该严格按照料单中的成品钢筋数量及套筒数量进行领料。钢筋管理人员需要严格按照料单发料并在领料时对料牌进行审核，避免拿错料。二是对超量领料的控制。在绑扎过程中如果发生超量，需由钢筋翻样工程师审核确认后才可由加工人员加工补料，并做好相应的补料或领料记录。三是钢筋现场管理。现场科学堆置下脚料，合理、快捷使用下脚料也是一个节约钢筋的好措施。项目部需要建立规范的现场钢筋堆放管理办法，按照下脚料规格不同进行堆放，并在堆放处设置标尺，清晰地分清了各种材料长度，便于方便快捷查找合适长度的余料。每日收工前项目要检查钢筋现场的绑扎情况，并对已领料的现场堆放进行检查，避免钢筋领到现场后长期堆放或堆放混乱。

4）现场盘点环节

钢筋管理过程中还有一个关键的环节，那就是定期进行的材料盘点。如果项目经理部能够组织力量定期地进行钢筋的现场盘点，也能及时发现一些问题。一些项目经理部因为各种原因都没能定期有效地进行这项工作，材料问题往往是在发生很长一段时间后才被发现的，由于时间太久已经不能进行有效的处理。公司建立钢筋定期盘点制度，要求项目部对现场钢筋定期进行盘点。每月固定时间对钢筋使用情况进行盘点，并与账目数据进行对比，这主要包括：原材料、钢筋余料、未领用成型钢筋和已领用的钢筋等。如发现钢筋数量亏损，及时填写报损单，并由加工人员签字确认，并对原因进行分析。

5）钢筋质量的检查

钢筋工程的质量至关重要，在过程中需要做好三步检查，第一是加强对原材料的检查。目前，钢筋在点验入库时管理人员存在不到位现象，或者不认真点验交接的现象等。特别是在城市内进行工程施工时，钢筋往往很晚甚至是深夜才能运输到现场，钢筋的点验更是敷衍了事。公司统一原材料检验入库制度，验收需要商务、材料、分包等几方签字确认，保证检验工作的有效性。第二是对钢筋配料的检查。钢筋配料是根据结构配筋图，先绘出各种形状和规格的单根钢筋并加以编号，然后分别计算下料长度和根数，填写配料单，申请加工。所以配料单的合理性对钢筋的用量影响很大，公司建立配料结果审核制度，对配料进行严格审查，保证配料工作的质量。第三是对施工现场钢筋绑扎等工作的质量检查。这主要包括现场绑扎钢筋的规格、间距是否符合图纸设计，搭接锚固是否超长，接头位置是否正确，悬挑及关键部位的钢筋是否符合要求，加密区有无设置，保护层垫块使用是否正确，落手清是否做好等。

6）钢筋材料计划的编制

综合考虑各阶段钢筋原材实际用量、钢筋堆放场地的规模、价格波动、现场原材剩余及可利用余料等因素制定合理的、科学的、准确的的钢筋需用计划。做到在最合适的时间买最合适的量。同时，严把钢筋进场验收关，一是对钢筋的质量进行严格检查和实验，保证钢筋质量不出问题；二是对钢筋的进场数量要严格核对，记录准确完整。

3. 事后控制

狠抓钢筋结算工作，钢筋工程一结束，就要赶紧要做好结算准备。钢筋工程量占据了材料用量及造价中很大的部分，若不能结算清楚，将会造成不可挽回的损失。这是一项重要而又具体的工作，计算钢筋工程量时要认真、细致、不少算、不漏算。同时也要尊重客观事实，不多算，不随意高估冒算。在以上基础上，首先，要保证钢筋工程量尽可能的准确合理。严格按照施工图纸、预算、变更等进行工程量的计算，保证量的完备性和准确性；其次，做好钢筋工程量的各种依据的准备工作。钢筋工程量计算是依据竣工图纸、设计变更洽商记录和图纸指定的国家规范及标准构造图集所规定的钢筋工程量计算要求来计算的，因此，结算时要保证资料的完整性。最后，要充分重视钢筋工程的结算工作。钢筋工程具有专业性强的特点，钢筋工程是一项繁琐、复杂、细致，工程量浩大的分项工程。无论是项目经理，还是公司分管业务部门，都要充分重视钢筋结算工作，在以上基础上保证钢筋工程量尽可能的准确合理，做好钢筋工程量的多级审核，去虚存实，促使竣工结算的审核过程严谨、和谐、高效，达到甲乙双方均能接受的结果。

所有这些针对钢筋管理的措施都是基于精准的现场钢筋实际用量数据，并配以标准化的管理制度来确保效果。同时，在这些管理措施的执行过程中，公司应积极推行先进的信息化手段来提高项目部钢筋的精细化管理的水平。在实际使用过程中，提高了生产效率和管理效益。

第四节　钢筋现场管理和成本控制

1. 钢筋现场管理和成本控制的重要性

钢筋现场管理和成本控制是企业精细化管理可持续发展的重要课题，公司要再跨越、大发展、大提升，加强钢筋现场精细化管理和成本控制是当务之急。钢筋工程精细化管理就是以钢筋分项工程为研究对象，以统计数据为依据，以提高项目管理效率与效益为目标，运用现代科学管理模式，把提高管理效能作为管理基本目标。用具体明确的量化标准取代概念化的管理模式，将具体量化标准渗透到施工项目分部分项的各个环节中，用量化的数据作为提出问题的依据，分析判断施工中收集到的实际值，利用量化数据规范管理行为对钢筋工程管理，进行全过程数据分析，向管理要效益，以实现利润最大化。

1）当今建筑市场竞争日趋激烈，必须狠抓内部管理。靠管理出效益，特别是现场管理这一块，如果抓好并抓到位，工程成本就会大大节约，从而提高效益，企业才能长足发展。

2）靠管理出效益，靠质量出精品。精心施工、精心控制、精心管理、向管理要效益，管理是关键。组织高效益的施工，使生产要素优化组合、合理配置，保证施工生产的均衡性，利用现代化的管理技术和手段，以实现项目目标和使企业获得良好的综合效益。

3）施工项目管理是为使项目实现所要求的质量、所规定的时限、所批准的费用预算所进行的全过程、全方位的规划、组织、控制与协调。项目管理的对象是项目，由于项目是一次性的，故项目管理需要用系统工程的观念、理论和方法进行管理，具有全面性、科学性和程序性。项目管理的目标就是项目的目标，项目管理的好，项目就盈利，采取技术、经济、合同等措施加强管理。以人为本，管理现代化，利润最大化的核心理念。所以对加强钢筋现场管理和成本控制是非常的重要。

（1）钢筋现场管理

1）对钢筋工程施工而言为达到工期最优、成本合理、质量优良、安全生产、文明施工等目的所进行的一系列活动的总称。

2）质量管理：以人为本，提高人的素质、调动人的积极性，通过抓好工作质量来促进工程质量和服务质量。

3）质量不是监理看管下的被迫，质量本是钢筋工人道德风范在施工中的完美体现，也是经验技能的一种考核，在施工质量上，就能看出一个人职业道德的高低。钢筋工人的风采在于质量，例如绑扎钢筋时，有好多工地施工不画线，以目测间距绑扎，拿眼睛当尺，这纯属野蛮施工。下料的偏差应该控制在规范允许范围内。在成型时，对于箍筋的加工尺寸，必须准确才能保证梁、柱纵筋保护层的正确性，对于纵筋及受力钢筋的弯钩。弯折角度也必须符合规范要求，弯折角度小了，容易使弯折部位的内部产生看不见的暗裂纹，给工程质量造成长久的隐患，这一点，在平法图集中不断提及，不可不重视。在纵筋的弯钩成型时，弯曲机的中心轴（即弯弧内直径）不应小于钢筋直径的 4 倍，这样弯折部位不至于出现裂纹，可免除后患。

（2）钢筋绑扎质量控制

钢筋绑扎七不准

①施工浮浆未清除不准绑钢筋。

②钢筋清理不干净不准绑钢筋。

③控制线、检查线、轴线弹线不准不准绑钢筋。

④直螺纹接头未拧紧不准绑钢筋。

⑤偏移钢筋未调直不准绑钢筋。

⑥接头错开位置未检查合格不准绑钢筋。

⑦钢筋接头质量未检查合格不准绑钢筋，钢筋上口定位筋不卡，检查不合格，不准浇筑混凝土。

（3）钢筋加工管理：在钢筋下料时如何节约钢筋是首要。一个工程，预算用钢筋100t（包括损耗）其实可以用钢筋95t甚至更少。这种节约不仅关系到下料人员的技术水平，而且体现出他的职业道德。

钢筋算料之后，都要写成标签料牌，然后把标签按直径分类，在同一直径的标签中，精心筛选根据材料进场的长度可以搭配下料的配组，注意长短和根数，这两点要尽量匹配，如此用心，就可以把料头限制在最低的限度（图10-4-1、图10-4-2）。

图 10-4-1　钢筋堆放整齐

图 10-4-2　加工成型钢筋按部件绑扎，标识清晰

（4）安全管理

1）三级安全教育，提高自身素质；

2）遵守劳动纪律，保障人身安全；

3）做好规范操作，确保作业安全；

4）加强机械管理，落实安全措施。施工现场的钢筋工程的安全管理，重点是进行人的不安全行为与物的不安全状态的控制，做好安全防范，确保安全生产，根本措施之一在于提高钢筋作业人员的安全素质。大力贯彻"安全第一，预防为主"。

（5）进度的管理

是对工程的工期、成本、质量安全等若干要求，制度出一套合理的符合实际的施工进度，在保证质量、安全的前提下，加快施工进度，有进度才能谈安全和质量，没进度哪能谈安全质量，做好钢筋施工进度管理也是非常的重要。

（6）钢筋成本控制

1）钢筋成本控制的必要性

施工成本管理就是要在保证工期和质量满足要求的情况下，利用组织措施、经济措施、技术措施、合同措施把成本控制在计划范围内，并进一步寻求最大程度的成本节约。

①钢筋的成本控制是施工成本控制的重点

钢筋在单体造价中占的比例很大，是主材中的"主材"；一般在纯剪力墙、框架剪力墙及框架结构中约占总造价的 $35\% \sim 40\%$。通常单方面积含钢量越大，那么钢筋分项工程占总造价的比例就越大。

②专业性强

钢筋工程是一项十分繁琐、复杂、细致的分项程；因此，造成许多人不想花工夫、花时间去管理去研究。在目前的建筑行业中，钢筋方面的专业人才得不到足够的重视。比如，现在大多数开发商不仅缺乏这类专业性人才且疏于管理，他们就像是"瞎子"，根本就不知道承包方在这个分项上能赚多少，有多少水分。他们把"宝"押给了审计事务所、审计局，然后听天由命！

2）钢筋成本的控制过程

①事前控制

A. 组织措施：一个项目定下之后，组织谁来施工？在成本管理的工作中，人起了决定性的作用，所以一定要优选班组、优选管理人员。而一个班组的好坏直接影响着工程的成本、质量、进度和安全。比如，一个好的钢筋班组它知道做什么，怎么做。而差的钢筋班组虽知道做什么，但却不知道怎么做。如，某工地上的钢筋班组，它把人员分成配料和绑扎，后来，我们发现它的配料场箍筋多得出奇，而且废料也好像特别多。因此清点它的箍筋数量，发现重复配料很多，幸亏及时发现最终才得以妥善处理。

B. 技术措施：同一道工序往往因不同施工方法的选择而起到节约成本的效果不同。比如，钢筋的连接，柱竖向钢筋我们通常在直径 $\geqslant 14$mm 时采用焊接（电渣焊），不仅是因为一个搭接接头的成本大于一个焊接接头的成本，而且还可以省掉好多加密箍筋（规范要求：当柱纵筋采用搭接连接时，应在柱纵筋搭接长度范围内均按 $\leqslant 5d$ 同时 $\leqslant 100$mm 的间距加密）。同样，梁纵筋采用焊接或机械连接与搭接连接的效果也不一样。再如，大底板内支架方案的选择：我们既可采用传统的马凳或钢筋焊支架也可采用角钢焊支架的方案。

C. 编制可行的与钢筋工程相关限额用料指标：限额用料不仅要包括 1t 钢筋需用的钢丝、套筒，还应包含钢筋的损耗指标、机械的使用指标等。现在的钢筋的损耗指标通常为 1.0%，定额损耗为 2%，而通常项目上的实际钢筋损耗大多都要超过 2%。这说明要么我们定的指标不符合实际，要么没有管理好。另外，人工的限额也应引起足够的重视。限额人工当然就涉及工价问题，什么样的工价比较合理？定额人工与实际发生的人工到底有多大的差距，可不可以再缩小？既能让班组有利可图，又可减少成本。据个人的经验，定额人工价乘以 80%～85% 之后就发包给钢筋承包班组。当然，不同的工程也不相同，关键还要靠经验处理。

②事中控制（过程控制）

A. 钢筋翻样质量的控制

对规范的正确理解：如果我们对规范理解不透彻、不正确，带来的后果将极为严重，可能造成返工并造成材料与人工的极大浪费。比如，对双肢箍筋、四肢箍筋及六肢箍筋的理解。再如，对保护层、加密区、搭接锚固、墙柱节点、梁柱节点及悬挑梁构造节点等的理解。下面试举两例。

a. 混凝土保护层：保护层厚度的规定是为了满足结构构件的耐久性要求和对受力钢筋有效锚固的要求。考虑耐久性要求才对处于环境类别为一、二、三类的混凝土结构规定了保护层最小厚度；另外，对结构中构造钢筋的保护层也作了最小厚度的规定；构造钢筋是指不考虑受力的架力筋、分布筋、连系筋等。在工程实践中，扣减保护层厚度应十分谨慎，一不小心就会酿成大错，造成成千上万箍筋的报废，造成施工成本的极大浪费。比如，在扣减暗梁箍筋保护层厚度时就应十分仔细，扣减错了不仅影响梁的截面尺寸还会影响标高的变化；由于有效高度 h_0 的改变，验收通不过，造成返工；即使侥幸通过，也给施工带来不便。

b. 梁柱节点：在框架中间层端节点处，根据柱截面高度和钢筋直径，梁上部纵向钢筋可采用直线锚固或端部带 90°弯折段的锚固方式。在承受静力荷载为主的情况下，水平段的粘结能力起主导作用。据有关资料表明，当水平段投影长度不小于 $0.4l_{abE}$，垂直段投影长度为 $15d$ 时，已能可靠保证梁筋的锚固强度和刚度，故我们应及时纠正以前必须要满足总锚固长度不小于受拉锚固长度的要求，避免材料的浪费。

针对如何控制好翻样质量，对从业人员来讲务必熟读图纸、精通规范、相互交流、不断学习及时"充电"。

B. 钢筋配料的控制

施工中严禁长料短用，严禁无序配料造成多配；遵循先做的后配，后做的先配的原则。对屡教不改的操作行为应给予一定的经济处罚，造成浪费的还应承担全部或部分的损失。

C. 钢筋质量的检查

对钢筋质量检查应重点做好三步检查：对原材料的检查，杜绝使用不合格的钢筋原材、套筒、焊剂、焊条及结构强力胶等；对配料的检查，检查操作是否违规，是否按料单下料，成型后的长度尺寸是否符合规范规定，产生的短头钢筋是否及时对焊接长或采用其他办法使用。对施工现场的检查，钢筋的规格间距是否符合图纸设计，搭接锚固是否超长，接头位置是否正确，悬挑及关键部位的钢筋是否符合要求，加密区有无设置，保护层垫块使用是否正确，落手清洁是否做好等。

D. 钢筋材料计划的编制

材料计划是贯穿于项目施工的全过程，它将直接影响资金的投入，而钢筋是主材中的"主材"，不论是从量还是价格上讲，都是一笔不小的资金。如果钢筋材料计划编制不准确，少计划则影响工程进度；多计划则造成材料积压，资金周转不灵，资金的时间价值也就无从体现。

3）事后控制

狠抓决算工作：钢筋工程一结束，要赶紧做好决算准备，充分发挥钢筋专业翻样人员所长，积极配合公司核算部门对钢筋成本做到最大程度的"节约"。

2. 钢筋"0"损耗控制

钢筋零损耗目前是个新名词，一般在乙方和甲方对量的时候产生。当钢筋现场不产生钢筋损耗时，就是零损耗，钢筋余料全部可以使用。可能很多人听了都会感到奇怪，怎么可能零损耗呢，有的人还会问我怎么去实现零损耗。我们先说说钢筋的控制：计划控制，就是一个工程的材料要有计划数量的控制；采购控制，就是采购即包括量的控制还有钢筋长度的控制；现场控制，主要包括钢筋料单控制，钢筋料单数据准确率达到 99%；钢筋加工控制，主要控制钢筋损耗控制在零损耗，尤其是钢筋废料池内不能有长于 20cm 的短钢筋。对现场钢筋余料的利用，使现在的工程几乎没有余料，比如，压顶分布筋、预留筋、拉钩最短是 200mm，余料 6mm 和 8mm 的都可以使用，其他梁钢筋可以用闪光对焊，这个钢筋接头采取钢筋连接新技术，竖向构件采取电渣压力焊等现场都可以使用，这个就是施工成本控制"0"损耗。

1）钢筋插筋的控制

集水坑钢筋和基础插筋的控制

（1）在施工现场有很多的施工单位把基础集水坑土方挖深了，我们有部分翻样员在算集水坑钢筋的时候都是在现场用卷尺去量钢筋长度，这样就会造成钢筋比图纸上的尺寸增加，这样就浪费了钢筋，而我在算集水坑的时候就是按照图纸去算，现场挖大了就用素混凝土浇筑，所以这个集水坑施工的时候算钢筋须要注意的事项。

（2）基础插筋

地下 1 层的工程，在计算插筋的时候都是一次性从基础到 ±0.000，包括 8mm 光圆钢筋的剪力墙，施工竖向构件保证钢筋浇混凝土不偏移，竖向标高要严格控制，以上面标高为准，搭设钢管架，钢筋挂在架在上面。具体工程应具体施工对待（图 10-4-3）。

2）钢筋原材料优化

钢筋是建筑工程用量较大、价值较高的一种材料，能否合理地利用，节省材料，显得尤为重要。

图 10-4-3　基础插筋

　　下面是一些有经验的钢筋工在实际施工中总结出来的钢筋节约下料的方法，使用这些方法可使钢筋损耗率由预算的 3% 降低到 0.5% 左右，整体经济效益非常可观。现将节省钢筋的具体下料方法介绍如下。

　　(1) 钢筋选择进料法

　　一般来讲，钢筋的进料长度越长越好，这样不仅在下料时少出短料，减少废短头，降低焊接量，而且在连续接长时能减少接头。但实际工程中，需要的钢筋长度千差万别，要求用较短的整尺钢筋下料后废短头最少或为零，所以应在购买或领取钢筋时，针对下料单及工地实际情况，对钢筋的长度进行选择。

　　A. 某综合大楼需用 Φ25 钢筋，料长 9.38m。显然，进 10m 长钢筋废短头最少。

　　B. 某大型加工楼基础桩主筋需用 Φ12 钢筋，料长 2.23m，2.23m×3＝6.69m，2.23m×4＝8.92m，2.23m×5＝11.15m，显然，应进 9m 长钢筋。其具体做法是，以每根桩筋长为 9m/4＝2.25m 下料，其中 1 层柱钢筋缩短 2cm 即可。

　　C. 某住宅楼标准层柱子钢筋需搭接接长而进行上一层施工，柱子主筋为 4Φ14 钢筋，层高为 3.3m。柱筋下料长度考虑搭接长度应为：3300mm＋672mm＝3972mm，而 3.97mm×3＝11.9m，显然，应进 12m 长钢筋。

　　D. 某框架楼 2 层，柱筋需对焊接长，二层地面已留出应有长度的钢筋接头，2 层层高为 4.4m。需对焊的柱筋下料，一般长度等同于层高，还需考虑对焊烧蚀余量，此处为 4.4m。考虑在 9m 长整尺钢筋上易截取的 4.5m 长钢筋经对焊后，只是让 3 层地面露出的柱头长度比 2 层地面露出的柱头长度增加 7cm，不妨碍 2 层主梁钢筋的放置，所以应选择 9m 长钢筋。

　　E. 某商厦基础主次梁主筋均为 Φ25 钢筋。因大梁主筋在同一截面内的焊接接头不允许超过 50%，因此，大梁主筋的起点除进 12m 长钢筋以外，还应进一半 9m 或 10m 长的钢筋。

　　(2) 钢筋短料合理搭配下料法

　　在钢筋制作工程中，同一种钢筋往往有多种下料尺寸。不应按下料单中的先后顺序下料，而应先截长料，所余钢筋往往能做短料，反之就会浪费钢筋。这是钢筋下料时节省钢筋的一项原则。

　　某框架梁需用以下负弯矩筋，现场有 9m 长 Φ25 钢筋。

　　①号筋 4.2m……③号筋 4.7m。

　　如果按下料单中的顺序分别下料，在截①号筋时会有 600mm 短头出现；而如果在截③号筋时，剩余 4.3m 钢筋，用搭配法下①号料，只有 10cm 短头出现。

　　另外，在钢筋放样或计算钢筋下料时，应对短料的用处做到心中有数，例如，住宅楼的预制过梁、梁垫、烟道、管道侧面的附加筋、框架梁端头的负弯矩筋等。

　　(3) 相乘计算钢筋下料法

　　【例】 某商厦标准层主梁需用 Φ8 箍筋 3000 个，单个箍筋料长为 1.9m。用工具截成 8～10m 长直条，堆放备用。但这样做当再截取箍筋时往往会出现大量的短头。在某商厦工程中，盘条采用卷扬机调直，正确做法是，先计算 1.9m×5＝9.5m，在调直后的钢筋上截取 600 根 9.5m 长直条，然后再截取 1.9m 长箍筋，不会有短头出现。

　　(4) 相加计算钢筋下料法

【例】　某商厦基础大梁需用以下两种长度的 Φ25 钢筋，其数量相近。现场有 9m 长钢筋。

①Φ25 3.8m；②Φ25 4.9m 3.9m＋4.9m＝8.8m

显然，在 1 根 9m 长钢筋上可截取 3.9m 和 4.9m 长钢筋各一根，比分别截取两种钢筋，可减少短钢筋头，避免焊接。

（5）混合计算钢筋下料法

【例】　某框架楼需要以下两种长度的 Φ20 负弯矩筋，现场有 12m 长钢筋。

①Φ20 3.8m；②Φ20 4.2m。3.8m×2＋4.9m＝11.8m

在 1 根 12m 长钢筋上截取 2 根 3.8m 钢筋和 1 根 4.2m 长钢筋为最佳下料方案。

在钢筋下料时，为了减少钢筋短头，需要经常采用相加法与混合法下料。这两种方法尤其适用于有多个下料尺寸的较粗钢筋的下料，是框架结构中经常采用的下料方法。

在框架结构的钢筋工程施工中，一般安排两个小组分别制作大梁的主筋。一组负责钢筋成型后的下料长度大于现场整尺长度的钢筋制作；另一组负责钢筋下料长度小于现场整尺长度的钢筋制作。后一小组在下料前应把有多个成型及下料尺寸的某一种钢筋下料单抄写在一起，然后运用加法与混合法进行比对计算，设计出节省钢筋的最佳方案。

（6）上下柱结合钢筋下料法

【例】　某框架楼层高为 4.2m，现需要对焊第二层柱筋。二层地面上已留出 650mm 长 Φ22 柱筋。

按一般做法，柱筋截取同层高尺寸相等的长度，经对焊后在第二层、第三层顶板上均露出略小于 650mm 长的钢筋柱头，但在常见的 9m 或 12m 整尺钢筋上截取 4.2m 柱筋，均有大梁的废钢头及焊接头出现。如果把第二层柱与第三层柱结合起来推算，这两根柱筋加起来总长为 4.2m＋4.2m＝8.4m，如果设计第二层柱筋取用 4.5m（易从 9m 长整尺钢筋上取得），第三层柱筋取用 4m（易从 12m 长整尺钢筋上取得），则 4.5m＋4m＝8.5m，经对焊后在第三层顶板上露出 650mm＋100mm－2×30mm＝690mm 长的钢筋柱头。结果既没有短头出现，也避免了短头钢筋再接长的焊接。

但第二层柱筋不宜设计太高，否则就会影响本层主梁钢筋的放置。

（7）报批代用钢筋下料法

【例】　某框架楼标准大梁中需用 4550mm 长 Φ25 负弯矩筋。现场有 9m 长整尺钢筋。显然，易从 9m 长整尺钢筋上截取 4.5m 长钢筋，比需用长度短了 5cm。考虑此处负弯矩筋取用 4.5m 对结构的强度影响很小，可向设计人员提出申请代用，在征得设计人员同意后方可进行。这样可节省大量的钢筋，避免焊接。

（8）一步到位钢筋下料法

【例】　某新建小区的每幢住宅楼外围均设有 66 根明柱，柱顶端在一层檐子底部标高为 2.050m 处封顶，且每根明柱配有 6Φ16 钢筋。现需要在基础工程中下料。

基础工程柱子的主筋下料时，施工人员往往习惯于把每根柱子的主筋甩出防潮层以上，并错开搭接，在进行一层施工时再另外下料接长。因为住宅楼结构图不像框架楼结构图那样显示柱子的竖向剖面图，所以施工人员不大注意防潮层柱子的情况而按习惯性做法下料。如果认真查看柱子防潮层以上的情况就会发现，在防潮层以上甩出的较高柱筋的柱头距柱子顶端只有 1.36m。所以考虑柱筋下料从基础直接到顶端，总共只有 3.4m 长，可以一步到位。这样不仅节省人工，而且工程质量有保证。

另外，在 1 层标高 2.400m 处封顶的还有内墙构造柱 GZ2、GZ3、GZ4，其截面尺寸分别为 370mm×570mm、370mm×700mm、370mm×900mm，主筋分别为 10Φ14、10Φ14、12Φ14 其柱筋下料也可采用一步到位法。

由此可见，柱筋采取一步到位法下料，其综合经济效益非常可观。

原来担心柱筋按一步到位法下料，其绑扎成型后的骨架较高，将妨碍回填土，但实际问题不大，而且只有当两根柱子受到碰撞才稍有形变。GZ2、GZ3、GZ4 因其骨架宽大，稳定性很好。

（9）短尺定做钢筋下料法

有的钢筋经销处能进长短不齐但质量合格的钢筋，长度大多在 7m 以下，可以根据需要截取各种长度的短料，价格也不贵。进这种钢筋短料，不仅无短头，而且也省去了机械切断费用，所以当工程中需要断筋短料时，可以根据下料单提前呈报、定做。

（10）改接头钢筋下料法

住宅楼的圈梁主筋接长经常采用绑扎搭接，节省了加密箍筋。综合看来，焊接钢筋需人工费、电费及电焊条，与绑扎搭接需用的接头费用大致相抵，但可节省箍筋。

框架楼大梁的底筋在柱子两侧往往有搭接接头，有的钢筋工按 100% 街头率绑扎搭接，在下料时以两个柱为一段分别截取钢筋，这样不仅会有大量的短头钢筋出现，而且极大地增加了钢筋焊接量，其损失较大。如果通长焊接，不仅避免了上述弊病，也减少了搭接接头，其综合经济效益也很可观。

（11）废短钢筋头降格使用下料法

【例】 某框架楼大梁端头需用 Φ20 负弯矩筋，料长 1.88m；现场有直径 Φ22、长 2m 左右的短钢筋头。

可以截取长 1.88mΦ22 短钢筋头代替 Φ20 钢筋使用。考虑这种做法会增大构件配筋率，为避免过量配筋，在具体实施时宜降低一个规格使用。

（12）无短头起头钢筋下料做法

【例】 某住宅楼基础网片为 Φ12 钢筋绑扎搭接。现场有 12m 长钢筋。

施工规范规定：绑扎接头在同一截面内的百分率不大于 25%。所以网片钢筋起头至少以 4 根相差 1.3 倍搭接长度的钢筋为一组，然后平行排列。为避免出现短头，可按以下方法起头：先截取长度＋后余长度＝12m。

$2m+10m=12m$　　　　$3m+9m=12m$　　　　$4m+8m=12m$　　　　$5m+7m=12m$

可任取 2 组，并成一组，也可以把 12m 正常钢筋作为每一组的第 5 根。但制作时并不与每组起头捆在一起而单在步筋时单独排列。这种起头方法没有短钢筋头。

在框架楼大梁起头时，如果现场只有一种长度的整尺钢筋，可以把整尺钢筋一分为二，与整尺钢筋 50% 起头。

（13）短头钢筋对接下料法

工地上往往堆放着一些暂时不用的短头钢筋，有时经焊接后能做短料。但这些短头钢筋长短不齐，如果每两根钢筋进行比对，速度太慢。现介绍一个便捷的比对方法。

先在地面上画出两道平行的所需钢筋短料的尺寸线，然后把钢筋短头在地上对齐后，分别沿两道尺寸线平行摆放，再站在与钢筋垂直的一侧查看，如果钢筋两个端头的重叠量等于或大于焊接预留量，可把这两根钢筋拿出进行焊接，之后截成所需的短料。这种方法不仅快捷，而且废短头钢筋很少，但不能作为受力钢筋使用。按照《混凝土结构设计规范》规定，在钢筋焊接区段内，即 2 倍的 $35d$（动荷载时 $2\times45d$）或 $2\times500\mathrm{mm}$ 范围内的短钢筋是不能用来连续焊接使用的。

3. 马凳和塑料垫块控制

钢筋施工

①淘汰常规的砂浆垫块，采用新型塑料垫块有效控制保护层厚度。

②塑料马凳有效控制了双层钢筋之间的间距（图 10-4-4、图 10-4-5）。

③对浇筑混凝土过程中容易受踩踏的部位采用改进过的长铁板凳控制双层钢筋间距，效果良好（图 10-4-6）。

④竖向钢筋采用卡具式塑料垫块定位（图 10-4-7）。

图 10-4-4　双层钢筋之间的马凳

图 10-4-5　马凳、塑料垫块

图 10-4-6　改进过的长铁板马凳

图 10-4-7　竖向钢筋采用的卡具式塑料垫块

⑤底板钢筋马凳支设（图 10-4-8）。

图 10-4-8　底板钢筋马凳支设

第十一章　钢筋翻样问答

1. 钢筋保护层的定义？

答：受力钢筋外边缘至混凝土表面的距离。

2. 箍筋在梁柱保护层的之里还是之外？

答：之里。

3. 框架梁纵筋的保护层一般应该是多少 mm？

答：应该是 30mm 而不应该是 25mm。

4. 为什么说框架梁纵筋的保护层规定为 25mm 而不是 30mm？

答：因为框架柱承受压力，框架梁承受拉力，保护层太小会降低梁的有效高度，减少梁纵筋的受力性能。

5. "钢筋躲让"一词出现在哪里？

答：在 06G901-1《钢筋排布规则》图集中出现。

6. 梁与柱一侧平齐边时，都有哪种钢筋躲让？

答：梁内上下紧靠柱的纵筋躲让，梁箍筋跟随躲让缩短水平边长的一个柱纵筋直径。

7. 主梁与次梁上平时，都有哪种钢筋躲让？

答：图纸未注明时，主梁所有上筋躲让，主梁箍筋跟随躲让降低垂直边高度一个次梁上筋直径。

8. 钢筋躲让时，躲让的箍筋有何变化？

答：减少长度或高度一个碰撞筋直径。

9. 箍筋尺寸按外包算合理还是按里皮算合理？为什么？

答：按外皮算合理，因为保护层是钢筋最外皮至混凝土表面的距离。

10. 箍筋的弯折半径规定不小于多少？

答：不小于 $2d$。

11. 箍筋弯钩规定为多少角度？

答：135°。

12. 箍筋的钩长指哪部分？

答：弯后平直部分。

13. 箍筋的钩长规定为多少？

答：非抗震为 $5d$；抗震或抗扭 $10d$ 与 75mm 较大值。

14. 箍筋的尺寸如何测量？

答：在两条平行边的里面垂直量尺。

15. 复合内箍筋的重叠边长怎样计算？

答：截面尺寸减 2 倍保护层，再减 2 倍箍筋直径，减 2 倍纵筋半径，除以纵筋格数，乘以内箍所含纵筋格数，加上 2 倍纵筋半径，最后还得加上箍筋直径。

16. 梁箍筋的弯钩一般朝哪?

答:朝上,主要朝向非受拉力的一边,朝向混凝土板的一侧。

17. 在什么情况下梁箍筋的弯钩朝下?

答:上反梁,板在梁的下部时。

18. 柱子箍筋的弯钩都在一个角上对吗?

答:不对,应该 4 个角错开。

19. 箍筋在梁上起什么作用?

答:起固定和约束纵筋的作用和承受一部分剪力的作用。

20. 箍筋的普通双间距是多少?

答:100 或 200。

21. 箍筋加密间距一般是多少 mm?

答:100mm。

22. 一级抗震框架梁箍筋加密区规定是多少?

答:梁高的 2 倍。

23. 三、四级抗震框架梁箍筋加密区规定是多少?

答:梁高的 1.5 倍。

24. 箍筋的弯折半径过大,会造成什么样的后果?

答:降低构件的有效高度和宽度,影响建筑物质量。但是国家没有相应规定,很可惜。

25. 在预绑梁骨架中,怎样用箍筋加固?

答:把箍筋拉开成螺旋形状塞进骨架芯里绑扎固定,间距约为 2m 绑 1 个。

26. 梁的上角筋用平法在哪里标注?

答:在集中标注处。

27. 梁的上角筋又叫什么筋?

答:梁上部贯通筋或通长筋。

28. 梁的上部通长筋要求在何处可以连接?

答:在梁净跨度 1/3 中间处。

29. 梁的支座上筋以前都叫什么筋?

答:扁担筋或负弯矩筋。

30. 梁的端支座上一排筋伸入净跨度内规定为多长?

答:1/3 净跨度。

31. 梁的端支座上两排筋伸入净跨度内规定为多长?

答:1/4 净跨度。

32. 梁中间支座上一排筋的长度怎样计算?

答:取两侧较大净跨度的 1/3 乘以 2,加上中间支座宽。

33. 梁中间支座上两排筋的长度怎样计算?

答:取两侧较大净跨度的 1/4 乘以 2,加上中间支座宽度。

34. l_{aE} 表示什么?通常叫作什么?

答:抗震锚固长度,通常叫直锚长度。

35. l_{le} 表示什么?在搭接范围内绑扎不少于几扣?

答：搭接长度，绑扎不少于 3 扣。

36. 锚固长度与搭接长度之间有什么关系？

答：乘以修正系数，是联动关系。

37. 修正系数分哪几种？

答：1.2；1.4；1.6 共三种。

38. 50% 钢筋搭接面积百分率是什么意思？

答：一半搭接一半无搭接。

39. 对于 25% 面积百分率，8 根钢筋允许几根在同一区段连接？

答：2 根。

40. 梁下部纵筋允许在哪处连接？

答：在梁下部 1/4 且靠近支座处。避开梁端箍筋加密区。

41. 在什么情况下采用 $0.4l_{abE}$？

答：直锚不足时。

42. $0.4l_{abE}+15d$ 直角钩，在 11G101-1 图集中叫作什么？

答：叫作弯锚。

43. 计算梁长时，有什么办法保证不算差？

答：算完之后，认真验算、仔细校对、反复审核，直到准确无误。

44. 计算梁钢筋，先算什么？其次算什么？最后算什么？

答：先算梁长，其次算支座宽度，最后算梁的各跨的净跨度。

45. 梁的顶层边节点，梁柱纵筋不弯钩，可不可以？

答：绝对不可以。

46. 梁的顶层边节点，有哪几种构造做法？

答：①柱边纵筋 65% 锚入梁内 $1.5l_{abE}$；②梁上筋锚入柱内 $1.7l_{abE}$。

47. 左右两跨梁高度不同时，梁纵筋在什么情况下可以弯折通过？

答：在支座宽度与梁变高度差之比＜1/6 时，可以弯折通过。

48. 上下柱截面不同时，柱纵筋在什么情况下可以弯折通过？

答：在梁高与柱变截面宽度差之比＜1/6 时，可以弯折通过。

49. 梁变截面时，纵筋不能弯折通过时，该怎样处理？

答：一侧弯锚，另一侧直锚。

钢筋识图与平法规则问答

50. 柱变截面时，纵筋不能弯折通过时，该怎样处理？

答：下柱筋弯锚入上柱边内 $12d$，上柱筋直锚入梁内 1.2 倍 l_{aE}。

51. 坐标是干什么用的？怎样表示？

答：是标识方向及定位用的，用向右、向上和向前的 3 个箭头表示。

52. 在坐标轴上，X 代表哪个方向？Y 代表哪个方向？Z 代表哪个方向？

答：X 代表从左向右方向；Y 代表从下向上方向；Z 代表垂直进入板面的方向。

53. 平法中的梁断面，乘号前面表示什么？乘号后面表示什么？

答：乘号前面表示梁宽度数值，乘号后面表示梁高度数值。

54. 平法中的柱断面，乘号前面表示什么？乘号后面表示什么？

答：从页面的角度看，乘号前面表示柱 X 方向数值，乘号后面表示柱 Y 方向数值。

55. 在结构图上，截止线和截断线有什么不同？

答：截止线是在两垂直引出线的交点上画一小短粗斜撇；截断线是在一条直线的中间断开用连续正反斜画 3 条转折直线连通。

56. 在结构图上，引出线和尺寸线有什么不同？

答：引出线上附近常有文字说明或一端有箭头，尺寸线上必须有尺寸数值而且必须两端都有截止线相切。

57. 在结构图上，中心线和轴线有什么不同？

答：中心线是点画线，轴线是细实线，线形不同用途不同。

58. 在结构图上，轴号和详图索引号有什么不同？

答：轴号是圆圈中有一组数字或字母。详图索引号是圆圈中有分数线间隔数字或字母，或者带双圆圈含数字或字母。

59. 绘图为什么要用比例？

答：比例能表明所绘物体与实际物体的对比关系。

60. 在建筑图纸上，比例号后面的数字代表什么？

答：所绘物体的缩小倍数。

61. 绘图为什么要用标高？

答：便于表示各部高度位置。

62. 标高中带有负号的数字表示什么意思？

答：低于本层板面或低于 ±0.000 的值。

63. 在 11G101-1 图集中，53 页表表内数字和 d 之间是什么关系？

答：相乘关系。

64. 抗震框架柱在标准层，非连接区的规定有哪 3 种数值？

答：①大于 1/6 柱净高；②大于 500mm；③大于柱截面长边尺寸。

65. 抗震框架柱的非连接区有个 $h_n/3$，指的是在什么地方？

答：包括地下室在内，在下数第一层。

66. 框架梁的下部纵筋，先从哪里起算？再从哪里起算？还从哪里起算？

答：先从柱外边减去保护层起算，再从柱纵筋里皮减去水平净距起算，还从梁上筋弯钩里皮起算。

67. 框架柱的纵筋下部，先从哪里起算？再从哪里起算？还从哪里起算？

答：先从垫层减去基础保护层起算，再从基础底板钢筋网上皮起算，还从基础底板梁箍筋下边上皮起算。

68. 什么叫钢筋的垂直排距，什么叫钢筋的水平净距，各是多少？

答：梁中钢筋上下分排的距离称为排距，钢筋外边缘之间的最小距离称为净距。排距不小于钢筋直径加净距，梁上部纵筋的水平净距不小于 30mm 和 $1.5d$；梁下部纵筋的水平净距不小于 25mm 和 $1d$。

69. 新规定的纵筋弯折半径为什么比以前大得多？

答：经过实验证明，弯折半径过小，会造成钢筋内部隐性断裂，影响构件的受力性能，缩短建筑物的使用寿命。

70. 加工钢筋直角弯时，弯点定于弯曲机的何处才能弯准？

答：定于钢筋弯钩方向的对侧在中心卡桩的边缘处。

71. 钢筋在成型前，应当做哪几项具体工作？

答：①调直弯料；②核对根数；③核对下料尺寸；④做试弯；⑤确定半成品摆放场地；⑥准备好标签；⑦准备好打捆扎丝；⑧准备好运送车辆。

72. 钢筋在下料前，应当做哪几项具体工作？

答：①做好搭配计划；②确定摆放场地并垫楞；③准备好打捆扎丝；④准备好标签；⑤确定料头存放场地；⑥准备好运送车辆。

73. 钢筋工所用的数字，都有哪些种类？

答：长度；直径；间距；根数；个数；参数；常数；系数；数值等。

74. 钢筋弯折后，为什么会有延伸率？

答：计算按折角，实际形成弯弧。

75. 新规定中，45°和90°的钢筋弯折延伸率，分别是多少？

答：分别是 $1d$ 和 $2d$。

76. 知道了延伸率，在具体工作中怎样运用它？

答：在下料时和在成型划线时要减去延伸率。

77. 纵筋在成型时，跟延伸率有关系吗？具体怎样做？

答：有，成型前画线时将每段将延伸长度去除之。

78. 钢筋配料单跟延伸率有关系吗？怎样运用它？

答：有，在"下料长度"栏内扣除。

79. 钢筋都有哪些种连接方式？

答：搭接；焊接；机械连接。

80. 在新时期新形势下，钢筋采用什么连接方式最好？

答：螺纹连接最好。

81. 钢筋的非接触连接是什么意思？

答：搭接的两根钢筋之间留出规定的距离。

82. 现在为什么提倡钢筋非接触连接？

答：保证混凝土对钢筋的握裹力。

83. 在梁柱节点中，箍筋是怎样要求的？

答：加密布置。

84. 在柱子配筋中，内箍筋还可以怎样做？

答：用 2 个拉筋取代。

85. "＋"加号在梁平法中，共表示哪些种意思？

答：①构件提升的高度；②表示梁内芯钢筋。

86. "－"减号在梁平法中，共表示哪些种意思？

答：只表示构件降低的高度。

87. （ ）括号在梁平法中，共表示哪些种意思？

答：①构件改变高度；②梁跨数；③箍筋肢数。

88. "/"斜撇在梁平法中，表示什么意思？

答：钢筋分排。

89. "；"在平法梁中，表示什么意思？

答：纵筋分顶部与底部。

90. 在平法中，标注总分有哪几种？

答：2 种，集中标注与原位标注。

91. 集中标注与原位标注，哪个取值优先？

答：原位标注取值优先。

92. 梁的上角筋，是否没有包括在原位标注之内？

答：已经包括在原位标注之内。

93. 为什么在原位标注处，又出现了集中标注的内容？

答：局部发生了构造改变，或截面高度宽度改变或标高改变或配筋改变，或许也有设计失误的时候。

94. 平法剪力墙内容，大概分哪 6 大项？

答：①墙梁；②墙柱；③墙水平分布筋；④墙竖向分布筋；⑤斜向交叉钢筋和暗撑；⑥洞口补强。

95. 墙梁都有哪些类型？

答：有暗梁、连梁和边框梁。

96. 墙柱都有哪些类型？

答：有暗柱、转角柱、翼墙柱、端柱、扶壁柱。

97. 墙里的横向钢筋叫什么筋？

答：叫墙水平分布筋。

98. 墙里立着的钢筋叫什么筋？

答：叫墙竖向分布筋。

99. 剪力墙中的墙用什么符号表示？

答：Q。

100. 墙中水平分布筋的弯钩朝向哪方？

答：朝向墙里。

101. 墙和墙柱中，竖向筋的上部弯钩应当取多长？

答：锚固长度减去板厚加保护层。

102. 抗震剪力墙，竖向钢筋的接头位置设在哪里？用不用错开？

答：设在基础上面或楼层板的上面，不必错开。

103. 一级抗震的剪力墙，竖向筋的接头部位是否需要错开，错开多少？

答：应当错开，绑扎错开 500mm 净距；机械连接错开 $35d$。

104. 剪力墙中的水平分布筋在转角处，有哪几种做法？

答：①直接在外侧拐过；②在柱角筋里侧弯钩，弯钩长 $0.8l_{aE}$。

105. 剪力墙中的墙梁纵筋，要放在墙柱纵筋的里边还是外边？

答：放在里边。

106. 剪力墙中的水平分布筋，要放在墙柱纵筋的里边还是外边？

答：放在外边。

107. 在等宽度的剪力墙中,墙梁与墙柱的箍筋水平边长差距多大?

答:2 倍的柱纵筋直径。

108. 剪力墙中的斜向交叉暗撑,以哪条线作为锚固点?

答:上下洞口边的连线。

109. 剪力墙中的斜向交叉暗撑,箍筋加密区在哪里?

答:在上下洞口边连线的暗撑交叉这边。

110. 剪力墙中的洞口超过多大时,洞边要设暗梁和暗柱?

答:800mm。

111. 剪力墙中的洞口在多大时,洞边要设补强筋?

答:大于 300mm 且小于 800mm 时。

112. 剪力墙中拉筋的尺寸如何计算?

答:墙厚减去双保护层的水平段长度为拉筋内尺,再加上两个 135°的弯钩,钩长各为 $10d$ 且大于 75mm。

113. 剪力墙中拉筋的间距一般是多少?

答:墙水平分布筋或竖向分布筋间距的 2 倍,以设计为准。

114. 在绑扎剪力墙时,最难处理的地方在哪个位置,怎样解决此难题?

答:在墙角,设法固定坚固并且保持垂直。

115. 剪力墙和水池池壁配筋有何不同?

答:剪力墙配筋竖筋在里横筋在外,池壁则调换位置。

116. 剪力墙的水平分布筋和竖向分布筋,哪个在里哪个在外?

答:水平筋在外,竖向筋在里。

117. 水池池壁的水平分布筋和竖直分布筋,哪个在里哪个在外?

答:池壁水平筋在里,竖直筋在外。

118. 水池池壁配筋还有什么重要特征?

答:在池底和转角处加腋,做转角加强,在池底有基础暗梁,池顶有封顶边框梁或封顶圈梁。

119. 完整的钢筋配料表由哪些要素组成?

答:钢筋的保护层、构件长度、构件宽度、构件高度、构件厚度、各个支座宽度、各个净跨尺寸、柱子的净高度、构件的件数、配筋单根数、配筋总根数、钢筋规格、直径、间距、锚固长度、钩长、边长、形状样式、角度、修正系数、搭接长度、拉筋层数、内箍包含纵筋根数、净跨分配数、弯折调整值、下料长度、完成情况、总长度、钢筋理论重量、总重量、合成吨、备注。

120. 钢筋配料表总分为哪几大项?

答:构件、配筋、结算三大项。

121. 钢筋配料表中,构件项的内容都有什么?

答:梁柱板墙的各部几何尺寸及数量。

122. 钢筋配料表中,配筋项的内容都有什么?

答:钢筋的参数、根数、规格间距、样式尺寸和下料长度以及弯折调整值。

123. 钢筋配料表中,结算项的内容都有什么?

答：钢筋的总长度、理论重量、总重量与合成吨。

124. 根数、规格、直径、间距项，如何排列才算合理？

答：根数、规格、直径、间距，跟图纸标注保持一致。

125. 在钢筋配料表中，采用分米或米为单位可不可以？

答：从广义上说应该算是可以，从严格意义上讲绝对不可以，因为经常要换算数值，工人施工容易出差错。

126. 为什么说，钢筋配料表以毫米为单位是最为标准的？

答：钢筋配料表应该和图纸保持一致的计量单位，图纸设计是以毫米为单位。

127. 什么叫"钢筋翻样立面演示法"？

答：在电子表格中，以立面形式演绎、排列、分析、计算钢筋的一种算料方法。

128. "钢筋翻样立面演示法"有什么优缺点？

答：优点：直观、迅速、明朗、实用、准确、直接指导工人绑扎安装；缺点：需要扎实的专业基本功，过于求全，不易掌握。

129. "钢筋翻样立面演示法"有什么推广应用价值？

答：经过不断改进、充实、完善，预计有希望成为较为理想实用的钢筋施工从电子表格入门的翻样方法。

130. "钢筋翻样立面演示法"能否成为最好用的钢筋翻样方法？

答：或许能，看发展。

131. "钢筋翻样立面演示法"和平法中哪个内容相类似？

答：结构层高表。

132. 在"钢筋翻样立面演示法"中，数字栏为什么加上标识？

答：便于观察不致混淆。

133. "钢筋翻样立面演示法"的灵活性和实用性体现在哪里？

答：运算结果跟随数据源变化是其灵活性，直接用于工人现场操作是其实用性。

134. 钢筋手工算料最容易在哪里出错？

答：在构件尺寸、钢筋计算时。

135. 钢筋计算机算料最容易在哪里出错？

答：①数字录入疏忽；②复制粘贴后忘记修改。

136. 如何最大限度地减少手工算料的出错率？

答：检验，核对。

137. 如何最大限度地减少计算机算料的出错率？

答：复检，验证。

138. 有什么好方法保证钢筋翻样不出错？

答：由技术过硬的第二人审核。

139. 钢筋配料表的分类汇总，用什么东西算最快最准确？

答：用电脑中电子表格里的"数据透视表"或专业软件。

140. 楼梯分为哪些形式？

答：梁式、板式、旋转式、电动式、错级式等。

141. 梁式楼梯的特点是什么？

答：以斜梁为支承重点。

142. 板式楼梯的特点是什么？

答：以斜板为主体。

143. 旋转式楼梯的特点是什么？

答：旋转上升。

144. 错级式楼梯的优缺点是什么？

答：优点是大量节省空间，缺点是下楼时感觉害怕、不舒服。

145. 活动式楼梯的特点是什么？

答：用于阁楼，可随时移动，方便实用。

146. 电动滚梯的特点是什么？

答：先进、便利、人性化。

147. 电梯的围护结构设计与普通楼梯有什么不同？

答：增设坚固的墙壁围护，以防止万一发生事故危及周围人员。

148. 各式楼梯中，哪种楼梯最常用也最实用？

答：板式楼梯。

149. 板式楼梯大致分为哪些？

答：直板式、下折板式、上折板式、中平板式、旋转板式。

150. 在平法中，k 值是什么意思，有什么用处？

答：k 值是一个坡度系数，用它来计算梯板的斜长又快又准。

151. k 值是根据什么算出来的？

答：根据步长和步高。

152. k 值是怎样计算出来的？

答：将步长的平方加上步高的平方之和进行开方，用开方所得的值除以步长，用勾股定理。

153. 直板式楼梯的扣筋斜长怎样取值？

答：梯板斜长净跨度的 1/4 加上伸入梁中的长度乘以 k 值。

154. 板式楼梯中，下部主筋与上部扣筋有什么内在关系？

答：按下部纵筋强度的 1/2 设计。

155. 在折板式楼梯中，为什么在转折角处把钢筋做成互插式？

答：钢筋互插加强薄弱部位，为了保证转折节点坚固。

156. 在折板式楼梯中，转角互插钢筋的插入深度如何计算？

答：钢筋直径乘以锚固长度。

157. 在板式楼梯中，梯板厚度指的是什么，用什么代号表示？

答：踏步阴角至板底的垂直距离。用 h 表示。

158. 计算哪种钢筋时，能用上梯板厚度？

答：梯板支座筋。

159. 梯板的斜放纵筋，用什么数值计算最快？

答：用 k 值。

160. 梯板钢筋须等到什么时候才能开始制作？

答：木工支模完毕时。

161. 梯板扣筋有什么较好的方法措施才能保证不被踩踏变形？

答：采用十字形马凳绑在扣筋下面。

162. 折板式楼梯的扣筋斜长，根据什么数值计算？

答：踏步段水平净跨度，还有 k 值。

163. 梯板的单边支承点在哪里？

答：在楼梯梁上。

164. 混凝土构件中，为什么要加入钢筋？

答：钢筋能够补偿混凝土拉强度不足的缺点。

165. 混凝土的抗拉力和抗压力有何不同，相差多少？

答：抗拉强度小抗压强度大，相差约在 8～10 倍。

166. 钢筋的抗拉强度和抗压强度相差多少？

答：相差微小。

167. 钢筋在什么情况下出现隐性裂纹？

答：煨陡弯或反弯时。

168. 二级以上钢筋是否可以反弯？

答：绝对不可以。

169. 一级钢筋的末端为什么要做弯钩，做多少度的弯钩？

答：光圆钢筋无弯钩锚固不住，做 180° 半圆弯钩。

170. 一级钢筋在什么情况下可以不做弯钩？

答：在只受压力时和作为构造筋时。

171. 二级钢筋什么情况下可以不做弯钩？

答：在达到直锚长度时。

172. 在梁跨度中间部位的下边，钢筋受什么力最大？

答：拉力。

173. 在梁中间支座的上部，钢筋受什么力最大？

答：拉力。

174. 在梁净跨度距离支座 15cm 的地方，钢筋受什么力最大？

答：剪力。

175. 在雨篷梁或阳台梁的侧边，钢筋受什么力最大？

答：扭力。

176. 在雨篷和阳台板的根部上边，混凝土受什么力最大？

答：拉力。

177. 人们常说的雨篷"撂帘"是怎么一回事，为什么？

答：雨篷塌落，因上部受力钢筋的位置改变被踩到下边。

178. 如何预防阳台"撂帘"？

答：用马凳垫起上部受力钢筋，保证其位置准确。

179. 常用钢筋定位的马凳都有哪些？

答：几字形、十字形、工字形、马架形、三角形、人字形、王字形等。

180. 几字形马凳"蚂蚱腿儿"，有何优缺点？

答：制作简便是其优点；容易翻仰而且支承面积小是其缺点。

181. 条型长马凳有什么优点？

答：支承面积大。

182. 十字形马凳有何优缺点，可用几根料怎样制作？

答：支承面积大牢固稳定利用料头是其优点，焊接量较大是其缺点，用 3 至 4 根料头制作。

183. 二齿钩形马凳有何优缺点，采用的是什么工作原理？

答：制作简易，灵活方便是其优点，着力面积小是其缺点，采用杠杆原理。

184. A字形、工字形、丁字形、王字形、艹字形马凳都怎样制作？

答：用料头下料弯钩，可焊接成各种形状。

185. 预绑梁骨架，都有哪几种加固方式？哪种加固方式最好？

答：①斜拉加固式；②绑扎加固圈式（侧边、斜放、缠绕）；③焊交叉点（不允许）；④绑固直角钩；⑤内螺旋固定式。以内螺旋固定式为最好。

186. 现绑梁钢筋，用什么窍门最快最省力？

答：将钢筋用马凳架起来绑扎。

187. 在已经支完的模板上绑扎柱节点箍筋，有没有改进措施？

答：有，预告焊箍筋笼。

188. 柱箍筋笼子是怎么一回事，有没有推广应用价值？

答：把柱节点处的箍筋事先焊成立方体，绑扎时套在柱子上，大有推广应用价值。

189. 间距@的准确定义是啥？

答：中心点距离。

190. 间距和净距有什么区别？

答：间距是中心点距离，净距是里皮边缘至里皮边缘的最近距离，两种距离不同。

191. 间距@100 最常用在何处？

答：箍筋加密处。

192. 间距@50 最常用在何处？

答：主次梁交点的附加箍筋。

193. 间距@150 最常用在何处？

答：墙筋、板筋，墙柱箍筋。

194. 间距@200 最常用在何处？

答：普通箍筋，墙、板中分布筋。

195. 间距@250 最常用在何处？

答：非抗震要求的梁柱箍筋，单向板分布筋。

196. 在绑扎钢筋时，如何保证钢筋间距的准确度？

答：划线定位是最佳做法。

197. 箍筋间距的允许偏差是多少？

答：正负 20mm。

198. 板筋间距的允许偏差是多少？

答：正负 10mm。

199. 柱纵筋间距的允许偏差是多少？

答：正负 5mm。

200. 骨架截面高度和宽度的允许偏差是多少？

答：正负 5mm。

201. 梁上层钢筋的排距由什么定位？

答：箍筋的 135°斜弯钩；直径 25mm 垫筋。

202. 梁下部钢筋的排距用什么定位？

答：用直径 25mm 短钢筋。俗称垫棒、垫铁、垫筋。

203. 排距定位筋的下料长度是多少？

答：梁宽减去 20～30mm。

204. 吊筋是干什么用的？

答：承担主梁中次梁形成的集中荷载。

205. 吊筋的斜长怎样计算？

答：用梁高减去保护层乘以斜长系数。

206. 吊筋的上平直段如何计算？

答：吊筋直径乘以 20。

207. 吊筋的下平直段如何计算？

答：次梁宽度加 100mm。

208. 吊筋应当绑在梁的什么位置？

答：吊筋下边中心点正对次梁断面下边中心点并且位于主梁角筋的内侧。

209. 吊筋贴在箍筋上绑扎对不对，为什么？

答：不对，因为影响受力性能。

210. 吊筋的斜长有哪几种角度，在什么情况下应用？

答：45°和 60°两种角度，当梁高大于、等于和小于 800mm 时应用。

211. 腰筋总分为几个种类？

答：构造腰筋和抗扭腰筋两个种类。

212. 腰筋在梁中如何摆放？

答：在梁净高度减去保护层范围内等间距排列。

213. 抗扭腰筋与构造腰筋有什么不同？

答：作用不同代号不同，抗扭腰筋用 N 打头，构造腰筋用 G 打头。抗扭腰筋锚固与梁纵筋相同，构造腰筋锚固 15d。

214. 与梁纵筋锚固相同的腰筋属于哪一类？

答：属于抗扭腰筋。

215. 锚固 15d 的腰筋又属于哪一类？

答：属于构造腰筋。

216. 腰筋的垂直间距规定不大于多少？

答：不大于 200mm。

217. 梁在多高时必须增设腰筋？

答：腹板高度≥450mm 时。

218. 两端直锚的连梁和暗梁，如何确定梁长？

答：以净跨度加 2 倍锚固长度来确定梁的长度。

219. 一端直锚的连梁和暗梁，如何确定梁长？

答：一端支座宽度加净跨度加锚固长度。

220. 梁的概念是什么？

答：至少有 1 个支座的承托条形构件。

221. 柱的概念是什么？

答：垂直于地面立起，且有一定基础的构件。

222. 墙的概念是什么？

答：垂直于地面建造的板状构件。

223. 剪力墙与砖墙，有多少不同点？

答：砖墙或许有洞，剪力墙中有暗梁暗柱斜向支撑等，至少有 5 点不同。

224. 楼层板的概念是什么？

答：楼房中，各层之间的隔板、底板和盖板。

225. 屋面板的概念是什么？

答：房屋的顶板，即房盖。

226. 楼层梁与屋面梁的配筋构造有什么不同？

答：楼层梁钢筋可以直锚，屋面梁钢筋不可以直锚，而且还要增加锚固长度。

227. 墙梁中，暗梁与边框梁的配筋有什么不同？

答：暗梁钢筋可以直锚，边框梁钢筋不可以直锚，而且还要增加锚固长度。

228. 墙柱与框架柱的配筋有什么不同，有什么相同？

答：墙柱纵筋的搭接长度同剪力墙，框架柱纵筋的搭接长度按面积百分率的修正系数。箍筋加密时，墙柱和框架柱的构造要求相同。

229. 墙梁中的连梁，与砖墙中的圈梁配筋构造，是否可以通用？

答：不可以，锚固长度的规定不同。

230. 过梁配筋跟圈梁比较，有什么相似的地方？

答：过梁配筋一般情况下类似于截取圈梁断面，过梁上筋较小。

231. 什么叫简支梁，什么叫连系梁，什么叫悬挑梁？

答：只有两个支座的梁叫简支梁；有三个以上支座并且连通在一起的梁叫连系梁；只有一个支座而且一头悬空的梁叫悬挑梁。

232. 悬挑梁是否存在跨度？

答：不存在。

233. 悬挑梁的根部和梢部截面高度，在平法中如何表示？

答：用斜线/分隔表示。

234. 悬挑梁的上边筋在梢部的弯钩长是多少？

答：≥12d。

235. 悬挑梁的下筋在根部的锚固长度是多少？

答：15 倍钢筋直径，光面钢筋 15 倍直径。

236. 悬挑梁的上部两排筋在悬挑范围内的长度是多少?

答:0.75 倍的悬挑段净长度。

237. 悬挑梁在什么情况下,上部中间钢筋须向下弯折?

答:悬挑段净长度与悬挑梁根部高度之比大于 1/4 时。

238. 悬挑梁受剪力最大处在哪儿?

答:在梁根部。

239. 在平法中,KZ 代表什么构件?

答:框架柱。

240. 在平法中,Q 代表什么构件?

答:剪力墙墙身。

241. 在平法中,YAZ 代表什么构件?

答:约束边缘暗柱。

242. 在平法中,LL 代表什么构件?

答:连梁。

243. 在平法中,YDZ 代表什么构件?

答:约束边缘端柱。

244. 在平法中,GYZ 代表什么构件?

答:构造边缘翼墙柱。

245. 在平法中,b 和 b_1、b_2 表示什么意思?

答:柱子截面宽度和在轴线左右两边的宽度。

246. 在平法中,h 和 h_1、h_2 表示什么意思?

答:柱子截面高度和在轴线上下两边的高度。

247. 在平法中,L_n 表示什么意思?

答:支座两边净跨度的较大值。

248. 在平法中,$L_n/4$ 是指什么构造要求?

答:支座上两排筋伸入净跨度内的长度。

249. 在平法中,屋面梁用什么代号表示?

答:WL 和 WKL。

250. 在平法中,井格梁用什么代号表示?

答:JSL。

251. 非框架梁的配筋构造,有何特征?

答:箍筋不加密,下部纵筋伸入支座内的锚固长度为 $12d$。

252. $8d$ 直角弯钩用在何处?

答:框架封顶柱边筋弯到柱内侧后再向下弯的钩长值。

253. $12d$ 直角弯钩用在何处?

答:柱插筋下钩长和柱封顶筋上钩长;非框梁下纵筋的直锚长度,还有基础筏板梁纵筋的钩长值。

254. $15d$ 直角弯钩用在何处?

答:梁纵筋的弯锚钩长;构造腰筋的直锚长度。

255. 混凝土强度 C25、C30 中的 25、30，指的是什么意思？

答：抗压强度等级。

256. 钢筋直径都用什么代号表示？

答：Ⅰ级钢筋用Φ，Ⅱ级钢筋用Φ，通常用 d 表示。

257. 圆形的半径都用什么代号表示？

答：大写的 R 和小写的 r。

258. 圆形的周长如何计算，圆形的面积如何计算？

答：圆形的周长用直径乘以圆周率，圆形的面积用半径的平方乘以圆周率。

259. 钢筋搭接的 3 个修正系数之间，有什么潜在规律？

答：在同一搭接区内，所搭接钢筋的接头数越多，修正系数越大，反之越小。

260. 墙钢筋的最小相邻搭接头净距是多少？

答：500mm 和 $35d$。

261. 钢筋的 $6.25d$ 一般用在什么地方？

答：用在光面钢筋半圆弯钩的设计长度。

262. 钢筋的 $10d$ 在什么情况下用到？

答：非抗震非框架纵筋的直角弯钩钩长、承台梁板筋的钩长和箍筋 135° 斜弯钩的弯后平直段长度。

263. 钢筋 $20d$ 的应用部位？

答：吊筋一侧的上平直段长度。

264. 钢筋 $35d$ 的应用部位？

答：钢筋机械连接点的错位距离。

265. 0.75L，在什么情况下出现？

答：悬挑梁的上部设有两排筋时。

266. 脚标的 E，如 l_{aE}，有什么特殊意义？

答：具有抗震要求时采用。

267. 直径为 20mm，查表在 $30d$ 的前提下，$0.4l_{abE}$ 的值是多少？

答：20mm×30×0.4＝240mm。

268. $0.4l_{abE}$，究竟是一个什么性质的专用数值？

答：弯锚最小极限值。

269. 那 $0.7l_{aE}$，又究竟是一个什么性质的专用数值？

答：机械锚固最小极限值。

270. $0.8l_{aE}$，在什么情况下采用？

答：墙水平分布筋在转角柱搭接时的弯折段长度值。

271. $0.8l_{aE}$ 中 0.8 和 l_{aE} 之间，是什么运算关系？

答：相乘关系。

272. $1.2l_{aE}$，用在哪里？

答：上柱与下柱纵筋根数不等时，多出的柱纵筋的直锚长度；剪力墙水平分布筋的最小搭接长度；墙及墙柱的最小搭接长度。

273. $1.5l_{abE}$，用在哪里？

答：顶层边节点，柱纵筋封顶时伸入梁内的锚固长度。

274. $1.7l_{abE}$，用在哪里？

答：顶层边节点，梁上部钢筋的弯折长度。

275. $0.3l_{lE}$在哪里用到？

答：柱纵筋相邻搭接头的净距离。

276. $1.3l_{lE}$在哪里用到？

答：柱纵筋相邻搭接中心点的距离。

277. $h_n/3$ 指的什么区域？

答：底层抗震框架柱下部钢筋非连接区和箍筋加密区。

278. $h_n/6$ 又指的什么区域？在哪里能直接查得？

答：除底层外各层抗震框架柱上下的钢筋非连接区和箍筋加密区。在 11G101-1 图集第 57～第 58 页表可直接查得。

279. 在平法中，h_c 表示什么意思？

答：表示柱截面长边尺寸。

280. $0.5h_c+5d$，指的是什么情况下的什么内容？

答：梁下部纵筋在中间支座的直锚长度。

281. 1/6 的特定数值，在梁柱中，界定什么情况什么内容？

答：还有在梁柱变截面时，界定钢筋顺弯拐过还是收口重新锚入。

282. 小墙肢剪力墙的定义是什么？

答：小墙肢即墙肢长度不大于墙厚 3 倍的剪力墙。

283. 50mm，在平法构造中，有何特殊意义？

答：梁箍筋、墙板分布筋的起始定位点和吊筋的下部弯折点。

284. 500mm，在平法构造中，有何特殊意义？

答：常用于柱在标准层的钢筋非连接区和箍筋加密区，还有柱焊接连接的最小交错间隔点的距离。

285. 100mm，在图纸上，经常出现在什么情况下什么构件中？

答：垫层厚度和垫层台肩宽度，还有加密时的箍筋间距。

286. h_b 在平法中表示什么？

答：梁高尺寸。

287. $1.5h_b$ 和 $2h_b$，分别用在什么情况下的箍筋加密区？

答：二～四级抗震和一级抗震。

288. 钢筋工的职业道德体现在哪几方面？

答：①责任心；②事业心；③敬业精神。

289. 绑扎梁箍筋和板筋，不画间距线，是否可行？

答：有参照点可以，否则不可以，属粗制滥造。

290. 楼层绑扎梁钢筋，绑扎完毕剩下许多箍筋，原因何在？

答：①绑扎拉大箍筋间距；②运送至楼层的箍筋过多；③设计临时变更取消一些梁；④翻样错误，箍筋算多了。

291. 楼层绑扎板钢筋，绑扎中途钢筋不够用，原因何在？

答：运送板钢筋数量不足，或者制作板钢筋没有做够数，或者翻样算少了。

292. 绑扎大梁钢筋时，下部纵筋用梅花扣绑扎，是否可以？

答：不允许，要全扣绑扎。

293. 绑完梁钢筋后箍筋剩下很多，应当怎样处理，具体怎样做？

答：分类摆放做记录，留着下次使用；或者改成小型箍筋或拉筋，改成小型料时，尽量少出现料头，把浪费减小到最低限度。

294. 骨架预绑安装和现场绑扎，在工作效率上有什么不同？

答：效率相差很多，预绑安装的效率最高，能节省许多用工。

295. 梁柱节点不套箍筋，套箍筋不好绑梁，此做法为什么盛行？

答：管理者对此事要求不严、管理力度不够。

296. 有没有先进而科学的方法使梁柱节点加密箍筋的绑扎难题迎刃而解？

答：有，采用焊制箍筋笼子的方法。

297. 梁下部钢筋不绑扎或只绑几扣，结果是？

答：梁下部纵筋间距不匀或成堆，箍筋间距不匀导致倾斜。

298. 在浇筑混凝土现浇板时不搭设浮动跳板，是否违规？

答：属于违规操作，板面筋负筋的位置得不到保证。

299. 钢筋班组的文明施工，主要体现在哪几点？

答：场地清洁，材料摆放整齐，料头分类归堆，工人素质优秀，团结向上。产品质量合格，保证工程进度。

300. 紧靠切断机一大堆钢筋头长期堆放，这个班组如何？

答：工作不是行家，不是正牌组织。

301. 根本不热爱钢筋工作而当钢筋工，请问他的积极性如何？

答：积极性非常难以保证。

302. 以前用的弯起筋，为什么在平法中被淘汰掉了？

答：使用弯起筋的弊端是支座附近的混凝土出现裂缝。

303. 以前用的吊筋，为什么在平法中被保留下来？

答：吊筋具有非常优越的抗剪性能。

304. 以前用的箍筋弯钩可做成直角，在平法中为什么不允许？

答：为了确保构件质量和抗震性能。

305. 以前用的箍筋弯钩钩长为50mm，在平法中为什么不这样规定？

答：平法大多为抗震设计要求。

306. 以前用LL表示连系梁，LL在平法中代表什么梁？

答：剪力墙中的连梁。

307. 以前绘制钢筋图纸有许多截面图，用平法绘图有没有截面图？

答：有，是截面注写方式。

308. 在平法中把什么内容列为重点？

答：规则、抗震、构造做法。

309. 平法中的构造做法，是根据什么条件总结出来的？

答：地震现场勘察、破坏实验、结构设计理论、结构规范等多种设计依据文件。

310. 为什么说，学好平法，当钢筋工，走遍全国都不怕？

答：平面表示法系列图集是全国统一的钢筋设计施工主要依据。

311. 平法图集，到现在都出版了哪些？

答：框架-剪力墙结构；现浇混凝土板式楼梯；筏形基础；现浇混凝土楼面与屋面板；独立基础、条形基础、桩基承台；（坡屋面梁）；钢筋排布规则。

312. 环氧树脂涂层钢筋是做什么用的？

答：用于混凝土构件处于潮湿环境和钢筋易受侵蚀的环境。

313. 普通钢筋在平法图集中，都有哪几种？

答：HPB235；HRB335；HRB400；HRB500。

314. 冷拔低碳钢丝是不是钢筋，它的主要用途是什么？

答：是钢筋的一种，主要用于薄壁型预制构件。

315. 冷轧带肋钢筋是什么材料，它有什么优点和特点？

答：冷加工强化材料，优点是节省钢材资源，特点是增加了脆性，现场调直费工。

316. 冷轧扭钢筋的材料性能是否可靠，干什么用最好？

答：非常可靠，作为现浇板和剪力墙配筋最好。

317. 冷轧带肋钢筋的规格常用的有哪几种？

答：有直径 5mm、7mm、9mm、12mm。

318. 冷轧扭钢筋的理论重量为什么发生了变异？

答：冷轧扭钢筋的直径是标称直径而不是公称直径，与实际直径不符而理论重量值没有改变。

319. 冷轧扭钢筋直径 6mm、8mm、10mm 的，理论重量分别是多少 kg/m？

答：0.232kg/m；0.356kg/m；0.536kg/m。

320. 在各个平法图集中，哪些内容是通用的而且是最常用的？

答：锚固长度；搭接长度；修正系数；混凝土环境类别；机械锚固构造；纵向钢筋弯折要求。

321. 分界箍筋是哪一个，起什么作用？

答：改变间距的第一个，起间距改变的标记作用。

322. 防裂构造网片是干什么用的，配筋如何？

答：在保护层过大时防止产生裂缝而采用，配筋为 $\phi4@150$ 或 $\phi6@150$，锚入相邻构件内不小于150mm。

323. 梁纵筋的上部非连接区在哪里，为什么？

答：在梁净跨度 1/3 靠近支座处，因此处是承受拉力最大区域。

324. 梁纵筋的下部非连接区又在哪里，为什么？

答：梁净跨度 1/4 中间两处，此处也是承受拉力较大区域。

325. 梁的复合内箍筋，重叠边的计算公式是什么？

答：（外箍筋内尺寸$-d$）÷纵筋格数×包含纵筋格数$+d$。

326. 在什么情况下，梁箍筋的弯钩可设在梁底部，在哪本图集多少页？

答：上反梁时板在梁的下部。在 12G901-1 图集。

327. 箍筋的弯钩在梁中应当如何排布，在柱子中又应当如何排布？

答：弯钩设置在梁受拉力最小处和梁含板处且遵循均匀对称原则，在柱中四角错开。

328. 柱子箍筋加密区和纵筋非连接区，有什么内在联系？

答：同一区域，是框架节点核心区。

329. 图集 06G901-1 第 19 页，单画那么多箍筋，是要说明什么关键内容？

答：把箍筋弯钩均匀地沿四周轮流错开。

330. 梁筋在柱子中的弯钩与柱纵筋之间，有什么说法？

答：要保持水平净距。

331. 钢筋翻样跟钢筋放样有什么关系？

答：钢筋放样是钢筋翻样最好的验证手段。

332. 钢筋放样都包括哪些种类？

答：放大样、放小样、放实样、放虚样即应用计算机软件放样。

333. 桩的加劲内环，是什么？

答：用直径 12mm 钢筋做的焊住开口的圆圈。

334. 大型沉井的钢筋计算，分哪几步？

答：①计算井壁内周长；②计算井壁外周长；③计算井壁分层高度；④计算各钢筋型号。

335. 计算斜形构件钢筋，最终检验方法是什么？

答：放实样或用电脑放样或实际量尺。

336. 为什么说楼梯板的钢筋，必须到模板上实际量尺？

答：因为支模有偏差。

337. 弧形梁的纵筋，受什么力最大，按什么梁计算？

答：受扭力最大，按抗震框架梁计算。

338. 弧形梁的配筋要点是什么，关键部位又是什么部位？

答：保证抗扭钢筋的作用力，关键部位是在梁的根部。

339. 弧形梁的纵筋，分几步才能计算出来？

答：①求出弧半径；②算出弧长；③计算出支座长度；④计算出钩长。

340. 坡屋面梁的箍筋，是不是方形的，为什么？

答：有的是，有的不是，要随着坡度走。

341. 坡屋面梁的箍筋，是垂直绑扎的吗，与什么垂直？

答：是，与梁纵筋垂直。

342. 长方形楼层板，纵横长短筋哪个在上哪个在下？

答：长筋在上，短筋在下。

343. 长方形基础网片，纵横长短筋哪个在上哪个在下？

答：长筋在下，短筋在上。

344. 基础的保护层，旧规范规定是多少，新规范规定又是多少？

答：旧规范规定下部有垫层 35mm，新规定下部有垫层 40mm。

345. 基础底板筋的长度，有时候为什么要减短十分之一？

答：为了节省钢筋。

346. 被减短的基础底板筋，把边的钢筋减不减短？

答：不减短。

347. 在什么前提下基础底板筋才可以减短，旧规范的规定数值是多少？

答：底板宽度大于 2500mm，旧规范规定是 1600mm。

348. 钢筋的非接触搭接是什么意思？

答：两根搭接钢筋之间保持净距 30mm。

349. 基础底板边钢筋到混凝土外边缘的最近距离规定是多少？

答：等于或小于 75mm 并且等于或小于 0.5 板筋间距。

350. 基础底板梁之下的与此梁平行的底板分布筋是否有必要设置？

答：没有必要。

351. 基础底板梁的箍筋计算，最要注意的是什么内容？

答：在扣减保护层的同时，勿忘扣减底板筋直径和箍筋直径。不然要超高超厚。

352. 底板梁纵筋的封头弯钩是多长？

答：一般是 12d。

353. 建筑物的基础大致分为哪几种类型？

答：坡形基础、阶形基础、筏形基础、独立基础、条形基础、杯形基础、桩基础。

354. 桩顶嵌入承台有哪几种尺寸，分别用在什么情况下？

答：两种，桩直径小于 800mm 时嵌入 50mm，大于 800mm 时嵌入 100mm。

355. 桩承台筋在什么情况下要加弯钩？

答：直锚长度不足时。

356. 承台和承台梁纵筋的端部弯钩，规定为多长？

答：10d。

357. 基础垫层的厚度设计为多少，垫层台肩的尺寸又是多少，在哪页？

答：均为 100mm，在图集 11G101-3。

358. 柱在基础或基础梁中的箍筋个数，规定为多少？

答：不少于 2 个且箍筋间距不大于 500mm。

359. 柱在基础或基础梁中可否采用复合箍筋？

答：没必要，只用外箍即可。

360. 在什么情况下，梁下部纵筋的端部弯钩可以朝下？在图集的哪页有说明？

答：当为非抗震且施工缝不留在梁底时，在图集 06G101-6 第 68 页。

361. 所有的梁柱构件，第 1 道箍筋从哪里开始起算？

答：从支座里皮或边缘上皮或下皮 50mm 起算。

362. 基础梁梁底梁顶有高差时，配筋构造特征是什么，具体在哪页？

答：增设两排补强钢筋，在图集 06G101-6 第 55 页。

363. 坡形基础在柱根处的缩台尺寸一般设计为多少 mm？

答：50mm。

364. 丁字交接和十字交接基础底板筋，次板伸入主板多少距离排布？

答：1/4 板宽度，见 06G101-3 第 58 页。

365. 基础底板转角处，两方向板筋如何布置？

答：满布置。

366. 条形基础底板的分布筋，伸入独立基础底板内多少？

答：150mm。

367. 基础底板底部出现斜坡时，板纵向配筋怎样构造？在多少页？

答：在阴角处互插，06G101-6 第 59 页。

368. 板如果配有双层筋，顶层钢筋用平法如何表示，底筋如何表示？

答：顶层钢筋用 T 打头引导，底层钢筋用 B 打头引导。

369. 反扣吊筋是什么，配筋原理与吊筋有何不同？

答：与吊筋作用原理相同受力方向相反，用在基础梁交叉处。

370. 基础交叉梁加密箍筋的加密范围是多少？

答：每侧等于相交梁宽，见图集 04G101-3 第 35 页左上图。

371. 筏板梁的腰筋间距如何起算？

答：从筏板的边缘起算。

372. 筏板梁的腰筋和拉筋构造规定和框架梁相比，有什么相同之处？

答：配筋范围和间距。

373. 基础梁的加腋和框架梁的加腋道理是否一样？

答：一样。

374. 基础梁与柱等宽时，柱子纵筋放在梁纵筋的里边对还是外边？

答：放外边。

375. 什么叫插筋，插筋的作用是什么？

答：柱根纵筋，墙栽根竖向筋为打底用。

376. 柱墙插筋弯钩最小不得小于多少 mm？

答：150mm。

377. 柱墙插筋弯钩的长度，是不是统一规定为 12d。

答：不是。在图集 06G101-6 第 66 页和图集 04G101-3 第 32 页有说明。

378. 梁有加腋还有侧腋，出现侧腋的前提条件是什么？

答：基础梁截面宽度小于柱截面尺寸时。

379. 筏板封边都有哪几种构造做法。在图集哪页有说明？

答：①筏板顶部与底部纵筋弯钩交错 15d；②增设 U 形构造封边筋，在图集 04G101-3 第 43 页有说明。

380. 两道梁相互交叉，哪道梁的箍筋照常通过？

答：主梁或截面尺寸大的梁。

381. 基础筏板主次梁的箍筋加密区有何根据？

答：按设计标注。

382. 基础主次梁的反支座下筋规律与框架梁相比较，有何差别？

答：基础梁是跨度，框架梁是净跨度，而且受力方向相反。

383. 回想一下，X、Y、B、T 这 4 个重点代号都代表什么？

答：分别代表从左往右方向；从下往上方向；底层筋；上层筋。

384. 基础主次梁反支座下筋的净跨内长度，也取相邻两跨的较大值吗？

答：是的。

385. 基础梁筋板筋的端头钩长，有 $12d$ 有 $15d$，区别在哪里？

答：前者为构造要求，后者为弯锚要求。

386. 柱墩是什么，有什么作用？

答：柱墩是柱根加粗形成的隆起物，起加强柱根承载力的作用。

387. 柱帽是什么？有什么作用？

答：是柱梢增设了附加承托，起加强柱顶承载力的作用。

388. 钢筋调直共有哪几种方法？

答：用车拉直、用绞磨抻直、用卷扬机冷拉、用调直机调直。

389. 用卷扬机拉直钢筋要注意什么？

答：注意防止松脱伤人、注意行人被绊倒、注意钢筋缠绕进滚筒、注意钢丝绳脱轨、注意要抻到屈服点。

390. 用钢筋调直机调直钢筋有什么危险？

答：钢筋失控旋转轮伤操作人员和周围人员。

391. 如何预防用调直机调直钢筋造成伤人事故？

答：控制住钢筋端头，使之不跟随调直机滚筒旋转。

392. 用调直机调直钢筋最少可由几人操作，效率如何？

答：1 人就可以。效率更高。

393. 用调直机调直钢筋时，最好的配套设施是什么？

答：放架线，滑轨。

394. 用什么东西充当垫钢筋的保护层最好？

答：塑料卡和预制垫块，还有符合厚度的大理石块。

395. 钢筋下料的基本原则是什么？

答：先下长料后下短料，集中搭配下料。

396. 为什么要提倡钢筋的搭配下料？

答：可以节省钢筋原材，少出料头。

397. 钢筋下料的尺寸允许偏差是多少？

答：±10mm。

398. 下完料的钢筋应当怎样处理？

答：垫楞、分类、挂签、摆放整齐。

399. 钢筋料头如何处理才是最佳做法？

答：按粗细长短分类可一头摆放齐整，下次下料先可料头选用。

400. 一个好的施工班组，钢筋料头能控制在什么程度？

答：1.5％～1％。

401. 好的钢筋班组所节省的料头，其价值约等于钢筋总值的多少？

答：2％～3％。

402. 钢筋在成型前，必须要做的 4 项工作是什么？

答：查数、检尺、调直、试弯。

403. 箍筋手工成型有哪几种方式方法？

答：左拉成型，右拉成型，中分成型。

404. 箍筋的机械成型有哪几种方式方法？

答：中分成型，偏分成型，自动成型。

405. 箍筋的弯折半径大于所含纵筋的半径，有什么后果？

答：改变纵筋位置，影响有效高度，降低构件质量。

406. 梁纵筋的直角弯钩，角度弯小了往外张，对于绑扎有何影响？

答：缩小了锚固长度，影响相交梁的纵筋穿入。

407. 梁纵筋的直角弯钩，角度弯大了往里勾，对于绑扎有何影响？

答：占据相交梁纵筋位置。影响绑扎速度。

408. 现浇板的主筋伸入支座最短不能短多少？

答：不能短于直径的 5 倍且不能短于支座半宽度。

409. 现浇板的扣筋做的长短不齐，绑扎完后成什么样子？

答：狼牙锯齿，里出外进，难看、丢丑又影响质量。

410. 对于边梁，扣筋的端头钩应当扣在哪个位置？

答：顶到梁的边筋上。

411. 扣筋在梁上应当绑扎还是不应当绑扎？

答：应当而且必须绑扎。

412. 扣筋下的分布筋应当怎样下料？

答：躲开扣筋交叉网并且伸入扣筋交叉网内 1.5 倍的扣筋间距。

413. 扣筋的直角钩下是否要减保护层？

答：不用减。

414. 板扣筋直角钩的保护层一般减掉多少？

答：20mm。

415. 工人在操作中，手与成型挡板的距离不得小于多远？

答：10cm。

416. 钢筋制作场地的电器，有什么特殊要求？

答：必须安装漏电断路保护器。

417. 钢筋制作场地的电线电缆，有什么特殊要求？

答：必须外加护套管，或者架空设置。

418. 漏电保护器和自动断路开关，对于钢筋制作，有什么用处？

答：安全保险。

419. 钢筋的吊装有什么危险性，如何防范？

答：危险是脱落伤人，防范是捆紧拴牢。

420. 钢筋在半空中操作，最最要紧的注意事项有哪些？

答：操作人员要拴牢安全带和安全绳，钢筋要防止碰触电闸电线电缆。

421. 钢筋工穿什么鞋上岗，工作起来最安全。

答：胶鞋，防滑鞋。

422. 绑扎基础底板筋是长筋在下还是短筋在下？

答：长筋在下或按图施工。

423. 绑扎梁和柱平齐边钢筋，梁筋在柱筋的里边还是外边？

答：里边。

424. 绑柱和墙一平面的钢筋，墙水平分布筋放在梁筋的里边还是外边？

答：外边。

425. 绑扎剪力墙的钢筋，是竖向钢筋在外还是横向钢筋在外？

答：横向钢筋在外边。

426. 绑扎水池池壁的钢筋，是横向钢筋在里还是竖向钢筋在里？

答：横向钢筋在里边。

427. 绑扎次梁的钢筋时，次梁的纵筋不能靠箍筋角，是什么原因？

答：当主次梁等高时，误将次梁纵筋穿在主梁纵筋之下。

428. 绑线、扎丝在绑扎钢筋中起什么作用？

答：起固定钢筋位置的作用。

429. 在混凝土中，绑线、扎丝又起什么作用？

答：等仪器再先进时，起接受透视检测作用。

430. 绑扎钢筋最先进的工具是什么？

答：钢筋绑扎机、钢筋捆扎机。

431. 钢筋绑扎的扣，末了最少要旋转几圈扎丝钩？

答：至少一圈半。

432. 绑扎末了只旋转半圈的绑扣，在浇筑混凝土时，会有什么后果产生？

答：松脱无效。钢筋位移。降低质量。

433. 绑扎钢筋的准备工作有哪些？

答：画间距线，复核用料。预备扎丝，备好运输工具。

434. 绑扎框架梁钢筋的顺序如何？

答：垫保护层垫块，穿入架设纵筋，划线，套箍，绑扎，检查，加固，降落，就位。

435. 绑扎框架柱钢筋，人往柱子上边爬着绑，是否符合操作规程？

答：不符合。

436. 绑扎较高框架柱的钢筋，最好的经验和窍门是什么？

答：预绑安装。

437. 绑扎剪力墙钢筋，有什么科学稳妥的施工方案？

答：用马凳搭设脚手架，两排钢筋网先绑一排，先绑几根横筋定位划线，再绑几根竖向筋定位划线，最后绑扎其余钢筋。

438. 绑扎楼梯板的钢筋，有什么方法不怕踩踏？

答：扣筋用十字型马凳垫起绑牢，底筋绑全扣最好用缠扣。

439. 绑扎圆形板的钢筋，应从哪里最先入手？

答：应从圆心入手。

440. 绑扎基础底板的钢筋，从什么地方起头？

答：从一个角起头。

441. 绑扎较高独立柱钢筋，有什么较好的施工方法？

答：用架管组装成一个简单四框脚手架，再用塔吊吊起套在柱子周围，搭上跳板。

442. 绑扎现浇板钢筋，把边第一根筋从哪儿开始排布？

答：距离梁角筋 1/2 板筋间距处。

443. 板扣筋的绑扎，有什么最先进的方法又快又省劲？

答：预绑安装。

444. 主梁和次梁上的板扣筋，哪个先绑哪个后绑？

答：主梁先绑。

445. 绑扎圈梁钢筋，有什么最先进的经验缩短操作时间？

答：预绑安装。

446. 绑扎过梁钢筋骨架，如何加固最结实不易变形？

答：采用内芯螺旋箍筋加固法。

447. 绑扎地沟盖板网片钢筋，用什么招最快最标准？

答：临时制作卡架，在卡架上预绑。

448. 绑扎阳台雨篷钢筋，务必注意什么事项？

答：根部受力筋的有效高度。

449. 绑扎钢筋的重中之重，是什么内容？

答：质量意识也是长效安全意识。

450. 什么情况下，分布钢筋可以不用做弯钩？

答：不受拉力，起构造作用时。

451. 什么情况下，看似分布筋也得必须做弯钩？

答：楼板中的受力光圆筋。

452. 什么构件钢筋可以实现预绑安装？

答：梁板柱都可以。

453. 框架梁中的主梁与次梁，哪样梁更适合预绑安装？

答：计算得好，主次梁都适合预绑安装。

454. 楼板的预绑安装，现在已经发展到了什么程度？

答：采用焊接网。

455. 大长梁的预绑安装，吊装时有什么防变形措施？

答：采用 3 点吊装。

456. 大型柱骨架的预绑安装，吊装时怎样做才保险安全？

答：焊上吊环，或捆上钢丝绳。

457. 板扣筋如何实现预绑安装？

答：均匀切块。

458. 板扣筋的预绑安装，切割成多大尺寸的网片为适宜？

答：2～5m 长，随网幅宽。

459. 复合箍筋的大型柱骨架，能否实现预绑安装？

答：能，接头处内箍可采用拉筋代替。

460. 柱中的复合内箍不利于预绑安装，有什么办法解决？

答：把搭接区的内箍筋改成拉筋，等安装完成后，再现绑补齐。

461. 井格梁的钢筋，怎样进行绑扎？

答：两方向梁同时现绑，或主梁预绑安装，后绑边梁和次梁。

462. 柱节点的加密箍筋，怎样进行绑扎？

答：提前焊制箍筋笼子。

463. 井格梁钢筋，能否实行预绑安装，如何操作？

答：预绑单方向的梁，现绑边梁和另一方向的梁。

464. 楼梯平台板的支承墙上忘记留槽，该处钢筋如何绑扎？

答：赶紧抠槽，或经准许临时改成悬挑板配筋。

465. 现浇板钢筋在什么部位可以绑扎梅花扣？

答：底层筋的中心部位。

466. 阳台和雨篷板筋绑扎梅花扣，会有什么后果？

答：有可能塌落或出现裂痕。

467. 梅花扣虽然省工省扎丝，但是容易给工人造成什么坏思想？

答：偷懒省工，忽视质量。

468. 钢筋班长的职责是什么？

答：钢筋翻样，分工协调，检查质量，技术指导，计工上报。

469. 钢筋看护员的职责是什么？

答：弥补钢筋绑扎的错漏，看护并负责钢筋成品被破坏后的修复，保证重点钢筋位置，补垫保护层和马凳。

470. 钢筋工长的职责是什么？

答：统筹指挥调度各个钢筋班组有序作业，对工人进行技术检查指导，经常进行质量抽查，严把质量关与工时费消耗关，还有材料使用关，是施工前线高级指挥者。

471. 楼面板的代号和屋面板的代号有什么不同？

答：楼板是 LB 屋面板是 WB。是随着拼音声母的不同而不同。

472. 延伸悬挑板和纯悬板的代号有什么不同？

答：一个是 YXB 一个是 XB，延伸悬挑板多了一个 Y。

473. 板上部钢筋和下部钢筋分别用什么代号表示？

答：上部用 T 表示，下部用 B 表示。

474. 水平方向从左到右用什么代号表示，又叫作什么向？在哪页？

答：用 X 表示，又叫切向，在 04G101-4 图集第 4 页。

475. 垂直方向从下到上用什么代号表示，又叫作什么向？在哪页？

答：用 Y 表示，又叫径向，在 04G101-4 图集第 4 页。

476. 表示方向的一组图形代号，名词术语叫什么？在哪页？

答：叫平面坐标，在 04G101-4 图集第 4 页。

477. 在平法中，板中的扣筋在图集上叫作什么筋？

答：支座上部非贯通纵筋。

478. 在平法中，板中扣筋的长度写在哪个位置？

答：写在扣筋下面一侧。

479. 在平法中，板中扣筋轴线两侧长度相等时，怎样注写？

答：只写在一侧，另一侧不注。

480. 在平法中，板中扣筋轴线两侧长度不等时，又怎样注写？

答：分别注写在线下的两侧。

481. 板的厚度怎样表示？

答：用 $h=$ （数值）表示。

482. 在平法板中，符号"&"表示什么意思？

答：表示"和"的意思，前后项同时。

483. 绑扎排布板钢筋的起始点在哪儿？在哪页说明？

答：距梁角筋为 1/2 板筋间距，在图集中 04G101-4 第 25 页。

484. 板扣筋在端支座中应该伸到什么位置？在图集中哪页说明？

答：伸至梁外角筋内侧弯钩，在图集中 04G101-4 第 25 页。

485. 板下部纵筋进入支座的长度规定为多少？在哪页说明？

答：$5d$ 且至少到梁或墙中线，在图集 04G101-4 第 25 页。

486. 板上部贯通纵筋允许在何处连接？

答：在小于一半跨度的正中部位。

487. 板的跨度代号用什么表示？

答：用 L0 表示。

488. 不等跨的板扣筋有什么说道？

答：一般图纸都标注数值。

489. 悬挑板的受力筋端头弯钩怎样构造？

答：向下弯后还要向回弯 $5d$，且弯钩内还要有一根构造分布筋。

490. 悬挑板向上翻边，钢筋怎样构造？

答：上部受力筋在翻边转角处要弯成环形后再回头向上立起到顶再向下弯 $5d$ 直角钩。

491. 悬挑板向下翻边，钢筋怎样构造？

答：上部受力筋沿外缘转折至底部弯回 $5d$，且弯钩内要有两根构造分布筋。

492. 局部升降板配筋有什么共性特征？

答：板底筋在上转角处要弯成环形。

493. 小于 300mm 的板开洞，板中钢筋如何处理？

答：顺洞边绕过。

494. 大于 300mm 的板开方洞，洞边周围如何增设补强钢筋？

答：每边不少于 2 根直径不小于 12mm 且不小于同向被切断纵向钢筋总面积的 50%。

495. 大于 300mm 的板开圆洞，洞边周围如何增设补强钢筋？

答：除按方洞处理外，还要增加每直角两根斜放补强钢筋。

496. 板的上层筋，通常叫作什么筋？

答：板上部纵筋，又叫面筋。

497. 板挑檐的转角筋，在图集中叫作什么筋？

答：阳角放射筋。

498. 悬挑板的阴角附加筋是什么筋，怎样排布？

答：在阴角处斜放着的加强筋，绑在悬挑筋的下面。

499. 抗冲切弯起筋和什么筋构造相类似?

答：吊筋。

500. 板平面图中有（—0.050）是什么意思?

答：本构件局部降低 50mm。

501. 什么叫隔一布一，用平法怎样标注?

答：板的非贯通纵筋与贯通纵筋间隔布置，标注按各自间距注写。

502. 板扣筋在遇到很小跨度时，如何处理?

答：不间断，直接连通过去。

503. 在什么情况下能应用到"放射状分布筋"?

答：圆形板或弧形板或扇形板。

504. 雨篷、阳台、悬臂板上的扣筋，平法上叫作什么筋?

答：上部受力纵筋。

505. 雨篷、阳台、悬挑板上的扣筋，其长度如何标注和计算?

答：以粗实线画在图上，无标注，计算按挑出长度减边缘保护层。

506. 短方向跨度大于 4500mm 的板，设计要进行什么处理，怎样做?

答：要求增设上层温度筋，其间距不大于 200mm。

第十二章 模拟试卷练习

试 卷 一

一、单项选择题

1. 用砂浆垫块保证主筋保护层的厚度，垫块应绑在主筋（　　）。
   A. 外侧　　　　　B. 与箍筋之间　　　　　C. 之间　　　　　D. 内侧

2. 钢筋在加工使用前，必须核对有关试验报告（记录），如不符合要求，则（　　）。
   A. 请示工长　　　B. 酌情使用　　　　　C. 增加钢筋数量　　D. 停止使用

3. 钢筋绑扎检验批质量检验，受力钢筋的间距允许偏差为（　　）mm。
   A. ±20　　　　　B. ±15　　　　　　　C. ±10　　　　　D. ±5

4. 电渣压力焊接头处钢筋轴线的偏移不得超过 0.1d（d 为钢筋直径），同时不得大于
（　　）mm。
   A. 3　　　　　　B. 2.5　　　　　　　C. 2　　　　　　D. 1.5

5. HPB235 级钢筋搭接焊焊条型号是（　　）。
   A. 结 60×　　　B. 结 42×　　　　　C. 结 55×　　　D. 结 50×

6. 板中受力钢筋的直径，采用现浇板时不应小于（　　）mm。
   A. 4　　　　　　B. 6　　　　　　　　C. 8　　　　　　D. 10

7. 钢筋直弯钩增加长度为（　　）d（d 为钢筋直径）。
   A. 2.5　　　　　B. 4.9　　　　　　　C. 3.5　　　　　D. 6.25

8. 平面注写包括集中标注与原位标注，施工时（　　）。
   A. 集中标注取值优先　　　　　　　　B. 原位标注取值优先
   C. 取平均值　　　　　　　　　　　　D. 核定后取值

9. 梁箍筋 10@100/200（4），其中（4）表示（　　）。
   A. 加密区为 4 根箍筋　　　　　　　　B. 非加密区为 4 根箍筋
   C. 箍筋的肢数为 4 肢　　　　　　　　D. 箍筋的直径为 4mm

10. 梁中配有 G4 12，其中 G 表示（　　）。
    A. 受拉纵向钢筋　　　　　　　　　　B. 受压纵向钢筋
    C. 受扭纵向钢筋　　　　　　　　　　D. 纵向构造钢筋

11. 梁支座上部有 4 根纵筋，其上注写为 225＋222，它表示（　　）。
    A. 225 放在角部，222 放在中部
    B. 225 放在中部，222 放在角部
    C. 225 放在上部，222 放在下部
    D. 225 放在下部，222 放在上部

12. 当设计无具体要求时，对于一、二级抗震等级，检验所得的钢筋强度实测值应符合下列规定：钢筋的屈服强度实测值与强度标准值的比值不应大于（   ）。

A. 0.9 　　　　　　　B. 1.1 　　　　　　　　C. 1.2 　　　　　　　D. 1.3

13. 钢筋检验时，热轧圆钢盘条每批盘条重量不大于（   ）。

A. 40t 　　　　　　　B. 60t 　　　　　　　　C. 80t 　　　　　　　D. 100t

14. 墙板（双层网片）钢筋绑扎操作时，水平钢筋每段长度不宜超过（   ）。

A. 4m 　　　　　　　B. 6m 　　　　　　　　C. 8m 　　　　　　　D. 10m

15. HPB300 级钢筋末端应做成（   ）弯钩，其弯弧内直径不应小于钢筋直径的（   ）倍。

A. 90°，2.5 　　　　B. 180°，2.5 　　　　　C. 180°，3 　　　　　D. 90°，3

16. 检验钢筋连接主控项目的方法是（   ）。

A. 检查产品合格证书

B. 检查接头力学性能试验报告

C. 检查产品合格证书、钢筋的力学性能试验报告

D. 检查产品合格证书、接头力学性能试验报告

17. 弯起钢筋的放置方向错误表现为（   ）。

A. 弯起钢筋方向不对，弯起的位置不对

B. 事先没有对操作人员认真交底，造成操作错误

C. 在钢筋骨架立模时，疏忽大意

D. 钢筋下料错误

18. 钢筋检验时热轧光圆钢筋、余热处理钢筋、热轧带肋钢筋每批重量不大于（   ）。

A. 40t 　　　　　　　B. 60t 　　　　　　　　C. 80t 　　　　　　　D. 100t

19. 钢筋检验时预应力混凝土用钢丝每批重量不大于（   ）。

A. 30t 　　　　　　　B. 60t 　　　　　　　　C. 80t 　　　　　　　D. 90t

20. 《混凝土结构设计规范》（GB 50010—2010）中规定，结构物所处环境分为（   ）种类别。

A. 三 　　　　　　　B. 四 　　　　　　　　　C. 五 　　　　　　　D. 六

21. 当 HRB335、HRB400 和 RRB400 级钢筋的直径大于（   ）时，其锚固长度应乘以修正系数 1.1。

A. 16mm 　　　　　　B. 18mm 　　　　　　　C. 20mm 　　　　　　D. 25mm

22. 当钢筋在混凝土施工过程中易受扰动（如滑模施工）时，其锚固长度应乘以修正系数（   ）。

A. 1.05 　　　　　　B. 1.1 　　　　　　　　C. 1.2 　　　　　　　D. 1.3

23. 当 HRB335、HRB400 和 RRB400 级钢筋在锚固区的混凝土保护层厚度大于钢筋直径的 3 倍且配有箍筋时，其锚固长度可乘以修正系数（   ）。

A. 0.8 　　　　　　　B. 1.0 　　　　　　　　C. 1.2 　　　　　　　D. 1.4

24. 采用机械锚固措施时，锚固长度范围内的箍筋间距不应大于纵向钢筋直径的（   ）倍。

A. 2   B. 3   C. 4   D. 5

25. 同一连接区段内，纵向受拉钢筋搭接接头面积百分率应符合设计 要求；当设计无具体要求时，对梁、板类及墙类构件，不宜大于（   ）。

A. 15%   B. 20%   C. 25%   D. 30%

26. 同一连接区段内，纵向受拉钢筋搭接接头面积百分率应符合设计要求；当设计无具体要求时，若工程中确有必要增大接头面积百分率，对梁类构件不应大于（   ）。

A. 25%   B. 35%   C. 45%   D. 50%

27. 同一连接区段内，纵向受拉钢筋搭接接头面积百分率应符合设计要求；当设计无具体要求时，纵向受拉钢筋搭接接头面积百分率，不宜大于（   ）。

A. 25%   B. 35%   C. 45%   D. 50%

28. 构件中的纵向受压钢筋，当采用搭接连接时，其受压搭接长度不应小于纵向受拉钢筋搭接长度的（   ）倍。

A. 0.5   B. 0.6   C. 0.7   D. 0.8

29. 构件中的纵向受压钢筋，当采用搭接连接时，在任何情况下其受压搭接长度不应小于（   ）。

A. 150mm   B. 200mm   C. 250mm   D. 300mm

30. 在梁、柱类构件的纵向受力钢筋搭接长度范围内，应按设计要求配置箍筋。当设计无具体要求时，受拉搭接区段的箍筋间距不应大于搭接钢筋较小直径的（   ）倍。

A. 5   B. 6   C. 7   D. 8

二、不定项选择题

1. 弯曲机作业时，严禁在（   ）站人。

A. 弯曲作业半径内   B. 机身不设固定销一侧

C. 弯曲作业半径外

2. 钢筋冷拉作业前，应对（   ）进行检查。

A. 设备各连接部位   B. 安全装置

C. 冷拉夹具   D. 钢丝绳

3. 钢筋调直机在（   ）前不得送料。

A. 工作   B. 调直块未固定

C. 防护罩未盖好   D. 戴防护手套

4. 钢筋接头检查时应注意（   ）。

A. 接头数量   B. 接头方式   C. 接头位置   D. 接头质量

5. 绑扎钢筋柱子时，柱身每升高（   ）要设一层脚手架。

A. 1.5m   B. 1.8m   C. 2.0m   D. 2.5m

6. 下列直径的钢筋为（   ）时一般采用绑扎接头。

A. 6mm   B. 8mm   C. 10mm   D. 25mm

7. 钢筋加工主要设备有（   ）。

A. 钢筋切断机   B. 钢结构弯曲机   C. 对焊机   D. 调直机

8. 钢筋的焊接方式主要有（   ）。

A. 闪光对焊   B. 电弧焊   C. 电阻点焊   D. 电渣压力

9. 条形基础横向受力钢筋的直径一般为（　　　）。

A. 8mm　　　　　　B. 10mm　　　　　　C. 12mm　　　　　　D. 25mm

10. 框架梁的箍筋间距一般为（　　　）。

A. 100mm　　　　　B. 150mm　　　　　C. 200mm　　　　　D. 250mm

三、简答题

1. 什么是弯曲调整值？

2. 钢筋保护层厚度不准的原因及防治措施有哪些？

3. 某框架柱原设计为 Φ18HRB335 级钢筋，现改为 Φ22HRB335 级钢筋代换，计算其应用根数？

4. 某建筑物一层共 10 根工程 L1 梁，计算各号钢筋下料长度，并编制配料单。

试　卷　二

一、判断题（对的打"√"，错的打"×"）

1. AT 型楼梯全部由踏步段构成（　　　）。

2. DT 型梯板由低端平板、踏步板和高端平板构成（　　　）。

3. HT 型支撑方式：梯板一端的层间平板采用三边支承，另一端的梯板段采用单边支承（在梯梁上）（　　　）。

4. 梯板分布筋，以 F 打头标注分布钢筋具体值，该项不可在图中统一说明（　　　）。

5. 踏步段总高度和踏步级数，之间以"；"分隔（　　　）。

6. 低端支座负筋＝斜段长＋h－保护层×2＋0.35l_{ab}（或 0.6l_{ab}）＋15d（　　　）。

7. FT 型楼梯由层间平板、踏步段和楼层平板构成（　　　）。

8. ATa 型 ATb 型楼梯为带滑动支座的板式楼梯（　　　）。

9. ATc 楼梯休息平台与主体结构可整体连接，也可脱开连接（　　　）。

10. ATc 型梯板两侧设置边缘构件，边缘构件的宽度取 1∶8 倍板厚（　　　）。

11. 下面为梁板式筏形基础平板的钢筋标注。

X：BC22@150；TC20@150；（5B）

Y：BC20@200；TC18@200；（7A）

（1）X 是表示基础平板 X 向底部配置（　　　）。

（2）顶部配置 C22 间距 150 的贯通纵筋（　　　）。

（3）纵向总长度为 5 跨两端有外伸（　　　）。

（4）Y 向底部配置 C20 间距 200 的贯通纵筋（　　　）。

（5）顶部配置 C18 间距 200 的贯通纵筋（　　　）。

（6）纵向为 7 跨两端有外伸（　　　）。

12. 梁板式条形基础。该类条形基础适用于钢筋混凝土框架结构、框架-剪力墙结构、框支剪力墙结构和钢结构（　　　）。

13. 板式条形基础，该类条形基础适用于钢筋混凝土剪力墙结构和砌体结构（　　　）。

14. 基础梁 JL 的平面注写方式，分集中标注、截面标注、列表标注和原位标注四部分内容。（　　　）

15. 当具体设计仅采用一种箍筋间距时，注写钢筋级别、直径、间距与肢数（箍筋肢数写在括号内）。（　　）

16. 当同排纵筋有两种直径时，用"，"将两种直径的纵筋相联。（　　）

17. 当梁端（柱下）区域的底部全部纵筋与集中注写过的底部贯通纵筋相同时，可不再重复做原位标注。（　　）

18. 筏形基础是建筑物与地基紧密接触的平板形的基础结构。筏形基础根据其构造的不同，又分为"梁板式筏形基础"和"平板式筏形基础"。（　　）

19. 平板式筏形基础是没有基础梁的筏形基础，构件编号为：LPB。（　　）

20. 无基础平板式筏形基础的配筋，分为柱下板带（ZXB）、跨中板带（KZB）两种配筋标注方式。（　　）

21. 板的支座是梁、剪力墙时，其上部支座负筋锚固长度为 l_a，下部纵筋深入支座 $5d$ 且至少到梁中心线。（　　）

22. ZXB 表示柱现浇板。（　　）

23. 板的支座是圈梁时，其上部支座负筋锚固长度为：支座宽－保护层－圈梁外侧角筋直径＋15d，下部纵筋伸入支座 $5d$ 且至少到圈梁中心线。（　　）

24. 悬挑板的代号是"XB"。（　　）

25. 悬挑板板厚标注为 $h=120/80$，表示该板的板根厚度为 120mm，板前端厚度为 80mm。（　　）

26. 板钢筋标注分为集中标注和原位标注，集中标注的主要内容是板的贯通筋，原位标注主要是针对板的非贯通筋。（　　）

27. 板中间支座筋的支座为混凝土剪力墙、砌体墙或圈梁时，其构造不相同。（　　）

28. 梁板式条形基础。该类条形基础适用于钢筋混凝土框架结构、框架-剪力墙结构、框支剪力墙结构和钢结构。（　　）

29. 板式条形基础，该类条形基础适用于钢筋混凝土剪力墙结构和砌体结构。（　　）

30. 基础梁 JL 的平面注写方式，分集中标注、截面标注、列表标注和原位标注四部分内容。（　　）

31. 当具体设计仅采用一种箍筋间距时，注写钢筋级别、直径、间距与肢数。（箍筋肢数写在括号内）。（　　）

32. 当同排纵筋有两种直径时，用"，"将两种直径的纵筋相联。（　　）

33. 当梁端（柱下）区域的底部全部纵筋与集中注写过的底部贯通纵筋相同时，可不再重复做原位标注。（　　）

34. 筏形基础是建筑物与地基紧密接触的平板形的基础结构。筏形基础根据其构造的不同，又分为"梁板式筏形基础"和"平板式筏形基础"。（　　）

35. 平板式筏形基础是没有基础梁的筏形基础，构件编号为：LPB。（　　）

36. 无基础梁平板式筏形基础的配筋，分为柱下板带（ZXB）、跨中板带（KZB）两种配筋标注方式。（　　）

二、单项选择题

1. 当图纸标有：KL7（3）300×700 GY500×250 表示（　　）。

A. 7 号框架梁，3 跨，截面尺寸为宽 300、高 700，第三跨变截面根部高 500、端部

高 250

B. 7 号框架梁，3 跨，截面尺寸为宽 700、高 300，第三跨变截面根部高 500、端部高 250

C. 7 号框架梁，3 跨，截面尺寸为宽 300、高 700，第一跨变截面根部高 250、端部高 500

D. 7 号框架梁，3 跨，截面尺寸为宽 300、高 700，框架梁竖向加腋，腋长 500、腋高 250

2. 架立钢筋同支座负筋的搭接长度为：（　　　）。

A. 15d　　　　　　B. 12d　　　　　　　　C. 150　　　　　　　　D. 250

3. 一级抗震框架梁箍筋加密区判断条件是（　　　）。

A. 1.5Hb（梁高）、500mm 取大值

B. 2Hb（梁高）、500mm 取大值

C. 1200mm

D. 1500mm

4. 梁的上部钢筋第一排全部为 4 根通长筋，第二排有 2 根端支座负筋，端支座负筋长度为（　　　）。

A. 1/5L_n＋锚固　　　B. 1/4L_n＋锚固　　　　　C. 1/3L_n＋锚固　　　D. 其他值

5. 当图纸标有：JZL1(2A)表示（　　　）。

A. 1 号井字梁，两跨一端带悬挑

B. 1 号井字梁，两跨两端带悬挑

C. 1 号剪支梁，两跨一端带悬挑

D. 1 号剪支梁，两跨两端带悬挑

6. 抗震屋面框架梁纵向钢筋构造中端支座处钢筋构造是伸至柱边下弯，请问弯折长度是（　　　）。

A. 15d　　　　　　　　　　　　　　　　B. 12d

C. 梁高－保护层厚度　　　　　　　　　　D. 梁高－保护层厚度×2

7. 梁有侧面钢筋时需要设置拉筋，当设计没有给出拉筋直径时如何判断（　　　）。

A. 当梁高≤350 时为 6mm，梁高＞350mm 时为 8mm

B. 当梁高≤450 时为 6mm，梁高＞450mm 时为 8mm

C. 当梁宽≤350 时为 6mm，梁宽＞350mm 时为 8mm

D. 当梁宽≤450 时为 6mm，梁宽＞450mm 时为 8mm

8. 纯悬挑梁下部带肋钢筋伸入支座长度为（　　　）。

A. 15d　　　　　　B. 12d　　　　　　　　C. l_{aE}　　　　　　D. 支座宽

9. 悬挑梁上部第二排钢筋伸入悬挑端的延伸长度为（　　　）。

A. L（悬挑梁净长）－保护层　　　　　　B. 0.85×L（悬挑梁净长）

C. 0.8×L（悬挑梁净长）　　　　　　　　D. 0.75×L（悬挑梁净长）

10. 当梁上部纵筋大于一排时，用（　　　）符号将各排钢筋自上而下分开。

A. /　　　　　　　　B. ;　　　　　　　　　C. *　　　　　　　　D. ＋

11. 梁中同排纵筋直径有两种时，用（　　　）符号将两种纵筋相连，标注时将角部纵

筋写在前面。

    A. /   B. ;   C. *   D. ＋

12. 梁高≤800mm 时，吊筋弯起角度为（   ）。

    A. 60°   B. 30°   C. 45°   D. 90°

13. 柱的第一根箍筋距基础顶面的距离是（   ）。

    A. 50mm   B. 100mm

C. 箍筋加密区间距   D. 箍筋加密区间距/2

14. 抗震中柱顶层节点构造，当不能直锚时需要伸到节点顶后弯折，其弯折长度为（   ）。

    A. $15d$ B. $12d$ C. 150   D. 250

15. 当柱变截面需要设置插筋时，插筋应该从变截面处节点顶向下插入的长度为：（   ）。

    A. $1.6l_{aE}$ B. $1.5l_{aE}$ C. $1.2l_{aE}$ D. $0.5l_{aE}$

16. 抗震框架柱中间层柱根箍筋加密区范围是（   ）。

    A. 500   B. 700   C. $H_n/3$ D. $H_n/6$

17. 梁上起柱时，在梁内设几道箍筋（   ）。

    A. 两道   B. 三道   C. 一道   D. 四道

18. 梁上起柱时，柱纵筋从梁顶向下插入梁内长度不得小于（   ）。

    A. $1.6l_{aE}$ B. $1.5l_{aE}$ C. $1.2l_{aE}$ D. $0.5l_{aE}$

19. 柱箍筋在基础内设置不少于（   ）根，间距不大于多少（   ）mm。

    A. 2   400   B. 2   500   C. 3   400   D. 3   500

20. 首层 H_n 的取值下面说法正确的是：（   ）。

A. H_n 为首层净高

B. H_n 为首层高度

C. H_n 为嵌固部位至首层节点底

D. 无地下室时 H_n 为基础顶面至首层节点底

21. 当钢筋在混凝土施工过程中易受扰动时，其锚固长度应乘以修正系数（   ）。

    A. 1.1   B. 1.2   C. 1.3   D. 1.4

22. 在基础内的第一根柱箍筋到基础顶面的距离是多少（   ）。

    A. 50   B. 100

C. $3d$（d 为箍筋直径）   D. $5d$（d 为箍筋直径）

23. 墙中间单洞口连梁锚固值为 l_{aE} 且不小于（   ）。

    A. 500mm   B. 600mm   C. 750mm   D. 800mm

24. 剪力墙端部为暗柱时，内侧钢筋伸至墙边弯折长度为：（   ）。

    A. $10d$ B. $12d$ C. 150mm   D. 250mm

25. 关于地下室外墙下列说法错误的是（   ）。

A. 地下室外墙的代号是 DWQ

B. h 表示地下室外墙的厚度

C. OS 表示外墙外侧贯通筋

D. IS 表示外墙内侧贯通筋

26. 剪力墙竖向钢筋与暗柱边多少距离排放第一根剪力墙竖向钢筋（　　）。

A. 50 B. 1/2 竖向分布钢筋间距

C. 竖向分布钢筋间距 D. 150mm

27. 墙身第一根水平分布筋距基础顶面的距离是（　　）。

A. 50mm B. 100mm

C. 墙身水平分布筋间距 D. 墙身水平分布筋间距/2

28. 墙上起柱时，柱纵筋从墙顶向下插入墙内长度为（　　）。

A. $1.6l_{aE}$ B. $1.5l_{aE}$ C. $1.2l_{aE}$ D. $0.5l_{aE}$

29. 剪力墙中水平分布筋在距离基础梁或板顶面以上多大距离时，开始布置第一道（　　）。

A. 50mm B. 水平分布筋间距/2

C. 100mm

30. 剪力墙墙身拉筋长度公式为（　　）。

A. 长度＝墙厚－2×保护层厚度＋11.9d×2

B. 长度＝墙厚－2×保护层厚度＋10d×2

C. 长度＝墙厚－2×保护层厚度＋8d×2

31. 剪力墙洞口处的补强钢筋每边伸过洞口（　　）。

A. 500mm B. 15d C. l_{aE}（l_a） D. 洞口宽/2

32. 纵向钢筋搭接接头面积百分率为25%，其搭接长度修正系数为（　　）。

A. 1.1 B. 1.2 C. 1.4 D. 1.6

33. 板端支座负筋弯折长度为（　　）。

A. 板厚 B. 板厚－保护层厚度

C. 板厚－保护层厚度×2 D. 15d

34. 当板的端支座为梁时，底筋伸进支座的长度为多少（　　）。

A. 10d B. 支座宽/2＋5d

C. max（支座宽/2，5d） D. 5d

35. 当板的端支座为砌体墙时，底筋伸进支座的长度为多少（　　）。

A. 板厚 B. 支座宽/2＋5d

C. max（支座宽/2，5d） D. max（板厚，120，墙厚/2）

36. 当板支座为剪力墙时，板负筋伸入支座内平直段长度为（　　）。

A. 5d

B. 墙厚/2

C. 墙厚－保护层厚度－墙外侧竖向分布筋直径

D. $0.35l_{ab}$

37. 图集 11G101-1 注明有梁楼面板和屋面板下部受力筋伸入支座的长度为：（　　）。

A. 支座宽－保护层厚度 B. 5d

C. 支座宽/2＋5d D. 支座宽/2 或 5d 取大值

38. 纵向钢筋搭接接头面积百分率为25%，其搭接长度修正系数为（　　）。

A. 1.1   B. 1.2   C. 1.4   D. 1.6

39. 踏步段总高度和踏步级数，之间以（   ）。

A. 以"，"逗号分割   B. 以"＋"加号分割

C. 以"／"斜线分割   D. 以"－"横线分割

40. 梯板分布筋，以（   ）打头标注分布钢筋具体值。

A. 以 X 打头标注   B. 以 F 打头标注

C. 以 Y 打头标注   D. 以 P 打头标注

41. 楼梯集中标注第一行：楼梯类型为 AT，序号 3，楼梯板厚 120mm 标注为（   ）。

A. AT3 h＝120   B. AT3 F＝120

C. AT3 L＝120   D. AT3 H＝120

42. 楼梯外围标注的内容，不包括的内容是（   ）。

A. 楼梯平面尺寸、楼层结构标高

B. 梯梁及梯柱配筋

C. 梯板的平面几何尺寸

D. 混凝土强度等级

43. 楼梯集中标注第二行 2000/15，标注的内容是（   ）。

A. 踏步段总高度 2000/踏步级数 15

B. 楼梯序号是 2000，板厚 15mm

C. 上部纵筋和下部纵筋信息

D. 楼梯平面几何尺寸

44. ATc 型梯板两侧设置边缘构件（暗梁），边缘构件的宽度取（   ）倍板厚。

A. 1：8 倍板厚   B. 1：10 倍板厚

C. 1：5 倍板厚   D. 1：2 倍板厚

45. FT 型支撑方式（   ）。

A. 梯板一端的层间平板采用单边支承，另一端的楼层平板也采用单边支承

B. 梯板一端的层间平板采用三边支承，另一端的楼层平板也采用三边支承

C. 梯板一端的层间平板采用三边支承，另一端的楼层平板也采用单边支承

D. 梯板一端的层间平板采用单边支承，另一端的楼层平板也采用三边支承

46. ATa 型梯板低端带滑动支座，滑动支座支撑在（   ）上面。

A 支撑在低端 T 梁   B. 梯梁的挑板

C. 支撑在层间平台板   D. 低端平板

47. 普通独立基础底板的截面形状通常有（   ）两种。

A. 如 DJj×× 和 DJp××   B. 如 Jp×× 和 DJj××

C. 如 JJP×× 和 PDJ××   D. 如 LJP×× 和 LPJ××

48. 当基础为阶形截面时，其竖向尺寸分两组：一组表达杯口内，另一组表达杯口外，是下面哪两组表达方式（   ）。

A. B_0/a_1，h_1/h_2 B. a_0/a_1，h_1/h_2

C. C_0/a_1，h_1/h_2 D. a_0/a_1，h_0/h_2

49. T：C18@100/φ10@200；表示独立基础顶部配置纵向受力钢筋（   ）级。

A. HRB400   B. HPB300

C. HRB500   D. HRB350

50. 增设梁底部架立筋以固定箍筋，采用（   ）符号将贯通纵筋与架立筋相联。

A. 斜线"/"   B. 加号"＋"

C. 横线"－"   D. 分号";"

51. 在梁板式筏形基础集中标注第四行中，G 表示（   ）。

A. 梁底部纵筋   B. 梁箍筋

C. 梁抗扭腰筋   D. 梁构造腰筋

52. 梁板式筏形基础组合形式，其主要由（   ）三部分构件构成。

A. 基础平板、独立基础、基础梁

B. 基础主梁、基础次梁、基础平板

C. 基础次梁、基础主梁、柱

D. 基础平板、基础主梁、柱

53. 如果在梁板式筏形基础集中标注第二行中，在"B"的前面，有"11"字样，11 表示为（   ）。

A. 箍筋加密区的箍筋道数是 11 道

B. 箍筋直径

C. 梁是第 11 号梁

D. 箍筋的间距

54. 以大写字母 G 打头注写承台梁侧面对称设置的纵向构造钢筋的总配筋值，当梁腹板净高（   ），根据需要配置。

A. $h_w \geqslant 400mm$ 时   B. $h_w \geqslant 350mm$ 时

C. $h_w \geqslant 450mm$ 时   D. $h_w \geqslant 500mm$ 时

55. 当梁底部或顶部贯通纵筋多于一排时，用（   ）将各排纵筋自上而下分开。

A. 斜线"/"   B. 逗号","   C. 分号";"   D. 加号"＋"

56. 有梁式条形基础除了计算基础底板横向受力筋与分布筋外，还要计算梁的（   ）钢筋。

A. 纵筋以及箍筋   B. 箍筋和架立筋

C. 纵筋和架立筋   D. 负筋和纵筋

57. 无基础平板式筏形基础的配筋，分为（   ）。

A. 柱下板带（ZXB）、跨中板带（KZB）和平板三种配筋标注方式

B. 柱下板带（ZXB）和跨中板带（KZB）两种配筋标注方式

C. 平板（BPB）和跨中板带（KZB）两种配筋标注方式

D. 柱下板带（ZXB）、和平板（BPB）两种配筋标注方式

58. 基础主梁端部外伸构造，梁上部第一排纵筋伸至梁端弯折，弯折长度为（   ）。

A. 15d B. 12d C. 10d D. l_a

三、填空题

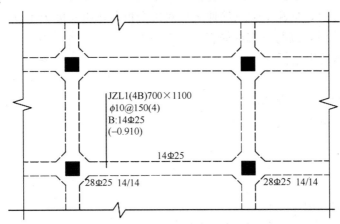

JZL1(4B)700×1100
ϕ10@150(4)
B:14Φ25
(−0.910)

14Φ25

28Φ25 14/14

28Φ25 14/14

梁板式筏形基础的集中标注和原位标注

上图中集中标注的内容：

第一行——基础主梁，代号为（　　）号，该梁为（　　）跨，主梁宽（　　）mm，高（　　）mm；

第二行——箍筋的规格为（　　），直径（　　）mm，间距（　　）mm，为（　　）肢箍筋；

第三行——"B"是梁底部的（　　）筋，（　　）根（　　）钢筋，直径为（　　）；

第四行——梁的底面标高，比基准标高低（　　）。

四、多选题

1. 梁的平面标注包括集中标注和原位标注，集中标注有五项必注值是：（　　）。

A. 梁编号、截面尺寸　　　　　　　　　B. 梁上部通长筋、箍筋

C. 梁侧面纵向钢筋　　　　　　　　　　D. 梁顶面标高高差

2. 框架梁上部纵筋包括哪些？（　　）

A. 上部通长筋　　B. 支座负筋　　　　　C. 架立筋　　　　D. 腰筋

3. 框架梁的支座负筋延伸长度怎样规定的。（　　）

A. 第一排端支座负筋从柱边开始延伸至 $L_n/3$ 位置

B. 第二排端支座负筋从柱边开始延伸至 $L_n/4$ 位置

C. 第二排端支座负筋从柱边开始延伸至 $L_n/5$ 位置

D. 中间支座负筋延伸长度同端支座负筋

4. 楼层框架梁端部钢筋锚固长度判断分析正确的是。（　　）

A. 当 l_{aE}≤支座宽−保护层厚度时可以直锚

B. 直锚长度为 l_{aE}

C. 当 l_{aE}＞支座宽−保护层时必须弯锚

D. 弯锚时锚固长度为：支座宽−保护层厚度+15d

5. 下列关于支座两侧梁高不同的钢筋构造说法正确的是。（　　）

A. 顶部有高差时，高跨上部纵筋伸至柱对边弯折 15d

B. 顶部有高差时，低跨上部纵筋直锚入支座 l_{aE}（l_a）即可

C. 底部有高差时，低跨上部纵筋伸至柱对边弯折，弯折长度为 $15d$＋高差

D. 底部有高差时，高跨下部纵筋直锚入支座 l_{aE}（l_a）

6. 柱箍筋加密范围包括（　　　）。

A. 节点范围

B. 底层刚性地面上下 500mm

C. 基础顶面嵌固部位向上 $1/3H_n$

D. 搭接范围

7. 柱在楼面处节点上下非连接区的判断条件是（　　　）。

A. 500
B. $1/6H_n$

C. H_c（柱截面长边尺寸）
D. $1/3H_n$

8. 下面有关柱顶层节点构造描述错误的是（　　　）。

A. 在图集 11G101-1 有关边、角柱，顶层纵向钢筋构造给出 5 个节点

B. B 节点外侧钢筋伸入梁内的长度为梁高－保护层厚度＋柱宽－保护层厚度

C. B 节点内侧钢筋伸入梁内的长度为梁高－保护层厚度＋$15d$

D. 中柱柱顶纵向钢筋当直锚长度≥l_{aE}时可以直锚

9. 纵向受拉钢筋非抗震锚固长度任何情况下不得小于多少（　　　）。

A. 250mm
B. 300mm
C. 400mm
D. 200mm

10. 两个柱编成统一编号必须相同的条件是（　　　）。

A. 柱的总高度相同

B. 分段截面尺寸相同

C. 截面和轴线的位置关系相同

D. 配筋相同

11. 剪力墙墙身钢筋有（　　　）这几种。

A. 水平筋
B. 竖向筋
C. 拉筋
D. 洞口加强筋

12. 下面关于剪力墙竖向钢筋构造描述错误的是（　　　）。

A. 剪力墙竖向钢筋采用搭接时，必须在楼面以上≥500mm 时搭接

B. 剪力墙竖向钢筋采用机械连接时，没有非连接区域，可以在楼面处连接

C. 四级抗震剪力墙竖向钢筋可在同一部位搭接

D. 剪力墙竖向钢筋顶部构造为到顶层板底伸入一个锚固值 l_{aE}

13. 剪力墙墙端无柱时墙身水平钢筋端部构造，下面描述正确的是（　　　）。

A. 当墙厚较小时，端部用 U 形箍同水平钢筋搭接

B. 搭接长度为 $1.2l_{aE}$

C. 墙端设置双列拉筋

D. 墙水平筋也可以伸至墙端弯折 $15d$ 且两端弯折搭接 50mm

14. 剪力墙按构件类型分它包含哪几类（　　　）。

A. 墙身
B. 墙柱

C. 墙梁（连梁、暗梁）
D. 马牙槎

15. 剪力墙水平分布筋在基础部位怎样设置（　　　）。

A. 在基础部位应布置不小于两道水平分布筋和拉筋

B. 水平分布筋在基础内间距应小于等于 500mm

C. 水平分布筋在基础内间距应小于等于 250mm

D. 基础部位内不应布置水平分布筋

16. 影响钢筋锚固长度 l_{aE} 大小选择的因素有（　　）。

A. 抗震等级 　　　　　　　　　　　B. 混凝土强度

C. 钢筋种类及直径 　　　　　　　　D. 保护层厚度

17. 在无梁楼盖板的制图规则中规定了相关代号，下面对代号解释正确的是（　　）。

A. ZSB 表示柱上板带

B. KZB 表示跨中板带

C. B 表示上部、T 表示下部

D. $h = \times\times\times$ 表示板带宽、$b = \times\times\times$ 表示板带厚

18. 板内钢筋有（　　）。

A. 受力筋 　　　　　　　　　　　　B. 负筋

C. 负筋分布筋 　　　　　　　　　　D. 温度筋

E. 架立筋

五、计算题

1. 如下图所示，一级抗震，混凝土等级 C30，保护层厚度 25mm，定尺长度＝9000mm，绑扎搭接，求悬挑梁的钢筋长度。（$l_{abE} = 33d$）

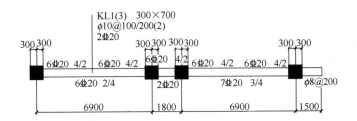

2. 如下图所示，一级抗震，混凝土等级 C30，定尺长度＝9000mm，绑扎搭接，求该梁吊筋长度。（$l_{abE} = 35d$）

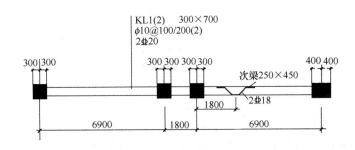

3. 如下图所示，某大楼中间层净高 3800mm，梁高 700mm，三级抗震，混凝土强度 C25，柱保护层 30mm，采用绑扎搭接，求中间层柱所有纵筋长度及箍筋长度和根数。

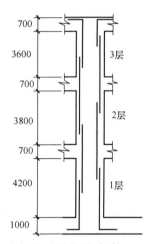

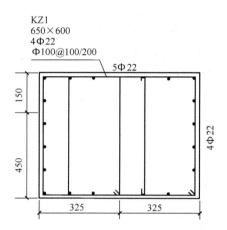

4. 如下表所示的假设条件

混凝土强度	保护层（mm）	抗震等级	定尺长度（mm）	连接方式
C30	40	非抗震	9000	绑扎

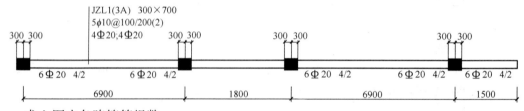

求上图中各跨箍筋根数。

5. 梯板底部受力筋，分布筋长度计算。

求底板受力筋和分布筋长度及根数的计算（设楼梯宽＝1600mm，板厚＝120mm，踏步宽 165mm，保护层＝15mm）。

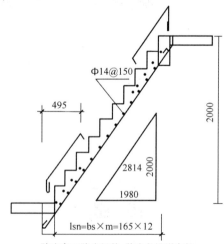

踏步宽×踏步级数=踏步段投影净长

6. 求上图中积水坑的各种钢筋的长度，并写出计算公式。

参 考 答 案

试 卷 一

一、单项选择题

1. A 2. D 3. C 4. C 5. B 6. B 7. C 8. B 9. C 10. D 11. A 12. D 13. B
14. C 15. B 16. D 17. A 18. B 19. B 20. C 21. D 22. B 23. A 24. D 25. C
26. D 27. D 28. C 29. B 30. A

二、不定项选择题

1. AB 2. ABCD. 3. BC. 4. ABCD. 5. B. 6. ABC. 7. ABCD. 8. ABCD. 9. ABC. 10. ABCD

三、简答题

1. 答：钢筋弯曲时，外侧伸长，内侧缩短，轴线长度不变，因弯曲处形成圆弧，而量尺寸又是沿直线外包尺寸，因此弯曲钢筋的计量尺寸大于下料尺寸，两者之间的差值叫弯曲调整值。

2. 答：原因：水泥砂浆垫块的厚度不准，位置不符合要求，或者浇筑过程中钢筋移位。

防治措施：根据工程需要，分类生产各种规格的水泥砂浆垫块，严格控制其厚度，使用时对号入座，不得乱用。水泥砂浆垫块或塑料定位卡的放置数量和位置应符合施工规范的要求，并且绑扎牢固。在混凝土浇筑施工中，在钢筋网片有可能随混凝土浇捣而沉落的地方，应采取措施，防止保护层偏差。浇捣混凝土前发现保护层尺寸不准时，应及时采取补救措施，如用铁丝将钢筋位置调整后绑吊在模板楞上，或用钢筋架支托钢筋，以保证保护层厚度准确。施工中不得踩踏梁、板类构件和悬臂构件上部的水平钢筋（负弯矩钢筋），防止此类钢筋位置下移造成受力状态发生改变，埋下事故隐患。

3. 解：同强度钢筋采用等面积代换，设 $\Phi18$HRB335 级钢筋 n_1 根，$\Phi22$HRB335 级钢筋代换 n_2 根，$3.14 \times 18^2 \times n_1 = 3.14 \times 22^2 \times n_2$ 从而求出 n_2。

4. 解：

（1）①号钢筋（混凝土保护层厚取 25mm）

钢筋外包尺寸：$6240 - 2 \times 10 = 6220$mm（钢筋端部混凝土保护层取 10mm）

下料长度 $L = 6220 + 2 \times 6.25d_0 = 6220 + 2 \times 6.25 \times 20 = 6470$mm

（2）②号钢筋

外包尺寸同①号钢筋 6220mm。下料长度 $L = 6220 + 2 \times 6.25 \times 12 = 6370$mm

（3）③号钢筋

外包尺寸分段计算：

端部平直段长：$240 + 50 + 500 - 10 = 780$mm

斜段长：$(500-2\times25)\times1.414=636$mm

中间直段长：$6220-2\times(780+450)=376$mm

③号钢筋下料长度 $L=$ 外包尺寸＋两端弯钩增长值－中部弯折量度值

$$=2\times(780+636)+3760+2\times6.25d_0-4\times0.5d$$

$$=6592+2\times6.25\times20-4\times0.5\times20$$

$$=6592+250-40=6802\text{mm}$$

（4）④号钢筋

外包尺寸分段计算：

端部平直段长度：$240+50-10=280$mm

斜段长度同③号钢筋 636mm

中间直段长：$6220-2\times(280+450)=4760$mm

④号钢筋下料长度 $L=2\times(280+636)+4760+2\times6.25\times20-4\times0.5\times20=6592+250-40=6802$mm

（5）⑤号箍筋

外包尺寸：

宽度：$200-2\times25=150$mm

高度：$500-2\times25=450$mm

弯钩增长值：50mm

⑤号钢筋两个弯钩的增长值为 $2\times50=100$mm

⑤号箍筋下料长度 $L=2\times(162+462)+100-36=1310$mm

钢筋配料单见下表：

项次	构件名称	钢筋编号	钢筋简图	直径 (mm)	钢号	下料长度 (mm)	单位根数	合计根数
1			6200	20	HPB235	6470	2	20
2		②	6200	12	HPB235	6370	2	20
3	L1梁 共10根	③	780 636 4760	20	HPB235	6802	1	10
4		⑤	280 636 3760	20	HPB235	6802	1	10
5		⑥	450 150	6	HPB235	1300	32	320

⑤号箍筋根数 $n=$（构件长度－两端保护层厚度）/箍筋间距＋1

$$=(6240-2\times10)/200+1=32.1$$

取 $n=32$ 根

试 卷 二

一、判断题

1. √ 2. √ 3. √ 4. √ 5. × 6. √ 7. √ 8. √ 9. √ 10. × 11. (1) √
(2) × (3) √ (4) √ (5) √ (6) × 12. √ 13. √ 14. × 15. √ 16. × 17. √
18. √ 19. × 20. × 21. × 22. × 23. √ 24. √ 25. √ 26. √ 27. × 28. √
29. √ 30. × 31. √ 32. × 33. √ 34. √ 35. × 36. ×

二、单项选择题

1. D 2. C 3. B 4. B 5. A 6. A 7. A 8. A 9. D 10. A 11. D 12. C 13. A
14. B 15. C 16. C 17. A 18. D 19. B 20. C 21. A 22. B 23. B 24. A 25. B
26. C 27. A 28. C 29. A 30. A 31. C 32. B 33. D 34. C 35. D 36. D 37. C
38. B 39. C 40. B 41. A 42. D 43. A 44. C 45. B 46. A 47. A 48. B 49. A
50. C 51. D 52. B 53. A 54. C 55. A 56. A 57. A 58. B

三、填空题

1；4；700；1100；一级钢筋；10；150；4；贯通；14；二级；25；0.91

四、多选题

1. ABC 2. ABC 3. ABC 4. D 5. BCD 6. CD 7. ABC 8. BD 9. D 10. ABC
11. ABCD 12. AD 13. ABC 14. ABC 15. AB 16. ABC 17. AB 18. ABCD

五、计算题

1. 右端悬挑长度：悬挑梁净长－保护层厚度＋梁端梁高－保护层厚度×2

$$=1500-300-25+500-25×2=1625$$

2. 吊筋长度＝ $20d$＋斜长＋50＋次梁宽＋50＋斜长＋$20d$

斜长＝（梁高－2×保护层厚度）$/\sin45°$

长度＝ $20×18×2 ＋(700-2×25)/\sin45°×2+100+250=2908$

3. $l_{aE}＝\zeta_{ae}×La＝\zeta_{ae}×\zeta_a×l_{ab}=1.05×1×35d$

$$=1.05×35×22=808.5$$

搭接长度$=1.4l_{aE}=1.4×734=1131.9$

竖直钢筋长度：

长度$=3800+700-\max(3800/6，650，500)+\max(3600/6，650，500)+1131.9=$
5631.9

箍筋长度：箍筋长度＝周长－保护层厚度×8+15d

$$=(600+650)×2-8×25+15×10=2450$$

箍筋上部加密区根数＝（$\max$(1/6Hn，Hc，500)＋梁高)/加密间距＋1

上部加密区箍筋根数＝ 加密长度/间距$=1350/100+1=15$ 根

下部加密区根数$=\max$(1/6Hn，Hc，500)/加密间距＋1

下部加密区根数＝加密区长度 /加密间距＋1$=650/100+1=8$ 根

非加密区根数＝(层高－上下加密区)/非加密区间距－1

非加密区长度：$3800-650-650=2500$

非加密区箍筋根数＝非加密区长度/间距－1＝2500/200－1＝11 根

总根数＝15＋8＋11＝34 根

4. 求第一、三跨箍筋根数：因为每边 5 根间距 100mm 的箍筋，所以两边共 10 根

跨中箍筋根数＝(6900－600－450×2)/200－1＝26 根

第一、二跨箍筋总根数＝10＋26×2＝72 根

求第二跨箍筋根数：因为本跨净长等于 1200，且每边 5 根间距 100mm 的箍筋，所以共 11 根

右端悬挑箍筋：箍筋根数同理等于 11 根

箍筋总根数＝72＋11＋11＝94 根

5. 受力筋长度：＝楼梯板斜长＋2×max(5d，b/2)＝2814＋2×max(5×14，82.5)＝2979

受力筋根数＝(楼梯宽－2×保护层厚度)/间距＋1 ＝(1600－2×15)/150＋1＝11 根

分布筋长度＝楼梯宽－2×保护层厚度＝(1600－2×15)＝1570

根数＝(楼梯斜净长－2×50)/间距＋1＝(2814－2×50)/150＋1 ＝19 根

6. 略

附录：11G101 图集知识点汇总

项目	内 容	图集所在页码
1.5l_{abE}	抗震 KZ 边柱和角柱柱顶纵向钢筋构造 B、构造 C（从梁底算起 1.5l_{abE} 超过柱内侧边缘）	11G101-1，P59
涉及 l_{abE}	抗震 KZ 边柱和角柱柱顶纵向钢筋构造 C（从梁底算起 1.5l_{abE} 未超过柱内侧边缘）	11G101-1，P59
	抗震 KZ 边柱和角柱柱顶纵向钢筋构造 E（梁、柱纵向钢筋搭接接头沿节点外侧直线布置）	11G101-1，P59
	地下一层增加钢筋在嵌固部位的锚固构造	11G101-1，P58
	抗震 KZ 中柱柱顶纵向钢筋构造	11G101-1，P60
	端柱端部墙水平钢筋能直锚时，伸至柱对边，不能直锚时弯折 15d	11G101-1，P69
判断是否锚固	KL，WKL 中间支座宽度变截面时，下部钢筋能直锚时直锚，不能直锚时弯折 15d	11G101-1，P84
	非框架梁配有受扭纵向钢筋时，下部钢筋在支座内能直锚时直锚，不能直锚时弯折 15d	11G101-1，P86
	板面筋在端部支座的锚固，能直锚时直锚，不能直锚时弯折 15d	11G101-1，P92
	柱帽纵筋在板内的锚固，能直锚时直锚，不能直锚时伸至板顶弯折 15d	11G101-1，P105
	基础梁无外伸上部钢筋，能直锚时直锚，不能直锚时伸至尽端弯折 15d	11G101-3，P73
	基础主梁柱两边梁宽不同钢筋构造，上部筋不能直锚时，伸至尽端弯折 15d	11G101-3，P74
	基础次梁支座两边梁宽不同钢筋构造，上、下部筋不能直锚时，伸至尽端弯折 15d	11G101-3，P78
涉及机械锚固	中柱柱顶纵向钢筋构造	11G101-1，P60
	抗震楼层框架梁端支座锚固	11G101-1，P79
	抗震屋面框架梁下部钢筋端支座锚固	11G101-1，P80
	非抗震楼层框架梁纵向钢筋构造	11G101-1，P81
	非抗震屋面框架梁下部钢筋端支座锚固	11G101-1，P82
弯折 12d	顶层柱直锚长度＜l_{aE} 时，柱内侧纵筋弯折 12d	11G101-1，P60
	基础次梁端部等截面外伸构造，梁上第一纵筋伸至外伸边缘弯折 12d；梁下部第一排纵筋伸直外伸边缘弯折 12d	11G101-1，P76
	基础梁端部等截面外伸构造，梁上下部第一排纵筋伸至外伸边缘弯折，其弯折长度为 12d	11G101-3，P73
	当为直行非框架梁时，下部纵筋锚入主梁内，带肋钢筋为 12d	11G101-1，P86
	梁板式筏形基础端部等截面外伸构造，基础上下部纵筋伸至外伸边缘弯折，弯折长度为 12d，中间层纵筋伸至边缘弯折 12d	11G101-3，P80
	顶层柱直锚长度＜l_{aE} 时，柱内侧纵筋弯折 12d	11G101-1，P60
	基础次梁端部等截面外伸构造，梁上第一纵筋伸至外伸边缘弯折 12d；梁下部第一排纵筋伸至外伸边缘弯折 12d	11G101-1，P76

续表

项目	内　容	图集所在页码
弯折 12d	基础梁端部等截面外伸构造，梁上部，下部第一排纵筋伸至外伸边缘弯折，其弯折长度为 12d	11G101-3，P73
	当为直行非框架梁时，下部纵筋锚入主梁内，带肋钢筋为 12d	11G101，P86
	地下一层增加钢筋在嵌固部位的锚固构造，顶层柱直锚长度小于 l_{aE} 时，柱内侧纵筋弯折 12d	11G101-1，P58；11G101-1，P60
	柱变截面下层纵筋伸至变截面处弯折 12d 梁上柱纵筋弯折 12d	11G101-1，P60；11G101-1，P61
	剪力墙变截面处竖向分布钢筋伸至变截面处弯折 12d 剪力墙竖向钢筋顶部构造，纵筋伸至板顶弯折 12d	11G101-1，P70；11G101-1，P70
	基础主梁端部等变截面外伸构造，梁上部第一排纵筋伸至外伸边缘弯折，其弯折长度为 12d	11G101-3，P73
	基础主梁端部等变截面外伸构者，当 $l_{n'}+h_c$ 大于 l_a 时，梁下部第一排筋伸至尽端弯折 12d 基础次梁端部等变截面外伸构造，梁上部第一排纵筋伸至外伸边缘弯折。其弯折长度为 12d	11G101-3，P73；11G101-3，P76
	基础次梁端部等变截面外伸构造，当 l'_n+bb 大于 l_a 时，梁下部第一排筋伸至尽端弯折 12d 筏形基础端部等变截面外伸构造，上部钢筋伸至尽端弯折 12d	11G101-3，P76；11G101-3，P80
	筏形基础端部等变截面外伸构造，当从支座内边算起至外伸墙头大于 l_a，下部钢筋伸至尽端弯折 12d 筏形基础中间层钢筋伸至尽端弯折 12d 非框架梁下部钢筋为光面钢筋时，伸入支座内 12d	11G101-3，P80；11G101-3，P84
弯折 15d	顶层边角柱外侧纵筋从梁底算起 1.5l_{abE} 未超过柱内侧边缘，弯折 15d	11G101-1，P59
	斜交转角墙水平钢筋伸至对比弯折 15d	11G101-1，P68
	转角墙水平钢筋内侧伸至暗柱对比弯折 15d	11G101-1，P68
	地下室外墙拐角内侧水平钢筋伸至对边弯折 15d	11G101-1，P77
	抗震楼层框架梁端支座不能直锚时，钢筋伸至对边弯折 15d	11G101-1，P79
	抗震屋面框架梁下部钢筋端支座不能直锚时，伸至对边弯折 15d	11G101-1，P80
	非抗震楼层框架梁纵向钢筋在端支座不能直锚时，伸至对边弯折 15d	11G101-1，P80
	非抗震屋面框架梁下部钢筋端支座不能直锚时，伸至对边弯折 15d	11G101-1，P82
	KL、WKL 中间支座下部变截面时，不能伸入相邻跨的钢筋伸至对边弯折 15d	11G101-1，P84
	非框架梁上部钢筋伸至支座对边弯折 15d 非框架梁下部钢筋为非光面钢筋时，伸入支座内 15d	11G101-1，P86
	基础主梁无外伸构造，下部钢筋伸至尽端弯折 15d	11G101-3，P73
	基础主梁端部等变截面外伸构造，当 $l_{n'}+h_c$ 小于等于 l_a 时，梁下部第一排筋伸至尽端弯折 15d	11G101-3，P73

续表

项　目	内　　　容	图集所在页码
	基础主梁柱两边梁宽不同钢筋构造，下部筋伸至尽端弯折 $15d$	11G101-3，P74
	基础次梁端部等变截面外伸构造，当 $l_{n'}+bb$ 小于等于 l_a 时，梁下部第一排筋尽至尽端弯折 $15d$	11G101-3，P76
	基础次梁端部无外伸构造，基础次梁下部钢筋伸至支座对边弯折 $15d$	11G101-3，P76
	筏形基础端部无外伸构造，下部钢筋伸至尽端弯折 $15d$	11G101-3，P80
	基础联系梁端节点在柱内时，弯折 $15d$ 窗井墙 L 形转角处，剪力墙内侧水平钢筋伸至对边弯折 $15d$ 窗井墙丁字形转角处，剪力墙水平钢筋伸至对边弯折 $15d$	11G101-3，P92； 11G101-3，P98
	非抗震屋面框架梁下部钢筋端支座不能直锚时，伸至对边弯折 $15d$	11G101-1，P82
	KL、WKL 中间支座下部变截面时，不能伸入相邻跨的钢筋伸至对边弯折 $15d$	11G101-1，P84
	非框架梁上部钢筋伸至支座对边弯折 $15d$ 非框架梁下部钢筋为光面钢筋时，伸入支座内 $15d$ 非框架梁下部钢筋为非光面钢筋时，伸入支座内 $15d$	11G101-1，P86
	基础主梁无外伸构造，下部钢筋伸至尽端弯折 $15d$	11G101-3，P73
	基础主梁端部等变截面外伸构造，当 $l_{n'}+h_c$ 小于等于 l_a 时，梁下部第一排筋伸至尽端弯折 $15d$	11G101-3，P73
	基础主梁柱两边梁宽不同钢筋构造，下部筋伸至尽端弯折 $15d$	11G101-3，P74
弯折 $15d$	基础次梁端部等变截面外伸构造，当 $l_{n'}+bb$ 小于等于 l_a 时，梁下部第一排筋伸至尽端弯折 $15d$	11G101-3，P76
	基础次梁端部无外伸构造，基础次梁下部钢筋伸至支座对边弯折 $15d$	11G101-3，P76
	筏形基础端部无外伸构造，下部钢筋伸至尽端弯折 $15d$	11G101-3，P80
	基础联系梁端节点在柱内时，弯折 $15d$ 窗井墙 L 形转角处，剪力墙内侧水平钢筋伸至对边弯折 $15d$ 窗井墙丁字形转角处剪力墙水平钢筋伸至对边弯折 $15d$	11G101-3，P92； 11G101-3，P98
	梁板式筏形基端部无外伸构造下部纵筋伸至基础梁边缘弯折 $15d$	11G101-3，P80
	转角墙外侧水平筋连续通过转弯内侧水平钢筋伸至相邻墙外侧竖向钢筋内侧后水平弯折 $15d$	11G101-1，P68
	有端柱时剪力墙水平钢筋需要弯折时弯折长度为 $15d$	11G101-3，P69
	端部暗柱墙水平筋伸至端部弯折，弯折长度为 $10d$	11G101-3，P68
	当端部小墙肢的长度不满足直锚时，需将纵筋伸至小墙肢纵筋内侧再弯折，弯折长度为 $15d$	11G101-3，P74
	当为直行非框架梁时，下部纵筋锚入主梁内，光面钢筋为 $15d$	11G101-3，P86
	当为直行非框架梁时，上部纵筋伸至主梁对边向下弯折 $15d$	11G101-3，P86
	框架梁端支座负筋如果是弯锚，锚固长度为 $15d$	11G101-3，P79

续表

项目	内　　容	图集所在页码
弯折 10d	端部无暗柱时剪力墙水平钢筋端部做法（二）	11G101-1，P68
	端部有暗柱时剪力墙水平钢筋端部做法	11G101-1，P68
	承台钢筋端部弯折 10d	11G101-1，P85
	承台梁上部纵筋、下部纵筋端部弯折 10d	11G101-1，P90
	不变截面上柱比下柱多出的钢筋下插 1.2l_{aE}	11G101-1，P57
	不变截面下柱比上柱多出的钢筋上插 1.2l_{aE}	11G101-1，P57
1.2l_{aE}	当柱变截面时 $c/hb>1/6$ 时，从梁顶出时下插 1.2l_{aE} 水平变截面墙水平钢筋构造，水平筋伸入相邻墙内 1.2l_{aE}	11G101-1，P60；11G101-1，P69
	剪力墙上起约束边缘构件纵筋锚入下层剪力墙内 1.2l_{aE}	11G101-1，P73
	墙上柱插筋的直锚段长度 1.2l_{aE}	11G101-1，P61
起步 50	剪力墙起始水平分布筋楼面的距离 50	11G101-3，P58
	柱基础外第一根箍筋距离基础顶 50	11G101-3，P59
	独立基础钢筋距单跨基础梁 50	11G101-3，P62
起步 min（s/2，75）	独立基础第一根钢筋距基础边 min（s/2，75）	11G101-3，P60
	梁板式筏形基础，筏板钢筋距基础梁边 min（s/2，75）	11G101-3，P79
1.5l_{abE}	十字相交的基础梁，其侧面构造纵筋锚入交叉梁内 15d；丁字相交的基础梁，横梁外侧的构造纵筋应贯通，横梁内侧和竖梁两侧的构造纵筋锚入交叉梁内 15d	11G101-3，P73
	柱下板带端部无外伸构造，上部纵筋伸至梁直锚大于等于 12d 且至少到梁中心线，下部钢筋到梁端部，弯折＝15d	11G101-3，P84
	基础梁端部无外伸构造，梁下部第一第二排弯折 15d	11G101-3，P73
	中间层变截面时墙体插筋锚固长度 1.2l_{aE}	11G101-1，P70
	框架柱 B 节点全部柱外侧纵筋伸入现浇板内 1.5l_{abE}	11G101-1，P59
l_{aE}	当为屋框梁时，底端上部纵筋直锚入高端梁内，直锚长度为 l_{aE}	11G101-1，P84
	变截面梁截面底的梁伸入支座 l_{aE}	11G101-1，P84
50	剪力墙起始水平分布筋距楼面的距离 50	11G101-3，P58
	柱箍筋起步距离 50	11G101-3，P59
	梁箍筋起步距离 50	11G101-3，P85
s/2	筏板基础距第一根钢筋基础梁脚筋垂直面 s/2	11G101-3，P79
	剪力墙竖向钢筋距墙柱钢筋外皮 s/2	12G901-1，P3～5
	板受力筋起步距离 s/2	11G101-1，P92

参 考 文 献

[1]　中国建筑标准设计研究院，中国中元国际工程公司，中国电子工程设计院. 11G101-1 混凝土结构施工图平面整体表示方法制图规则和构造详图(现浇混凝土框架、剪力墙、梁、板)[S]. 北京：中国建筑标准设计研究院，2011.

[2]　中国建筑标准设计研究院，中国恩菲工程技术有限公司. 11G101-2 混凝土结构施工图平面整体表示方法制图规则和构造详图(现浇混凝土板式楼梯)[S]. 北京：中国建筑标准设计研究院，2011.

[3]　中国建筑标准设计研究院，中国建筑设计研究院，中国昆仑工程公司. 11G101-3 混凝土结构施工图平面整体表示方法制图规则和构造详图(独立基础、条形基础、筏形基础及桩基承台)[S]. 北京：中国建筑标准设计研究院，2011.

[4]　中国建筑科学研究院. GB 50010—2010 混凝土结构设计规范[S]. 北京：中国建筑工业出版社，2011.

[5]　中国建筑科学研究院. GB 50011—2010 建筑抗震设计规范[S]. 北京：中国建筑工业出版社，2010.

[6]　中国建筑科学研究院. JGJ 3—2010 高层建筑混凝土结构技术规程[S]. 北京：中国建筑工业出版社，2011.

[7]　陈达飞. 平法识图和钢筋计算[M]. 北京：中国建筑工业出版社，2010.

[8]　矛洪斌. 钢筋翻样方法及实例[M]. 北京：中国建筑工业出版社，2009.